矿物材料系列丛书

杨华明　总主编

矿物材料性能与测试

李　珍　主编

李　飞　高睿杰　陈　莹　副主编

科学出版社

北　京

内 容 简 介

　　本书重点介绍了矿物材料的吸附性能和物理性能的基本概念、物理本质、变化规律,以及性能测试方法与矿物材料各种性能的应用情况。全书共 9 章,内容包括矿物材料吸附性能分类与影响因素,吸附性能测试技术与应用;矿物材料热容、热膨胀、热传导、热稳定性的表征技术、测量方法及应用;矿物材料的导电性、介电性、压电性、铁电性、释电性能表征技术、测量方法及应用;矿物材料磁性能表征技术与应用;矿物材料透光、消光、发光性能表征技术与应用;矿物材料隔音、微波吸收性能表征技术与应用;矿物材料弹性、脆性、韧性、扰性、摩擦性能表征技术与应用;矿物材料细胞毒性、刺激与致敏、血液相容性、抗菌性能表征技术与应用。

　　本书可作为材料科学与工程、矿物材料工程、绿色矿业、矿物加工工程、无机非金属材料工程等学科和专业的教材或主要教学参考书,同时亦可供相关专业科研人员及矿物材料领域有关工程技术人员、企事业管理人员参考。

图书在版编目(CIP)数据

矿物材料性能与测试 / 李珍主编. —北京：科学出版社，2023.10
(矿物材料系列丛书 / 杨华明总主编)
ISBN 978-7-03-074600-9

Ⅰ. ①矿… Ⅱ. ①李… Ⅲ. ①矿物-材料-研究 Ⅳ. ①P574.1

中国国家版本馆 CIP 数据核字(2022)第 255182 号

责任编辑：杨新改 / 责任校对：杜子昂
责任印制：徐晓晨 / 封面设计：东方人华

科 学 出 版 社 出版
北京东黄城根北街 16 号
邮政编码：100717
http://www.sciencep.com

涿州市般润文化传播有限公司 印刷
科学出版社发行 各地新华书店经销
*

2023 年 10 月第 一 版 开本：720×1000 1/16
2023 年 10 月第一次印刷 印张：21
字数：410000
定价：118.00 元
(如有印装质量问题,我社负责调换)

丛 书 序

  矿物材料是人类社会赖以生存和发展的重要物质基础，也是支撑社会经济和高新技术产业发展的关键材料。结合《国家中长期科学和技术发展规划纲要》《国家战略性新兴产业发展规划》等要求，为加快推进战略性新兴产业的发展，亟需将新型矿物功能材料放在更加突出的位置。通过深入挖掘天然矿物的表/界面结构特性，解析矿物材料加工及制备过程的物理化学原理，开发矿物材料结构、性能的表征与测试手段，研发矿物材料精细化加工及制备的新方法，推进其在生物医药、新能源、生态环境等领域的应用，实现矿物材料产业的绿色、安全和高质量发展。

  "矿物材料系列丛书"基于矿物材料制备及应用中涉及的多学科知识，重点阐述矿物材料科学基础、加工及制备方法、结构及性能分析等主要内容。丛书之一《矿物材料科学基础》基于矿物学、矿物加工、材料、生物、环境等多学科交叉，全面介绍矿物学特性、矿物材料构效关系及其应用的基础理论；丛书之二《矿物材料制备技术》从典型天然矿物功能材料的制备技术出发，重点介绍天然矿物表面改性、结构改型、功能组装等精细化功能化制备功能矿物材料的方法；丛书之三《矿物材料结构与表征》阐述矿物材料表/界面及结构特性在其制备及应用中的重要作用，介绍天然矿物、矿物材料表/界面及结构特性的相关表征技术；丛书之四《矿物材料性能与测试》介绍天然矿物、矿物材料及其在各领域应用中涉及的主要性能评价指标，总结矿物材料应用性能的相关测试方法；丛书之五《矿物材料计算与设计》主要介绍矿物材料计算与模拟的基本原理与方法，阐述计算模拟在各类矿物材料中的应用。丛书其他分册将重点介绍面向战略性新兴产业的生物医药、新能源、环境催化、生态修复、复合功能等系列矿物材料。

  本丛书总结和融合了矿物材料的基础理论及应用知识，汇集了国内外同行在矿物材料领域的研究成果，整体科学性和系统性强，特色鲜明，可供从事矿物材料、矿物加工、矿物学、材料科学与工程及相关学科专业的师生以及相关领域的工程技术人员参考。

杨华明

2023 年 6 月

前　　言

进入 21 世纪以来,材料科学正以前所未有的速度飞速发展。其中,矿物材料以储量丰富、天然结构与性能多元、绿色环保等成为现代材料科学的重要组成部分,亦是众多工业领域和相关学科关注的热点。矿物材料性能优异,在环境治理、储能、医药、建材、农业和宝石等领域具有广泛的应用价值,在国民经济和科学技术等方面发挥着越来越重要的作用。如何评价矿物材料的性能和功能,为高新技术产业的发展提供物质基础,关键是要掌握矿物材料的性能特征和测试方法。因此,学习掌握矿物材料性能特征与测试技术,对于从事矿物材料研究的科研工作者是非常重要的。

本书以矿物材料的性能与测试方法为主线,系统介绍了矿物材料的吸附性能、热学、电学、磁学、光学、声学、力学、生物学等性能特征和测试方法,以及矿物材料不同性能的应用。同时,在内容上重视矿物材料性能和测试技术与新材料的有机结合,深入剖析矿物材料的构效关系,突出新应用和新技术,反映有关研究的最新成果。本书按照矿物材料的吸附性能、热学性能、电学性能、磁性能、光学性能、声学性能、力学性能、生物性能顺序编写,先介绍与结构密切相关的矿物材料不同性能的本质,后介绍矿物材料性能的测试方法及其在不同领域的应用,有利于对矿物材料不同性能、测试方法、应用领域的理解,便于学习掌握。

本书由李珍、李飞、高睿杰、陈莹共同编写。全书共分 9 章,其中,第 1、8 章由李珍教授执笔;第 2、5、7 章由高睿杰副研究员执笔;第 3、4、6 章由李飞副教授执笔;第 9 章由陈莹副研究员执笔。本书由李珍教授统稿,李飞副教授负责全书的整理工作。

本书出版得到了中国地质大学(武汉)研究生精品课程与教材建设项目的资助,感谢纳米矿物材料及应用教育部工程研究中心、中国地质大学(武汉)各位领导与老师的大力支持与帮助!书中引用了前人的文献和观点,并列出了相应参考文献,对前人的贡献致以最诚挚的感谢;如有遗漏,表示最诚恳的歉意。由于作者水平有限,对书中错漏和不足之处敬请读者批评指正。

作　者
2023 年 6 月

目　　录

第1章 绪 论

材料是人类社会发展的物质基础，传统上按材料组成和结构特征主要分为无机非金属材料、金属材料和高分子材料。随着人类社会的发展和科学技术的进步，对材料的需求向绿色环保、功能化发展。利用天然地球矿产资源，开发拓展资源丰富、低能耗、功能化的环境友好型材料是未来材料发展的趋势，因此以自然资源为原料的矿物材料的研究和应用应运而生。矿物材料种类繁多，要想利用好矿物材料，关键是掌握矿物材料的分类、物理化学性质和性能。

随着高技术与新材料产业发展，传统产业结构调整和优化升级，健康环保、节能与新能源等产业兴起，促进了矿物学研究的发展。同时全球高新技术产业的快速发展、传统产业的技术进步以及建设生态与环境友好型社会的目标将给矿物材料学科的发展带来前所未有的发展机遇。

矿物材料的主要研究内容包括矿物材料物理化学、结构与性能、加工和应用等[1]。物理化学涉及矿物材料及其原料的物理化学性质及加工或制备过程的物理化学原理。结构主要涉及矿物材料的物相组成、晶体结构、微观形貌结构、比表面积等；性能主要研究矿物材料的化学性能、力学性能、热学性能、电学性能、磁学性能、声学性能等，以及矿物材料结构与性能的表征技术和方法等。矿物材料加工涉及加工工艺和装备、原材料配方、原材料性质及加工工艺对矿物材料结构和性能的影响，以及矿物材料制备过程的智能化。矿物材料应用涉及矿物材料应用性能、配方、相关工艺与设备，以及评价技术、产品技术标准、检测表征方法与仪器设备等。本书主要围绕矿物材料的性能与表征方法进行介绍。

1.1 矿物材料与分类

矿物材料(mineral material)是以天然矿物或岩石为主要原料，经加工、改造获得的功能材料，是从材料科学与应用角度研究天然矿物的结构、物理化学性质、功能及应用性能。通过加工、改造优化矿物的结构、理化特性与功能，提升其应用价值，以满足应用领域技术进步和产业发展的需求，并创新开拓应用领域，引领新的市场需求，科学合理和高值高效地开发利用矿产资源。

根据《2016—2017 矿物材料学科发展报告》[2]，矿物材料按矿物原料特性可分为碳质矿物材料、黏土矿物材料、多孔矿物材料、纤维矿物材料、钙质矿物材料、镁质矿物材料、硅质矿物材料、云母矿物材料等；按功能可分为填料和颜料、力学功能材料、热功能材料、电磁功能材料、光学材料、吸波与屏蔽材料、催化剂载体、吸附材料、环保材料、生态与健康材料、流变材料、黏结材料、装饰材料、生物(药用)功能材料等。

结合材料分类方法基础，从矿物材料的成分、结构、性能特点和实际应用情况，对矿物材料进行综合分类，见图 1-1。

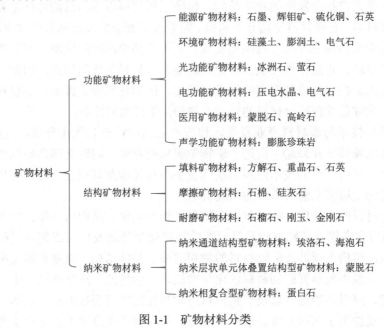

图 1-1　矿物材料分类

随着矿物材料与应用科学研究的进一步深化，矿物材料产业的进一步发展，矿物材料的分类将更加科学和完善[3]。

1.2　矿物材料的特性

性能是材料所具有的属性和功能，同时也是一种参量，用于表征材料在给定的外界条件下的行为，材料的性能包括使用性能和工艺性能两方面。

矿物材料性能是研究表征、揭示和诠释矿物材料基本性质与性能、结构、形成机制之间关系，是矿物材料研制和开发的基础。矿物的物理化学特性决定了它的用途，如沸石类和硅藻土矿物材料，呈现多孔结构，具有分子筛的作用，在净化废水、废气和环保上有着广泛的应用前景。现代测试技术的发展，使人们对矿物吸附、交换、助熔、增韧、补强以及光、电、磁、声、核、表面、界面等特性，及其在各种物理和化学作用下变化的研究变得更为直接和富有成效。一些具有吸附、交换、催化、增强、生物相容性等功能的矿物材料，特别是具有感知、响应、预警等信息功能的矿物材料(如湿敏、热敏、压敏、光敏、隐身、抗菌、红外辐射、光电转换等功能)将会受到高度重视和研发应用。在建筑领域，新世纪的建材向更加舒适、安全、节能、保健等多功能的"生态建材"方向发展，新型建材开发中，矿物材料必将扮演十分重要的角色。

矿物材料的矿物相组成、结构与成分的表征技术方法主要包括：X 射线分析、红外吸收光谱分析、电子显微分析、热分析等技术。矿物材料的性能测试及研究方法主要有[4,5]：黏土矿物的物理化学性质，如粒度测定、吸附量、比表面积及孔结构、吸蓝量和脱色力等吸附性能及分散性能；离子交换性能测试与研究；水化性能与造浆性能测试与研究，如胶质价、膨润值及膨胀容、悬浮性、黏性和触变性、造浆率和失水率、饱和盐水吸附率；成型特性及热学性能，如可塑性和结合性、干燥收缩和干燥强度、烧成收缩和热载重、烧结温度和烧结范围、耐火度；其他性能测试与研究，如白度、pH、黏土的二苯胍(diphenylguanidine, DPG)吸着率等。宝玉石及石材性能测试与研究，如宝玉石的颜色、透明度、光泽、折射率及发光性、硬度，石材的力学性质、加工性能、抗风化性能、耐酸碱性能。节能与环保矿物材料性能测试与研究，如节能矿物材料的松密度和堆密度、热传导、热膨胀、耐热性能；环保矿物材料的吸附及离子交换性能、过滤性能。功能矿物材料的性能：电学性能测试与研究，如导电率、电阻率、介电常数、介电损耗、极化率、热释电系数、电滞回线等；磁学性能测试与研究，如磁化率、磁滞回线等；光学性能测试与研究，如反射系数、吸收系数、散射系数、透射系数、吸收和反射光谱等；生物性能测试与研究，如细胞毒性、刺激与致敏、溶血、止血、抗菌等。

矿物材料性能研究具有复杂多样性。从图 1-1 分类可以看出，矿物材料的种类繁多，不同矿物材料性能不同，测试的技术手段和方法也不同，即使同种矿物材料用于不同的行业，性能测试方法手段也不同。故矿物材料性能与检测所涉及面很广，复杂多样。对同一种性能的检测有不同的检测原理和方法，如粒度，有显微镜法、重力沉降法、激光粒度测定法、库尔特计数粒度测定法、吸附法等。本书重点介绍矿物材料的吸附、热学、电学、磁学、光学、声学、力学及生物性能的基础知识及其测量方法，并简要概述了矿物材料的一些实际应用。

1.3　矿物材料的应用

自然界矿物资源丰富，种类繁多，目前已发现的非金属矿物有 1500 多种，表明矿物材料的组成与结构多样，功能丰富，涉及应用领域广泛。矿物材料在应用中具有以下特点：矿物材料是由天然的非金属矿产资源组成，能够与天然环境很好地共生和协调，同时又能治理污染并恢复环境；在矿物材料的应用中，绝大部分矿物材料能循环利用，成本低，不产生二次污染；矿物材料应用范围广，不仅能处理"三废"，还能很好地处理随高科技发展而产生的新污染；矿物材料具有天然的自我净化功能，能解决一般性环保技术不能解决的非点源区域性污染等问题。因此，开展矿物材料的研究与开发有着非常重要的现实意义，能够产生重要的经济和绿色环保社会效益[6,7]。

依据矿物材料特性，可将其应用分为：①矿物材料功能特性应用。主要利用矿物材料的物理化学性质和微观结构，如石墨、膨润土、坡缕石、海泡石、硅藻土和金刚石等，或者是经加工后形成的物化性质，如蛭石、珍珠岩、陶粒页岩等。②矿物材料非功能性应用。主要利用矿物材料的化学成分，提供或提取有用或有效的化学成分，如硫酸、磷酸等化工原料，或水泥、玻璃和陶瓷等其他无机非金属材料的原料。具体有三种类别：一是矿物材料提供有用化学成分，系化学成分的非提取性利用，主要用作合成制备各种无机非金属材料的原料，如石灰石(方解石)等水泥原料，石英、长石等玻璃原料，高岭土、瓷石(绢英岩)、长石等陶瓷原料；二是提取矿物材料的有用化学成分，系化学成分的提取性利用，如萤石、黄铁矿分别用作制备氢氟酸、硫酸的原料；三是提取金属元素，也是化学成分的提取性利用，如铝矾土不仅用作高铝耐火材料，还可以提炼金属铝。③矿物材料综合性应用。既可以利用矿物材料自身的物化性质(功能性应用)，又可以利用矿物材料的化学成分(非功能性应用)，例如，高岭土不仅用于造纸涂布功能填料，而且又是陶瓷等的主要原料。又如，石英不仅可用于加工各种电工级、电子级的硅微粉，也是玻璃、陶瓷等的主要原料，还可用于提炼金属硅的原料。

随着科学技术的发展，矿物材料的工业应用领域越来越广泛，矿物材料功能性应用和非功能性应用之间将会出现更多交叉，有的甚至与金属矿产之间的界限也变得模糊，加强矿物材料物理化学性能深层次的基础科学研究，有利于推动矿物材料更广阔的发展。

1.4　矿物材料的前景

目前，功能矿物材料在能源、环境、健康领域的研究依然是最活跃的领域[8]。电、光、声学等功能矿物材料虽实验室研究成果多，但产业化目前相对较少。结构矿物材料方面，矿物聚合材料研究的兴起引人注目，成果丰硕。纳米、生物矿物材料的种类繁多，是目前矿物材料的研究热点。矿物材料基础科学研究引起了研究者的重视。只有对矿物材料的物化性质进行了系统研究，才能发现和掌握矿物材料可利用的性能，只有对矿物材料的可应用性能的机理进行了研究，才能对矿物材料加以充分利用，提高矿物材料的开发应用水平。近年的研究表明，矿物材料性能开发与应用机理研究深入性需要加强，在深入掌握矿物成分-结构-性能-加工工艺关系中，建立矿物材料性质、结构与性能数据库，开展和加强矿物材料的设计研究。此外，应更紧密地结合国家经济社会发展的需要和我国矿物资源的特点，加快我国矿物功能材料特别是与节能减排、新能源、低碳、循环经济等社会和经济发展重大问题紧密相关的矿物功能材料的研究步伐，进一步提高我国矿物材料的研究水平，促进矿物材料成果的推广应用与转化。

矿物材料未来发展趋势有：矿物材料的高纯化——提高材料的纯度，以使矿物性能得以更好地发挥，如高纯石英粉、高纯石墨等；矿物材料的纳米化——获得纳米效应以提高复合材料的强度、凝胶性能等，如纳米蒙脱石、纳米碳酸钙、高性能泥浆等；矿物材料的功能化——获得光电、电磁、热电等效应，如锐钛矿型 TiO_2 抗菌材料、电气石晶体和粉体热电压电材料等；矿物材料的高技术化——矿物材料需要从传统材料应用领域向高技术新材料领域渗透，如光纤材料、芯片包埋材料、屏蔽材料等。主要包括以下几个方面：

矿物材料的超微细化。超微细技术和超细矿物产品已广泛应用，目前重点是对微米级和纳米级超细材料性质的研究，例如对纳米材料的胶体性质、表面化学特性、表面电性及渗透性等方面的研究。现有超细技术的主要手段是机械粉碎、筛分，而未来的超细粉碎技术将向物理化学协同和波谱技术发展。

扩大双电层结构与矿物层间域离子交换。黏土胶粒在水介质中能形成双电层结构。双电层结构的形态对黏土矿物的胶体性质影响很大。通过扩大双电层结构技术，改善黏土矿物的胶粒扩散性能，提高其吸附性能。据此人们将人工改性膨润土加工成高性能的凝胶剂、黏结剂和增塑剂等。相反通过压缩双电层结构技术，破坏黏土的胶体性能形成聚沉，利用黏土胶兼做捕获剂，达到净化之目的。目前通过阳离子交换技术，生产具有不同功能的矿物新材料，如凝胶剂、增塑剂、乳化剂、快离子导体材料以及生物功能材料等，都已广泛应用于不同工业部门。

矿物材料改性。许多矿物表面和层间具有吸附或复合有机分子的特征，形成矿物有机复合体材料。用不同的有机分子包覆生产的许多不同功能的矿物有机复合材料已广泛应用于精细化工、生物功能材料、医药、电子、航空、原子能、环保、化工、轻工等领域。用橡胶或塑料的矿物填料经过偶联剂处理后，产品的抗折、抗拉和抗压等性能得到明显的改善，生产出性能优良的增塑剂材料。

微孔结构和微孔。矿物本身的微孔结构已得到广泛应用，如利用沸石、硅藻土生产的过滤剂、吸附剂、催化剂、充填剂、保温隔热材料等。目前，更重视用人工方法生产微孔材料，如人工改造的微孔黏土材料用于脱色剂、染色剂、吸附剂、净化剂、生物材料、医药、除臭剂、干燥剂、催化剂、过滤剂以及保温材料等领域。

矿物材料的脱色和染色。矿物脱色技术已得到广泛应用，如膨润土制成活性白土后作为脱色剂用于食用油和矿物油类的脱色。随着染色技术的发展，研究者利用染色技术研制了大量的新材料，如不同矿物染料在多种助剂的配合下，不但能独立或配合自然植物染料运用在多种纺织品的染色和印花之上，在合成纤维、建筑涂料、造纸、塑料染色、金属喷涂等领域也得到了更好的发展[9]。

改变矿物材料的比重和密度。目前人们已经有能力在不破坏原来矿物基本结构和性质的前提下改变矿物的比重和密度，获得预定某种性质的材料。如采用有机分子覆盖技术就可改变原来黏土矿物的比重，制备高悬浮性钻井泥浆。

黏土生物材料研制。采用黏土生物材料研制技术可生产各种具有不同养分的肥效增效剂、矿物饲料、种子包衣、长效杀虫剂等。

人工合成矿物材料。随着科学技术的发展和技术装备的不断完善，人工合成的矿物材料的质量日趋完善，种类日益繁多。人工合成金刚石、云母等已大量替代天然金刚石、云母。人工合成皂石已经实现工业化生产，主要用于精细化工行业，是化妆品理想的载体。

总之，矿物材料的功能化是主要发展趋势[8]。未来将重点研发与航空航天、海洋开发、生物化工、电子信息、新能源、节能环保以及新型建材、特种涂料、快速交通工具、生态与健康、现代农业等相关的功能性矿物材料，如石墨烯和各种石墨矿物材料、高性能石英材料与云母材料、高温润滑材料、辐射屏蔽材料、触媒和催化剂载体材料、高性能吸附过滤材料、环境友好型废水与室内空气净化材料、高分子材料增强填料、抗菌填料、阻燃填料、隔音与吸波材料、高性能隔热保温材料、人造石材等装饰装修矿物材料。未来将采用先进技术手段进一步深化矿物微观结构和材料界面结构及其与性能关系的研究；交叉融合矿物与岩石学、结构化学、物理化学、固体物理、现代化学与化工、矿物加工、材料科学与工程、机械、电子、信息科学、现代仪器分析科学等相关学科不断优化矿物材料的制备或加工改造工艺，不断发掘和提升矿物材料的功能和应用性能；同时，构建先进的矿物材料性能表征平台和矿物材料标准体系，强化矿物材料的应用研究，使矿物材料更好地适应和引领相关应用产业的进步和发展。

参 考 文 献

[1] 沈上越, 李珍. 矿物岩石材料工艺学[M]. 武汉: 中国地质大学出版社, 2005
[2] 中国硅酸盐学会. 2016—2017 矿物材料学科发展报告[M]. 北京: 中国科学技术出版社, 2018
[3] 廖立兵. 矿物材料定义与分类[J]. 硅酸盐通报, 2010, 29(5): 1067-1071
[4] 万朴, 周玉林, 彭同江. 非金属矿产物相及性能测试与研究[M]. 武汉: 武汉理工大学出版社, 1992

[5] 中国硅酸盐学会, 中国建筑工业出版社, 武汉理工大学. 硅酸盐辞典[M]. 2 版. 北京: 中国建筑工业出版社, 2020

[6] 杨华明, 周灿伟, 杜春芳, 等. 基于资源-材料一体化的功能矿物材料开发与应用[J]. 中国非金属矿工业导刊, 2004, 43(5): 50-52

[7] 周佳甜, 令狐文生.非金属矿物材料的特点及其应用研究进展[J]. 广东化工, 2012, 39(14): 91-92

[8] 吕国诚, 廖立兵, 李雨鑫, 等.快速发展的我国矿物材料研究——十年进展(2011~2020 年)[J]. 矿物岩石地球化学通报, 2020, 39(4): 714-722

[9] 龚建培. 中国传统矿物颜料、染色方法及应用前景初探[J]. 南京艺术学院学报: 美术与设计, 2003(4): 80-84

第2章 矿物材料的吸附性能

2.1 矿物材料吸附性能概述

2.1.1 吸附现象与吸附性能

自然界充满了吸附(adsorption)现象,这是一种与生活密切相关的重要现象,例如,河流入海,虽然河流携带大量无机物胶体和有机物胶体流入大海,但是这些胶体粒子在吸附离子后发生凝聚和沉淀,因此海洋始终保持着蔚蓝色。吸附剂在古代就用于气体和液体的干燥、精制和分离,如空气除湿、酒和砂糖等食品的脱色。吸附是指分子在两相之间内表面上的堆积,在工程或自然水系统的污染物和自然微量物质的扩散、生物利用和运动中起到至关重要的作用。比如,吸附过程能使营养物和污染物都堆积到一个固体颗粒上,而不是在上述水溶液系统中停留。这一系列反应能够确定容易被吸附的物质是否对某目标离子或分子有效,并能确定什么化学反应可能发生。吸附分离的实例有很多种:气体或液体的脱水及深度干燥,如将乙烯气体中的水分脱到痕量,再聚合;气体或溶液的脱臭、脱色及溶剂蒸气的回收,如在喷漆工业中,常有大量的有机溶剂逸出,采用活性炭处理排放的气体,既减少了环境的污染,又可回收有价值的溶剂;气体中痕量物质的吸附分离,如纯氮、纯氧的制取;分离某些精馏难以分离的物系,如烷烃、烯烃、芳香烃馏分的分离;废气和废水的处理,如从高炉废气中回收一氧化碳和二氧化碳,从炼厂废水中脱除酚等有害物质。

物质在固体表面上或孔隙容积内积聚的现象被称为吸附,图 2-1 所示为吸附剂的吸脱附基本行为。吸附又分为物理吸附和化学吸附两种。物理吸附可以比作凝聚现象,在该吸附过程中被吸附分子的化学性质保持不变,又被称为范德瓦耳斯吸附;而化学吸附过程则可以看成相界面上发生的化学反应,相互作用的成分间发生电子重新分配,并形成化学键。在化学吸附中,吸附质与吸附剂之间的结合方式实际上是化学键。化学吸附一般发生在相边缘不饱和碳原子等活性位(active sites)上,于是存在固定的吸附位,而且被吸附分子不能沿表面移动。这是物理吸附和化学吸附的根本区别,实际上该本质区别的根源在于引起吸附发生的相互作用力的不同。化学吸附过程,就像在化学结合中出现的情形一样,吸附质是通过价电子的交换或共有发生化学键合而结合在吸附剂的表面。物理吸附则是由吸附剂与吸附质间的分子间相互作用力引起的，其中的力与分子间的内聚力一样，与固相和液相中作用的范德瓦耳斯力也一样，这种力是静电性的。现已知有三种效应确实产生范德瓦耳斯吸附力，即凯索姆(Keesom)定向效应、德拜(Debye)诱导效应(极化效应)和伦敦(London)色散效应。定向效应是极性分子之间，偶极定向排列所产生的作用力，该效应与温度成反比；诱导效应是当极性分子与非极性分子靠近时，极性分子的偶极使非极性分子发生变形，从而导致相互间的作用；色散效应是由于分子中的电子与原子核皆处在不断的运动中，因此经常会发生电子云和原子核之间的瞬时相对位移，结果产生瞬时偶极。两个瞬时偶极必然是处于异极相邻的状态，相互吸引。任何物质都含有不定偶极和四极，它们会引起均匀分布的电子密度发生瞬时偏移，当吸附质分子接近吸附剂原子或分子时，不定偶极(四极)的电子组成变得有序，这是二者相互吸引的结果。大多数情况下，由于有非极性的特征，所以吸附体系分子间的相互作用以色散力为主，色散力与吸附质分子的电子密度分布性质无关，且对于不同化学性质的吸附剂来说，色散力的值接近恒定，因此由色散力引起的相互作用不具有特殊性。在某些情况下，吸附质分子与吸附剂之间会形成氢键，使分子间的相互作用增强。

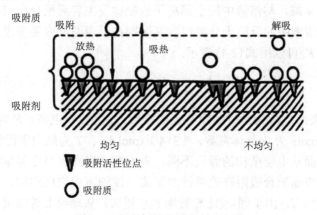

图 2-1　吸附剂的吸脱附基本行为

　　吸附性能以静吸附容量和动吸附容量来表示。静吸附容量是在一定温度和被吸组分浓度一定的情况下，每单位质量(或单位体积)的吸附剂达到吸附平衡时所能吸附物质的最大量，即吸附剂所能达到的最大的吸附量(平衡值)与吸附剂量之比。动吸附容量是吸附剂到达"转效点"时的吸附量(用吸附器内单位吸附剂的平均吸附量来表示)。通常以"转效时间"来计算，即从流体开始接触吸附剂层到"转效点"的时间。"转效点"是流体流出吸附剂层时被吸组分浓度明显增加的点。由于气体(或液体)连续流过吸附剂表面，吸附剂未达饱和(吸附量未达最大值)就已流走，故动吸附容量小于静吸附容量，一般取静吸附容量的 40%～60%。溶液表面的吸附：水的表面张力因加入溶质形成溶液而改变，有些溶质加入后能使溶液的表面张力降低，而另一些溶质加入后则会使溶液的表面张力升高。若所加入的溶质能降低表面张力，则溶质聚集在表面层上以降低体系的表面能；反之，当溶质使表面张力升高时，则表面层中的浓度比内部的浓度低，这种溶液表面层的组成与本体溶液的组成不同的现象称为表面层发生了吸附作用。在溶液表面层上溶质的浓度可以大于、等于或小于溶液内部的浓度，分别对应着正吸附、不吸附和负吸附。

2.1.2　吸附理论模型

表面配合吸附理论最早是由 W. Stumm 等首先提出的，其关键在于对水合氧化物的吸附作用采取配位化学的处理方法，认为界面上与 OH⁻、H⁺和金属离子的结合属于表面配合反应，此时的吸附量可用溶液中配合平衡类似的方式，按质量作用定律加以讨论。表面配合的实质是将固体表面作为一种聚合酸，表面羟基可以发生质子迁移，表面上的金属离子可以作为 Lewis 酸，而表面羟基脱去质子后可以作为 Lewis 碱，与溶液中的金属离子或配体发生表面配合反应，有相应的配合常数，它与溶液中的反应十分类似，其区别在于表面反应要考虑界面电荷的作用，表观常数 K_s 可以用式(2-1)表示：

$$K_s = K_{int} e^{-zF/(RT)} \tag{2-1}$$

式中，K_{int} 为表面电荷为零时的固有表面常数；z 为离子电荷；F 为法拉第常数，96485.3383 C/mol；R 为气体常数，8.314 J/(mol·K)；T 为热力学温度，K。

由于对界面双电层结构的假设不同，表面配合模式有恒定容量模式、扩散层模式。最初，表面配合吸附理论是针对河流、湖泊沉积物提出的，对处于多孔介质中的地下水而言，由于固-液比相对地表水更大，从理论上讲应用表面配合吸附理论更为合适，因此，近年来，国内外已有很多研究者利用该理论解释地下水中的吸附现象。

活性位点-键合模型中将处理吸附问题的界面称为相界面，它不同于溶液本体，而是把吸附看作相转移反应吸附过程。该模型的一个说法是假设吸附反应理想化进行，即吸附质分子理想地固定到表面位点上。但是，它对吸附质活性的定量描述不是基于每升溶液中被吸附物的分子摩尔数来表征，而是使用在界面相中的吸附质的摩尔数。也就是说，≡SA（吸附质）的浓度被定义为在表面上≡SA 的分子数，代表所有表面位点(TOT≡S)的摩尔分数。以往，文献中所引用的被吸附物种的表面摩尔分数是 1.0。理论上,活性系数可以用来解释界面环境上的变化；

但实际上，这个假设仍然假定表面相是理想的，所以≡SA 的活性仅仅等同于它的表面摩尔分数。吸附过程中相转移模型的另一种说法认为被吸附物的分子并没有键合到特定的表面位点上，而是在一定的气相领域内，在一定界面上自由移动。在这个模型中，即使被吸附物的浓度很小，吸附质仍被认为占据了整个界面，就好比一瓶气体扩散到能占据整个容器。因此这个模型有一定的局限性。

活性位点-键合模型、相转移模型、气相传质模型都是理想情况，真实情况不可能完全遵循这些模型。而且，每种模型都会不可避免地有其局限性，所以我们不可以单纯地说哪种模型比另外其他模型更具有优势。但是，为了更好地模拟特定吸附体系，我们可以对某种或者某几种模型进行校正。当亲水吸附质键合到金属矿物吸附剂上时，可以假设形成一种特定的表面位点，所以之前的活性位点-键合模型就可以得到更好的应用。相反，非亲水吸附质与非金属矿物吸附剂(如活性炭、有机固体)发生作用的驱动力则被认为是由逆向的吸附质-水界面控制的，也就是说，更多地认为驱动力是水把吸附质分子推出水溶液，而不是吸附剂和它们结合。所以，即使吸附质键合到表面位点的直接键合力比较弱，在这些体系中吸附也比较容易进行，而且吸附可以利用气相传质模型来模拟。

2.1.3 吸附的影响因素

吸附过程的影响因素主要有以下几方面。

1. 吸附剂的物理化学性质

吸附是一种表面现象，吸附剂的表面积越大，吸附容量越大。吸附剂的种类、制备方法不同，其比表面积、粒径、孔隙构造及其分布各不相同，吸附效果也有差异。此外，吸附剂的表面化学结构和表面电荷性质对吸附过程也有很大的影响。极性分子型的吸附剂容易吸附极性分子型的吸附质，非极性分子型的吸附剂容易吸附非极性分子型的吸附质。活性炭属于非极性吸附剂，因此在去除非极性有机物质时可以避免吸附位［(即吸附位势，是指将 1 mol 气体从吸附平衡压 P 压缩到该温度下吸附质饱和蒸气压 P_0 所需的吉布斯自由能 ΔG(J/mol)］。

在静电相互作用中，对一个特定的吸附质分子而言，表面原子(或离子)的电荷(q)和范德瓦耳斯半径也很重要。对于一个特定的吸附质分子，与表面原子间的色散相互作用势能随表面原子极化率而增加。在同族元素中，极化率随着原子量的增加而增加；由于外壳轨道填充电子的增加，同周期元素中，极化率是随着原子量的增加而减小的。碱金属和碱土金属的极化率都很高，所以这些元素在表面上能够产生很高的色散势。但是当这些元素以阳离子的形式出现时，极化率急剧下降。当距离比较近时，表面分布有点电荷的离子固体，正负电场部分相互抵消。不过，同一元素阴离子半径一般大于阳离子，所以表面有负电场。所有静电相互作用势与 q ($\Phi_{F\mu}$ 和 Φ_{FQ}) 或 q^2 (Φ_{Ind}) 成正比，与 r^n (其中 $n = 2\sim4$) 成反比。其中 r 是相互作用对象中心的距离，为两个相互作用原子的范德瓦耳斯半径之和。因此，表面离子的范德瓦耳斯半径也是重要因素。对于离子交换沸石和分子筛等吸附剂，离子半径是决定吸附剂性能的重要指标。

2. 吸附质的物理化学性质

吸附质的溶解性能对平衡吸附量有重大影响。溶解度越小的吸附质越容易被吸附，也越不易解吸。对于有机物在活性炭上的吸附，随同系物含碳原子数的增加，有机物的疏水性增强，溶解度减小，因而活性炭对其吸附容量增大。吸附质的分子大小对吸附速率也有影响，通常吸附质分子体积越小其扩散系数越大，吸附速率越大。吸附过程由颗粒内部扩散控制时，受吸附质分子大小的影响较为明显。吸附质的浓度增加，吸附量也随之增加；但浓度增加到一定程度后，吸附量就增加很慢。

对于一个特定的吸附剂，吸附质-吸附剂相互作用势能取决于吸附质分子的性质。其中非特异性相互作用 Φ_D 和 Φ_R 为非静电作用。决定这些性质最重要的作用(也就是 Φ_{Ind})是极化率 α。这在没有电荷的表面，例如石墨，$\Phi_{Ind} = 0$。通常 α 值随着分子量的增加而增大，原因是可以参与极化的电子更多，这些能量大体上与 α 存在比例关系。色散能也随磁化率 χ 增加，但是不像 α 的影响这样大。非静电能直接取决于吸附质分子极化率；χ 对色散能有贡献且随分子量增加而增加。

3. pH 值

吸附剂及工艺操作的 pH 值会影响吸附质在吸附剂中的离解度、溶解度及其存在状态(如分子、离子、络合物)，也会影响吸附剂表面的荷电荷和其他化学性质，进而影响吸附剂的效果。例如，采用活性炭去除水中有机污染物时，其在酸性溶液中的吸附量一般要大于在碱性溶液中的吸附量。

4. 共存物的影响

共存物有的是相互诱发，有的是相互干扰，有的能独立被吸附。在物理吸附过程中，吸附剂可对多种吸附质产生吸附作用，因此多种吸附质共存时，吸附剂对其中任何一种吸附质的吸附能力都要低于组分浓度相同时只含单一吸附质时的吸附能力，即每种溶质都会以某种方式与其他溶质竞争吸附活性中心点。比如，废水中有油类物质或悬浮物存在时，前者会在吸附剂表面形成油膜，后者会堵塞吸附剂孔隙，分别对膜扩散、孔隙扩散产生干扰、阻碍作用，因而在吸附操作之前，需要采取预处理措施将它们除去。

5. 温度

吸附过程通常是放热过程，因此温度越低对吸附越有利，特别是以物理吸附为主的场合。由于吸附操作通常是在常温下进行，吸附过程的热效应较小，温度变化并不明显，因而温度对吸附过程的影响不大。但是，在活性炭再生的场合，经常通过大幅度加温以使吸附质分子解吸。

6. 接触时间

吸附质与吸附剂要有足够的接触时间，才能达到吸附平衡，吸附剂的吸附能力才能得到充分利用。吸附平衡所需时间取决于吸附速度，吸附速度越快，达到平衡所需时间越短。

2.1.4　吸附剂的分类

常用吸附剂主要有活性炭、分子筛、硅胶、活性氧化铝、膨润土、硅藻土、海泡石、凹凸棒石等。

1. 活性炭

活性炭是应用最早且用途较广的一种优良吸附剂。它是把各种木材、木屑、果壳、果核、泥煤、褐煤、烟煤、无烟煤以及各种含碳的工业废物干馏碳化，并经活化处理而得到的。碳化温度一般低于 873 K，活化温度为 1123～1173 K。活化剂一般采用水蒸气或热空气，近年来，也有用氯化锌、氯化镁、氯化钙及硫酸等化学药品作为活化剂。由于生产工艺比较复杂，活性炭吸附剂的价格较贵。

活性炭具有非常丰富的微孔，比表面积在 500～1500 m^2/g，故具有优异的吸附能力。它的用途几乎遍及各个工业领域，可用于溶剂蒸气的回收、气体提浓分离、动植物油的精制、空气或者其他气体的脱臭、水和其他溶剂的脱色等。近年来，活性炭吸附剂在环境保护方面也得到广泛应用，用于处理工业废水及治理某些气态污染物。应用活性炭吸附剂时，应特别注意其易燃易爆的特性。

与大多数其他吸附剂相反，活性炭的表面具有氧化物基团和无机物杂质，因而是非极性或弱极性的，具有下述优点：

（1）它是用于完成分离与净化过程中唯一不需要预先严格干燥的工业吸附剂。

（2）它具有尽可能达到的大的内表面积，因此比其他吸附剂能吸附更多的非极性和弱极性的有机分子。例如，在一个大气压和室温下，被活性炭吸附的甲烷量几乎是同等重量 5A 分子筛吸附量的两倍。

（3）一般来说，活性炭的吸附热或键的强度要比其他吸附剂低，因而吸附分子的解吸较为容易，而且吸附剂再生时的耗能也比较低。

2. 沸石分子筛

沸石分子筛主要是指人工合成的泡沸石，它属于多孔性的硅酸铝骨架结构。分子筛具有均匀一致的孔穴尺寸，其孔径的大小相当于分子(或离子)的大小。不同型号的沸石分子筛有不同的有效孔径。一定结构的分子筛，有一定的孔穴直径，比孔穴直径小的气体分子可进入孔穴内被吸附，比孔穴直径大的气体分子则不能被吸附，从而起到筛分分子的作用，故称分子筛。

具有分子筛作用的物质很多，如沸石、炭分子筛、微孔玻璃、有机高分子或某些无机物膜等，其中沸石分子筛应用最广。沸石有天然沸石和人工合成沸石。天然沸石种类很多，但并非所有天然沸石都具有工业价值，目前实用价值比较大的有：斜发沸石、镁沸石、毛沸石、片沸石、钙十字沸石、丝光沸石等。天然沸石虽然具有种类多、分布广、储量大、成本低等优点，但杂质多、纯度不高，有些性能不如合成沸石。所以人工合成沸石在生产中占有相当地位，我国于 1959 年首次合成 A 型、X 型、Y 型沸石分子筛并迅速投入生产。沸石的人工合成方法大致可分为水热合成法与碱处理法两类。将含硅、含铝、含碱的原料按一定比例配成溶液，在室温至 333 K 范围内加热搅拌制成硅铝凝胶，将硅铝凝胶置于反应器中，利用蒸汽加热至 373 K 左右，沸石即可从凝胶中结晶出来。然后经过水洗，加入黏合剂制成一定形状，烘干后在 673～873 K 左右温度下活化即得常用的合成沸石分子筛。由于沸石分子筛具有许多优良的性能，在生产上被广泛采用。在环境保护方面，常用它进行脱硫、脱氮、含汞蒸气的净化及其他有害气体的治理。

3. 硅胶

硅胶是一种坚硬多孔的固体颗粒，一般作为 0.2～7 mm 的粒状或球状体来应用，其分子式为 $SiO_2 \cdot nH_2O$。硅胶的制备方法是将水玻璃(硅酸钠)溶液用酸处理，然后再将得到的硅凝胶经老化、水洗，在 368～403 K 温度下，经干燥脱水制得。硅胶是工业上常用的一种吸附剂，实验室所用的硅胶是经干燥脱水并加入钴盐作指示剂的硅胶，在无水时呈蓝色，吸水后变为淡红色。硅胶吸水容量很大，它从气体中吸附的水分量最高可达硅胶自身重量的 50%。吸水后的饱和硅胶，可通过加热方法(573 K)将其吸附的水分脱附，得到再生。

硅胶属于亲水性的吸附剂，如细孔性硅胶在 293 K、相对湿度为 60% 的空气中，达到平衡时的吸附水分量为本身重量的 24%。硅胶在吸附水分时，由于水蒸气的凝缩热比较大，温度可升至 373 K，在同样条件下活性炭的升温只能达到 293～313 K。

4. 活性氧化铝

活性氧化铝是将含水氧化铝在严格控制升温条件下，加热到 737 K，使之脱水而制得。它为多孔结构物质并具有良好的机械强度。活性氧化铝比表面积大约为 100～400 m^2/g。活性氧化铝对水分有很强的吸附能力，主要用于气体和液体的干燥、石油气的浓缩和脱硫，近年来也将它用于含氟废气的治理。

5. 膨润土

膨润土是以蒙脱石为主要矿物成分的非金属矿产，蒙脱石结构是由两个硅氧四面体夹一层铝氧八面体组成的 2∶1 型晶体结构，由于蒙脱石晶胞形成的层状结构存在某些阳离子，如 K^+、Na^+、Ca^{2+}、Mg^{2+}、Al^{3+}、H^+、Li^+、Cs^+等，且这些阳离子与蒙脱石晶胞的作用很不稳定，易被其他阳离子交换，故具有较好的离子交换性。膨润土作为一种具有良好吸附特性的吸附剂，在环境污染治理中得到了广泛应用，主要用于废水净化、油污、城市垃圾、废气净化、汽车尾气处理、土地填埋防渗、矿区修复、放射性废物处理等方面，其中以废水处理的应用最多。天然产出漂白土是膨润土的一种，是以蒙脱石、钠长石、石英为主要组分的白色、白灰色黏土。漂白土本身就具有漂白性能，但在使用前也要经过简单的热处理。对于蒙脱土等则要经过化学活化处理方显高吸附活性。蒙脱土用 28%～30%盐酸处理后，晶格结构发生变化，层间可交换阳离子被 H^+取代，溶出部分 Al 和可酸性杂质，所得产物称为酸性白土，具有很强的油脂脱色能力。

6. 硅藻土

硅藻土由无定形的 SiO_2 组成，并含有少量 Fe_2O_3、CaO、MgO、Al_2O_3 及有机杂质。显微镜下可观察到天然硅藻土的特殊多孔性构造，这种微孔结构是硅藻土具有特征理化性质的原因。硅藻土是一种由硅藻及其他微生物的硅质遗体沉积而成的生物硅质沉积岩，具有发达的微孔结构，比表面积较大，是一种价廉的吸附剂和干燥剂，对废水、废气和土壤中重金属、无机和有机污染物均具有良好的吸附或降解效果，同时也可制成各种形状的调湿材料，并具有绝热、脱臭、吸音等作用。硅藻土等不易活化，甚至需高温灼烧以除去吸附的水分。最常用的化学活化方法是用无机酸处理。酸处理可除去部分或全部的金属氧化物，同时可以提高表面酸度。酸处理常能增大比表面积和增加孔隙。

7. 海泡石

海泡石是纯天然、无毒、无味、无石棉、无放射性元素的一种水合镁硅酸盐黏土矿物，具有非金属矿物中极大的比表面积（最高可达 900 m²/g）和独特的孔道结构[截面积约为 $(0.38×0.94)\, nm^2$]，是公认的吸附能力最强的黏土矿物。在通道和孔洞中可以吸附大量的水或极性物质，包括低极性物质，因此海泡石具有很强的吸附能力。强吸附性以及可处理改善的大比表面积，使之具备作催化剂载体的良好条件。海泡石的一些表面性质（如表面酸性弱、镁离子易被其他离子取代等），使其本身也可用作某些反应的催化剂。故海泡石不仅是一种很好的吸附剂，而且是一种良好的催化剂和催化剂载体。水和其他流体可进入其孔道，孔道中有可交换的阳离子，可以平衡 Al 置换 Si 所多出的负电荷。海泡石有较强的吸附能力和热稳定性，可用于物质提纯、脱色、废水处理，也可作为离子交换剂应用。海泡石经活化后制得的吸附剂具有高效、可再生的优点，是一种很有前途的环境材料，可用于水污染治理、大气污染治理、土壤污染治理等方面。

8. 凹凸棒石

凹凸棒石是具层链状结构的含水富镁铝硅酸盐黏土矿物，以其独特的结构、大的比表面积和良好的吸附性等特性被称为理想的环保材料，在催化剂制备、吸附脱色、废水废气处理、土壤修复等方面具有极大的应用价值。凹凸棒石为一种晶质水合镁铝硅酸盐矿物，具有独特的层链状结构特征，在其结构中存在晶格置换，晶体中含有不定量的 Na^+、Ca^{2+}、Fe^{3+}、Al^{3+}，呈针状、纤维状或纤维集合状。由于凹凸棒石具有独特的晶体结构，使之具有许多特殊的物化及工艺性能，主要有阳离子可交换性、吸水性、吸附脱色性、大的比表面积（9.6～36 m²/g）以及胶质价和膨胀容。凹凸棒石还具有独特的分散、耐高温、抗盐碱等良好的胶体性质和较高的吸附脱色能力，并具有一定的可塑性及黏结力。

2.2　矿物材料吸附性能测试

2.2.1　矿物材料吸附性能的分析技术及方法

2.2.1.1　比表面积及孔道结构分析

比表面积及孔道结构分析简称 BET 分析，该方法由于是依据著名的 BET 理论为基础而得名。BET 是三位科学家 Brunauer、Emmett 和 Teller 姓氏的首字母缩写,三位科学家从经典统计理论推导出的多分子层吸附公式,即著名的 BET 方程,成为颗粒表面吸附科学的理论基础,并被广泛应用于颗粒表面吸附性能研究及相关检测仪器的数据处理中。

该模型的基本假设是:①固体表面是均匀的,发生多层吸附;②除第一层的吸附热外其余各层的吸附热等于吸附质的液化热。推导有热力学角度和动力学角度两种方法,均以此假设为基础。

由其假设可以看出 BET 方程推导中,把第二层开始的吸附看成是吸附质本身的凝聚,没有考虑第一层以外的吸附与固体吸附剂本身的关系。大量实验也证实,固体吸附剂的不同所造成其本身表面能不同而对吸附质第一层以外的吸附的影响是很弱的。对于低温氮吸附法,氮气作为吸附质,BET 方程成立的条件是要求氮气分压范围为 0.05~0.35,其原因也就出于此两个假设(即在相对压力小于 0.05 时建立不起多层物理吸附平衡,甚至连单分子物理吸附也远未形成;而在相对压力大于 0.35 时,孔结构使毛细凝聚的影响突显,定量性及线性变差)。BET 的理论最大优势是考虑到了由样品吸附能力不同带来的吸附层数之间的差异,这是与以往标样对比法最大的区别。

2.2.1.2　离子交换容量分析

离子交换容量是指离子交换剂能提供交换离子的量,它反映了离子交换剂与溶液中离子进行交换的能力。通常所说的离子交换剂的交换容量是指离子交换剂所能提供交换离子的总量,又称为总交换容量,它只和离子交换剂本身的性质有关。在实际实验中关心的是层析柱与样品中各个待分离组分进行交换时的交换容量,它不仅与所用的离子交换剂有关,还与实验条件有很大的关系,一般又称为有效交换容量。离子交换剂的总交换容量通常以每毫克或每毫升交换剂含有可解离基团的毫克当量数(meq/mg 或 meq/mL)来表示。通常可以由滴定法测定。阳离子交换剂首先用 HCl 处理,使其平衡离子为 H^+。再用水洗至中性,对于强酸型离子交换剂,用 NaCl 充分置换出 H^+,再用标准浓度的 NaOH 滴定生成的 HCl,就可以计算出离子交换剂的交换容量;对于弱酸型离子交换剂,用一定量的碱将 H^+ 充分置换出来,再用酸滴定,计算出离子交换剂消耗的碱量,就可以算出交换容量。阴离子交换剂的交换容量也可以用类似的方法测定。

2.2.1.3　吸附量分析

在固气和固液界面上进行吸附时,在一定温度和压力(或浓度)下,一定量吸附剂吸附的吸附质的量称为吸附量。实际应用中大多规定以 1 g (或 1 m²) 吸附剂上之吸附量表示,也称比吸附量。常用单位有: g/g、g/m²、mol/g、mol/m²、mL/g、mL/m² 等。在气液界面上的吸附量单位多用 mol/cm²。对于指定的吸附剂和吸附质,吸附量的大小由吸附温度和吸附平衡时气体压强(或溶质浓度)决定。吸附量是吸附研究中最重要的物理量,对于了解和比较吸附剂与吸附质的作用、吸附剂的优劣、吸附条件等有重要意义。

2.2.2　静态吸附平衡分析

静态吸附指定量的吸附剂和定量的溶液经过长时间的充分接触而达到平衡。静态吸附平衡的测定方法有,①容量法:保持气相的压力不变,经过一段时间吸附后,测定气体容积减少值;②重量法:吸附剂和气体充分接触,测定吸附剂重量增加值;③压力法:测定气体压力的变化(容积不变)或溶液浓度改变的大小。

在静态容量法物理吸附实验中,所谓吸附平衡是在一定的扩散时间内,体系中气体的压力变化始终在允许误差范围内的状态。若平衡时间不够,则所测得的样品吸附量或脱附量小于达到平衡状态的量,而且前一点的不完全平衡还会影响到后面点的测定。例如,测定吸附曲线时,在较低相对压力下没有完成的吸附量将在较高的压力点被吸附,这导致等温吸附线向高压方向位移。由于同样的影响,脱附曲线则向低压方向位移,形成加宽的回滞环,或者产生不存在的回滞环。对于微孔测量,由于其孔径较小,需要的平衡时间相应增加。

使用定投气量的方法进行吸附动力学研究。其中各条曲线均为仪器按设置投气量投气后,系统压力随时间的变化。起始段(<10 s)的压力变化一般归属为气体扩散及热力学影响,之后的压力变化则属于由材料吸附性质引起的压力变化。只有当进气后至少需要 5000 s 以上才有可能达到真正的吸附平衡,而在平台期,无论其压力变化是否在测量误差许可范围之内,均不代表材料真实的吸附状态。应对材料以上特性,在设置平衡时间时必须能够将其设置在 5000 s 以上才能够得到材料真正的吸附信息。

静态容量法是在一个密闭的真空系统中,把样品管置于液氮杜瓦瓶中,改变样品管中氮气压力,使粉体样品在不同的氮气压力下吸附氮气直至吸附至饱和。用高精密压力传感器测出样品吸附前后样品室中氮气压力的变化,再根据气体状态方程计算出气体的吸附量,可以按阶梯顺序测出吸脱附等温线,进而进行比表面积计算或孔径分析。与动态法比较,静态容量法比表面积及孔径分析仪的特点如下所述。

（1）在容量法中，样品的吸附与脱附过程是在静态下进行，这符合理想的吸附平衡条件，而动态法仅为相对的动态平衡。

（2）静态容量法的测试过程是在一个封闭的系统中，直接改变氮气的压力，并通过压力传感器测量压力。该方法简便、测量精确。而动态法中氮分压的改变，要通过氮气和氦气相对量的改变，或二者流量的调节才能得到，过程相对复杂，影响因素较多。

（3）对于静态容量法，在吸附与脱附过程中，样品一直固定于液氮杜瓦瓶中，不像动态法每测一个压力点样品管都需要进出液氮杯一次，静态法不但节省了时间，而且大大减少了液氮的消耗。

（4）氦气作为吸附气体，氦气只用于自由空间的测定，因此氦气和氦气的消耗极少，大大减少了测试的成本。

（5）静态容量法测试一个压力点只需要几分钟，可以根据实验需要增加测试点数，例如，孔径分布测定测试点数可以达到 100 点左右。测量的点数多时，有利于测量精度和可靠性的提高，这一点是动态法无法做到的。

（6）在进行孔径分布测试时，静态容量法具有无可替代的优势，其一，孔径分析范围是 0.35～500 nm；其二，可以完整地测试等温吸附曲线和等温脱附曲线，实现对孔径分布的精确分析，可以得到样品全面的吸附特性，有利于对样品的吸附类型和孔结构作出判断；其三，只有静态法才有可能对微孔进行定量分析。

静态重量法吸附仪是指在一个高真空系统中，有一个高度灵敏的秤，一般是一个石英弹簧秤，在托盘上装有样品，把系统恒定在某一温度下，通入一定压力的吸附气体，样品随着吸附的气体的增加而重量增加，直至吸附达到平衡，弹簧秤直接测出气体的吸附量。

比表面积和孔径分析常用的吸附质有氮气、氩气、氦气和 CO_2。氩气、氮气可被用来测试微孔及中孔，并且在较高的相对压力下（10^{-5}～10^{-3}）就可以获得微孔数据（0.3～1 nm）。氩气扩散快（液氩温度高，87.3 K），平衡过程快，实验时间短。但都不能用于测试大于 12 nm 的孔，因为氮氩在较大孔内不能凝聚。在 77.35 K 下氪气可以被用来测量超低比表面积，在 87.27 K 下被用于窄微/介孔薄膜的孔径分析。在 273 K（$T/T_c = 0.89$）下 CO_2 被用于小于 1.5 nm 孔宽的孔径分析。

2.2.3　吸附动力学分析

在吸附过程中，吸附质从溶液中向吸附剂的扩散以及吸附质在吸附剂表面堆积(吸附反应)的速率决定了吸附过程的动力学及吸附过程的效率。吸附过程的停留时间也是研究吸附动力学的重要参数，它不仅能判断整个吸附过程是否达到平衡状态，还能评估吸附过程的量。通常来讲，一个吸附过程分为以下四步：①吸附质从溶液中向吸附剂表面的扩散；②吸附质同吸附剂外表面活性点的相互作用；③内部扩散过程，通常由吸附剂的孔径决定；④吸附质同吸附剂内表面上活性点的吸附作用。其中吸附质同吸附剂表面活性点之间可能发生化学吸附(强的吸附质-吸附剂作用，相当于共价键的形成)或者弱的吸附(弱吸附质-吸附剂作用，与范德瓦耳斯力非常类似)。众所周知，对于吸附过程来说，最慢的步骤决定了整个过程的速率，从而决定了整个过程的动力学。上述四个过程中的一个或者几个都可以是吸附过程的速率决定过程。如果第一步或者第三步最慢，那么吸附过程就是一个扩散控制(物理)过程，吸附质同吸附剂表面的相互作用则不是决定吸附过程的主要因素。如果第四步是速率决定过程，那么这个吸附过程就是一个化学吸附过程。但是大部分情况下，一个吸附过程都不是由一个简单步骤控制的，而是受到上述步骤中多个步骤的控制。

Yahya 等利用天然吸附剂吸附水溶液中的锌离子、铅离子和钴离子。实验结果表明，含有硅和碳的吸附剂可以有效地去除水溶液中的锌离子、铅离子和钴离子。吸附动力学研究表明，该吸附过程是一个准一级动力学控制过程，并且外部传质是一个速率控制过程，整个吸附过程都是外部传质扩散控制。

最常用的内部传质模型是 Webber-Morris 模型，其公式为

$$q = C + t^{1/2} \tag{2-2}$$

Webber-Morris(W-M)内部传质模型的应用更广泛，Cheung 等研究了利用壳聚糖吸附染料的 W-M 内部传质动力学模型，实验结果表明：该吸附过程是内部传质机理，但是受到吸附剂孔隙率大小的影响。相关文献中报道，如果 W-M 模型中拟合的直线没有通过原点，则说明内部扩散过程不是唯一的速率控制过程，还有其他的过程也是速率控制过程。

Yasemin 和 Zeki 实验研究了利用锯屑作为吸附剂吸附水溶液中的铅离子、镉离子和镍离子，考察了吸附时间、金属离子初始浓度和温度对吸附能力的影响。从吸附动力学研究发现，内部传质过程是吸附过程的控制过程，同时该吸附过程还是一个准二级动力学模型。

1. Lagergren 准一级动力学模型

Lagergren 准一级动力学是最早描述固-液界面上吸附过程速率的一个模型，对于大部分吸附反应，Lagergren 准一级动力学模型不适合描述整个过程，但在反

应的前 20～30 min 时间内比较合适。其中的速率常数 k_1 受吸附质初始浓度的影响，通常情况下，其数值随着吸附质浓度的升高而降低。

$$\frac{dx}{dt} = k_1(X - x) \tag{2-3}$$

式中，X 为平衡时的吸附能力，mg/g；x 为时间 t 时的吸附能力，mg/g；k_1 为准一级动力学的速率常数。

将上述公式从边界条件 $t=0$ 到 $t=t$ 以及 $x=0$ 到 $x=X$ 积分，得

$$\ln\left(\frac{X}{X-x}\right) = k_1 t \tag{2-4}$$

变形得

$$x = X(1 - e^{-k_1 t}) \tag{2-5}$$

最常用的形式是

$$q = q_e(1 - e^{-k_1 t}) \tag{2-6}$$

式中，q 为时间 t 时的吸附量，mg/g；q_e 为吸附达到平衡时的吸附量，mg/g；k_1 为速率常数，h^{-1}；t 为吸附时间，h。

2. 准二级动力学模型

为了得到准二级动力学吸附机理的速率常数，用壳聚糖-铜离子吸附反应，该过程可以用以下两种方式表达：

$$2Chi^- + Cu^{2+} \rightleftharpoons Cu(Chi)_2 \tag{2-7}$$

式中，Chi^- 为壳聚糖表面上的活性吸附点。以吸附平衡能力为基础的准二级动力学的速率公式可以推导出，其速率公式可以表达为

$$\frac{d(Chi)}{dt} = k_2[(Chi)_0 - (Chi)_t]^2 \tag{2-8}$$

或者

$$\frac{d(HChi)}{dt} = k_2[(HChi)_0 - (HChi)_t]^2 \tag{2-9}$$

式中，$(Chi)_t$、$(HChi)_t$ 表示时间为 t 时的壳聚糖上活性吸附点的数量；$(Chi)_0$、$(HChi)_0$ 表示在壳聚糖表面上可利用的平衡活力点。

假设吸附剂的吸附性能与吸附剂表面的活性吸附点是成比例的，那么上述动力学方程可以改写成以下形式：

$$\frac{\mathrm{d}q}{\mathrm{d}t} = k_2(q_e - q)^2 \qquad (2\text{-}10)$$

对式(2-10)从边界条件 $t=0$ 到 $t=t$，$q=0$ 到 $q=q$ 进行积分，可以得到式(2-11)：

$$q = \frac{q_e^2 k_2 t}{1 + q_e k_2 t} \qquad (2\text{-}11)$$

准一级动力学和准二级动力学是应用比较广泛的两个动力学模型，M. Yunus Pamukoglu 和王学江进行了一系列吸附动力学实验，研究了污泥对铜离子的吸附动力学，考察了不同 pH、温度、铜离子初始浓度、吸附剂用量和吸附剂粒径对吸附动力学的影响。实验结果表明，与准一级动力学相比，准二级动力学模型更符合该吸附过程。吸附速率常数随着 pH 的升高而升高，这是因为吸附剂表面负电荷的增加可以减少铜离子的吸附竞争；吸附速率常数随着温度的升高而增大，这是由于在较高温度下，吸附剂和吸附质之间的反应更频繁；吸附速率常数随着吸附剂加入量的增加而升高，这是因为吸附剂加入量的增加增多了吸附位点；而吸附速率常数随着铜离子初始浓度的升高而降低，这是由铜离子之间对吸附位点的竞争而造成的；吸附速率常数随着吸附剂粒径的减小而增大，这是因为吸附剂粒径越小，其比表面积越大，提供的吸附位点也越多。

2.2.4　等温吸附模型分析

等温吸附模型是指在一定温度下溶质分子在两相界面上进行吸附过程达到平衡时它们在两相中浓度之间的关系模型。

在恒定温度下，对应一定的吸附质压力，固体表面上只能存在一定量的气体吸附。通过测定一系列相对压力下相应的吸附量，可得到吸附等温线。吸附等温线是对吸附现象以及固体的表面与孔进行研究的基本数据，可从中研究表面与孔的性质，计算出比表面积与孔径分布。吸附等温线有以下六种，前五种已有指定的类型编号，而第六种是近年补充的(图 2-2)。吸附等温线的形状直接与孔的大小、多少有关。

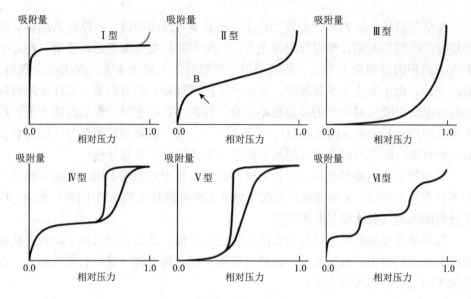

图 2-2　吸附等温线的基本类型

Ⅰ型等温线：朗缪尔（Langmuir）等温线。相应于朗缪尔单层可逆吸附过程，是窄孔进行吸附，而对于微孔来说，可以说是体积充填的结果。样品的外表面积比孔内表面积小很多，吸附容量受孔体积控制。平台转折点对应吸附剂的小孔完全被凝聚液充满。微孔硅胶、沸石、炭分子筛等，出现这类等温线。这类等温线在接近饱和蒸气压时，由于微粒之间存在缝隙，会发生类似于大孔的吸附，等温线会迅速上升。

Ⅱ型等温线：相应于发生在非多孔性固体表面或大孔固体上自由的单一多层可逆吸附过程。在低相对压力（P/P_0）处有拐点 B，是等温线的第一个陡峭部，它指示单分子层的饱和吸附量，相当于单分子层吸附的完成。随着相对压力的增加，开始形成第二层，在饱和蒸气压时，吸附层数无限大。这种类型的等温线，在吸附剂孔径大于 20 nm 时常遇到。它的固体孔径尺寸无上限。在低 P/P_0 区，曲线凸向上或凸向下，反映了吸附质与吸附剂相互作用的强或弱。

Ⅲ型等温线：在整个压力范围内凸向下，曲线没有拐点 B，在憎液性表面发生多分子层，或固体和吸附质的吸附相互作用小于吸附质之间的相互作用时，呈现这种类型。例如，水蒸气在石墨表面上吸附或在进行过憎水处理的非多孔性金属氧化物上的吸附。在低压区的吸附量少，且不出现 B 点，表明吸附剂和吸附质之间的作用力相当弱。相对压力越高，吸附量越多，表现出有孔充填。有一些物系（如氮在各种聚合物上的吸附）出现逐渐弯曲的等温线，没有可识别的 B 点，在这种情况下吸附剂和吸附质的相互作用是比较弱的。

Ⅳ型等温线：低 P/P_0 区曲线凸向上，与Ⅱ型等温线类似。在较高 P/P_0 区，吸附质发生毛细管凝聚，等温线迅速上升。当所有孔均发生凝聚后，吸附只在远小于内表面积的外表面上发生，曲线平坦。在相对压力接近 1 时，在大孔上吸附，曲线上升。由于发生毛细管凝聚，在这个区内可观察到滞后现象，即在脱附时得到的等温线与吸附时得到的等温线不重合，脱附等温线在吸附等温线的上方，产生脱附滞后(adsorption hysteresis)，呈现滞后环。这种脱附滞后现象与孔的形状及其大小有关，因此通过分析吸脱附等温线可知孔的大小及其分布。

Ⅴ型等温线的特征是向相对压力轴凸起。与Ⅲ型等温线不同，在更高相对压力下存在一个拐点。Ⅴ型等温线来源于微孔和介孔固体上的弱气-固相互作用，微孔材料的水蒸气吸附常见此类线型。

Ⅵ型等温线以其吸附过程的台阶状特性而著称。这些台阶来源于均匀非孔表面的依次多层吸附。液氮温度下的氮气吸附不能获得这种等温线的完整形式，而液氩下的氩吸附则可以实现。

2.3　矿物材料吸附性能应用

矿物材料因其对污染物具有良好的表面吸附作用、孔道过滤作用、结构调整作用、离子交换作用等优良性能，在污染治理、环境修复领域具有独特的功能，具有处理方法简单、成本低、处理效果好且不出现二次污染等优势，还体现了以废治废、污染控制与废物资源化并行、自净化作用等特色。矿物材料吸附性能方面的应用具体体现在以下几个方面：

(1)利用具有孔状结构的矿物材料，如坡缕石和海泡石等处理有机废水。

(2)利用具有片状结构、良好的分子交换性和强吸附性的矿物材料，如蛭石，用作土壤改良剂和重金属污染废水的处理介质。

(3)利用比表面积大、离子交换性高及吸附性能优良的矿物材料，如蒙脱石、凹凸棒石、沸石等，处理生活废水、工业废水，去除废水中的重金属(如 Hg、Cd、Pb、Cr 等)离子、有机污染物及磷酸根离子等。

(4)利用经表面改性的黏土矿物材料处理固体垃圾，可防止二次污染。

(5)利用膨胀石墨治理大气污染和海洋油类污染。在处理油轮近海原油泄漏时，膨胀石墨清除海面油污的试用效果很好，优于传统的活性炭、棉花吸附和氧化清除等方法，对重油、润滑油、柴油和汽油的吸附量均高于活性炭。

(6)利用吸附性强、比表面积大的膨润土、海泡石、坡缕石、高岭土等作为吸附过滤材料，清洁空气，处理臭气、毒气之类的有害气体。

(7)在国防工业、核工业、航天工业中，利用天然沸石、海泡石、蒙脱石、坡缕石等，治理放射性污染、毒气、辐射等。

（8）利用具有质轻、热导率小、耐高温、吸音等特点的矿物材料，如沸石、硅藻土、膨胀珍珠岩、蛭石、浮石等，生产安全健康型生态建材。

2.3.1　水污染防治

地球上水资源有限，随着社会发展，水资源受到污染，这对宝贵而十分有限的水资源可谓是雪上加霜，对人类自身而言，无疑将是一出悲剧。第四届世界水论坛提供的联合国水资源世界评估报告显示，全世界每天约有数百万吨垃圾倒进河流、湖泊和小溪，每升废水会污染 8 L 淡水；所有流经亚洲城市的河流均被污染；美国 40%的水资源流域被加工食品废料、金属、肥料和杀虫剂污染。目前我国水污染现象日趋严重，水体水质日益恶化。全国检测的 1200 多条河流中有 850 条受到不同程度的污染，并且有不断加重的趋势。初步调查表明，我国农村有 3 亿多人饮水不安全，其中有 6300 多万人饮用高氟水，200 万人饮用高砷水，1.9 亿人饮用有害物质含量超标的水。

许多矿物材料具有最佳的环境协调性，被广泛应用于环境污染治理的各个领域中。非金属矿物种类繁多、储量丰富、价格低廉，将其用作环保吸附材料，具有投资少、处理效果好、二次污染小及可以重复使用等优点。目前石英、尖晶石、石榴子石、海泡石、坡缕石、膨胀珍珠岩、硅藻土、膨胀蛭石等用于化工和生活用水过滤；白云石、石灰石、方镁石、蛇纹石、钾长石、石英等用于清除水中过多的 H^+ 或 OH^-；明矾石、三水铝石、高岭土、蒙脱石、沸石等用于清除废水中有机物和重金属离子。因此，包括我国在内的世界上许多国家对非金属矿物环保材料的吸附特性的研究与开发都非常重视。

2.3.1.1　水体中物理性污染物的去除

矿物对污水的净化机理与矿物本身的性能有直接关系，主要是利用矿物表面的吸附作用、矿物孔道的过滤作用、矿物层间的离了交换作用及矿物微溶性的化学活性作用等，其中吸附法是矿物处理废水的重要手段。

2.3.1.2　水体中氮磷的去除

近年来，氨氮废水的排放造成水质污染的现象日益严重，导致了"赤潮""赤湖"等严重后果，加强氮磷废水的治理已经被提上日程。处理后的工业废水中氨氮的含量应在 50 mg/L 以下。近几年，沸石、膨润土、蛭石、陶粒等环境矿物材料应用于脱氮除磷已成为研究的热点。

（1）沸石是一种普遍存在于火山沉积物等处的非金属矿物，在水污染治理中具有储量丰富、价廉易得、制备方法简单、较高的化学和生物稳定性等特性。其中，沸石空间网架结构中的空腔与孔道决定了它具有较大的开放性和巨大的内表面积，孔中所含的结构可交换碱、碱土金属阳离子以及中性水分子(沸石水)，脱水后结构不变，因此具有良好的离子交换、选择吸附和分子筛等功能。具有特殊骨架结构的沸石，作为一种廉价的非金属矿物资源受到世界各国越来越广泛的关注，并以其优异的吸附性和选择离子交换性被广泛应用于各种废水的处理，取得了明显的成效。有研究表明，沸石在微污染水处理中，具有良好的吸附性能，可以有效吸附极性有机物，利用斜发沸石处理氨氮废水，在废水浓度 pH=5 的条件下，平均交换比容量达到 12.96 mg/g；循环试验显示，处理后废水浓度由 246 mg/L 降到 21.3 mg/L、氨和氮的去除率达 91.3%，达到了国家排放标准。

(2) 膨润土具有强的吸湿性和膨胀性，可吸附 8～15 倍于自身体积的水量，体积膨胀可达数倍至 30 倍；在水介质中能分散成胶凝状和悬浮状，这种介质溶液具有一定的黏滞性、触变性和润滑性，还有较强的阳离子交换能力，且对各种气体、液体、有机物质有一定的吸附能力，最大吸附量可达 5 倍于自身的重量，它与水、泥或细沙的掺和物具有可塑性和黏结性。

(3) 蛭石具有较高的层电荷数，故具有较高的阳离子交换容量和较强的阳离子交换吸附能力。其特点是质轻，吸附性能好，不易腐烂，可使用 3～5 年(而腐殖土、椰子壳衣等容易腐烂)。蛭石的这种结构特点使其对 NH_4^+ 具有较高的选择性，已经有很多学者对蛭石的磷吸附性能进行了广泛的研究及试验。通过磷等温吸附与饱和吸附后释放磷试验，研究了高岭土、蒙脱土、凹凸棒石、蛭石和沸石对溶液中磷的吸附效果及其影响因素。结果表明，蛭石的磷理论饱和吸附量最大，为 3473 mg/kg，其他依次为凹凸棒土、蒙脱土和沸石。高岭土的磷理论饱和吸附量最低，为 55 mg/g。影响黏土矿物对磷理论饱和吸附量的主要因素是钙含量和胶体氧化铁及氧化铝的含量，而 pH 值、阳离子交换量和比表面积对磷理论饱和吸附量影响不大。

(4) 陶粒对于废水的脱氮除磷有显著的作用。以天然陶土为主要原料，加适量的化工原料，可以生产出一种较理想的水处理滤料——球形轻质陶粒。用于曝气生物滤池处理城市废水的试验表明，陶粒滤料为球形表面，密度小，易清洗，成本低廉，废水处理效果极佳，且这种滤料具有处理率高、强度大、孔隙率大、比表面积大、化学稳定性好、生物附着力强、膜性能良好、水流流态好、反冲洗容易的优点。陶粒在处理生活废水中的氨氯时有较好的效果。陶粒有利于硝化菌在其表面生长，固定获得较高的硝化菌浓度，有较强的氨氮去除效果，应用膨胀粒滤料可有效地解决铵盐排放问题，且这种滤料有持续的生物再生能力。有研究人员经过 10 个月的持续运行，发现陶粒的净化效果依然很好，氨氮去除率为 0.4 kg/(m³·d)。通过将陶粒用于曝气生物滤池中，发现 COD 去除率大于 85%，BOD 去除率大于 90%。除此之外，还有将陶粒用于厌氧滤池填料，处理炼油废水，发现悬浮物浓度在 1～3 mg/L 以下、油类去除率达到 16.7%、COD 去除率达到 33%。进一步研究发现，陶粒柱的浊度平均去除率为 6.44%，高锰酸钾去除率为 51.64%，含氮污染物氨氮、硝酸盐去除率分别为 91.5% 和 98.12%。

2.3.1.3　水体中重金属的去除

随着现代工业的发展，选矿、冶金、化工、电镀等行业排放的废弃物常常导致土壤和水体重金属污染，对人类的健康造成威胁。生物毒性显著的 Hg、Cd、Pb、Cr、As 和具有毒性的 Zn、Cu、Co 等重金属污染物不能被生物降解，倾向于在活的有机体中富集，在人体内能和蛋白质及各种酶发生强烈的相互作用，使它们失去活性，如果超过人体所能耐受的限度，会造成急性中毒、亚急性中毒、慢性中毒等，对人体健康会造成很大的危害。

治理重金属的传统技术有化学沉淀、渗透膜、离子交换、活性炭吸附等，但这些方法普遍成本较高。利用来源于地质体表面和矿山废弃物的矿物材料治理重金属污染，具有材料来源广、价廉、节能、去除率高等优点，可为重金属污染治理提供新的解决方案，有效解决以往治理方案中存在的不足，正在引起国内外环境工程界的广泛关注。目前，采用天然矿物材料，如电气石、膨润土、沸石、珍珠岩、硅藻土、蛭石、海泡石、磷灰石等在重金属污染治理方面进行了大量的研究，并取得了一些卓有成效的进展与成果。矿物材料在重金属污染治理中的应用主要有以下三方面。

（1）污水处理工艺末段。在常规污水处理工艺的末段加入矿物材料作为吸附剂的处理工艺，可以有效解决常规污水处理工艺难以处理的重金属污染问题，而且操作简单成本较低。

（2）稳定化试剂。在土壤重金属污染治理中，利用环境矿物材料吸附重金属的特性将重金属吸附在矿物材料中，不仅可以达到减少重金属污染物的扩散，防止其进一步对地下水污染的目的，而且可以减少农作物对重金属污染物的吸收，实现对重金属污染物的稳定化，从而达到治理目的。

（3）渗透反应墙的填充剂。在渗透反应墙中，往往需要填充大量的填充剂。将矿物材料作为渗透反应墙中的填充剂，不仅可以有效降低人工制造的填充剂所带来的高成本问题，而且具有绿色环保、成本低的优点。目前各种类型的环境矿物材料包括非金属矿物材料中的硅酸盐、磷酸盐，以及金属矿物材料中的铁矿、锰矿等矿物材料都得到了研究。

2.3.1.4 水体中有机污染物的去除

随着化学工业及其相关产业的高速发展，含难生物降解的有机污染物的工业废水种类和数量日益增多，对生态环境和人类健康的危害也日益严峻，尤其是化工、医药、农药、造纸和冶金等行业废水。由于经济和技术方面的原因，采用传统的废水处理技术，如物理法、化学法和生化法已不能满足越来越高的环保要求，因此探索高效、经济的方法处理高毒性和难生化降解的有机废水已成为化学界和环保领域重要的研究课题。目前矿物材料在这方面的应用受到越来越多的关注。矿物材料在有机废水中的应用主要包括印染废水(罗丹明 B、亚甲基蓝、活性艳红、耐酸大红)、油田废水、造纸废水等。

（1）膨润土除了用于处理含磷废水，还可用于处理水中的有机污染物。由于天然膨润土存在着大量可交换的亲水性无机阳离子，使膨润土表面通常存在一层薄的水膜，因而不能有效地吸附疏水性有机污染物。通常采用某种有机阳离子，通过离子交换或改性后可作吸附剂处理各类有毒和难生物降解的有机物。有机改性膨润土去除水中有机污染物的能力比原土高几十至几百倍，而且可以有效地去除低浓度的有机污染物。近年来，国内外在这方面开展了大量研究。经过改性长碳链有机阳离子取代了蒙脱石层间的无机离子，使层间距扩大，既增强了吸附性能，又具有了疏水性，对水中的乳化油有很强的吸附性和破乳作用，极少量的有机膨润土就有较高的除油率。另外，用有机膨润土净化工业乳化油废水，处理条件宽、技术要求低、出水水质稳定，非常适于乳化油废水的深度处理。

（2）凹凸棒石是一种含水富镁硅酸盐黏土矿物，具有独特的链式结构，层内贯穿孔道，表面凹凸相间布满沟槽，因而具有较大的比表面积和不同寻常的吸附性能，吸附脱色能力强。无论是在吸附过程中，还是在污水处理中，凹凸棒石黏土都可以再生，耗能少，对环境保护非常有利。凹凸棒石黏土选择吸附能力大小的次序为：水＞醇＞酸＞醛＞正烯烃＞中性脂＞芳香烃＞环烷烃＞烷烃、直链烃＞环烷烃＞烷烃，直链烃比支链烃吸附得快，这种吸附选择性对油脂的脱色有重要的作用，此外在其他分离过程中也有较大的工业价值。水净化的常规方法是经过絮凝、沉淀、过滤和化学处理，一般能有效地除去大多数污染物和杀死大多数微生物，但不能很有效地去除诸如激素、农药、病毒、毒素和重金属离子等物质，这些有害物质仍留在水源中，给人体造成危害。而凹凸棒石可通过接触或过滤技术处理水，从而消除这些有害物质。若使吸附污染物的凹凸棒石再生，可加热或以化学剂加以处理。因此，凹凸棒石在污水处理中的应用对保护生态环境、保证人类健康方面可起到重要作用。天然凹凸棒石及活化后的凹凸棒石是优良的吸附剂，它不仅吸附 Cu^{2+}、Pb^{2+}等金属阳离子，还吸附包括润滑油、醇、醛、芳香烃等的大分子量化合物和大团块的微菌霉素等。通过有机改性处理后，其在印染废水、油脂等有机物的净化处理方面具有较大的应用潜力。通过溴化十六烷基三甲胺(CTMAB)将凹凸棒石黏土改性后，一定条件下，对水中酚去除率达到8.5%。还有利用十八烷基三甲基氯化铵(OMAC)改性的凹凸棒石对水体中苯酚的吸附效果进行了研究，并对影响吸附去除的因素如接触时间、温度等进行了探索，发现 OMAC 改性的凹凸棒石可以作为水体中苯酚的去除剂。

（3）石墨的工艺特性主要取决于它的结晶形态，结晶形态不同的石墨矿物，具有不同的价值和用途，其中膨胀石墨材料内部孔隙非常发达、孔体积较大，是一种性能优异的吸附剂。研究表明，膨胀石墨对浮油具有良好的吸附性能，对原油的吸附量可达 70 g/g，然后可通过压缩回收原油，重复操作可使石墨重复使用。采用改性 Hummers 法首先制备了改性石墨烯分散液，然后采用匀胶法制备了改性石墨烯薄膜，以亚甲基蓝作为目标降解物，在可见光下研究了改性石墨烯薄膜的光催化性能；研究了不同热处理工艺对改性石墨烯薄膜光催化性能的影响，初步探究了其可见光光催化机理；最后将改性石墨烯薄膜光催化应用于不同城市污水的处理中，具有很好的应用前景。

2.3.1.5　矿物材料处理水体中污染物的机理

矿物材料因具有独特的晶体结构，从而具有矿物表面吸附作用、孔道过滤作用、结构调整作用、离子交换作用、化学活性作用、物理效应作用、纳米效应作用及与生物交互作用等基本性能，对无机、有机污染物具有显著的净化作用。

（1）物理性污染物的去除机理。水体中的无机污染物主要指物理性污染物、氮磷污染物、重金属离子等。对物理性污染物的去除主要利用的是矿物材料的孔道过滤作用，通过对水中悬浮固体的筛滤截留达到净化水体的作用。矿物的孔道过滤作用表现为矿物过滤作用和孔道效应。

（2）对氮磷污染物的去除机理。对水体中氮磷污染物的去除主要利用的是矿物材料的离子交换作用、沉淀作用，主要发生在矿物表面、孔道内与层间域，如碳酸盐和石灰石等矿物表面、沸石和锰钾矿等矿物孔道内及大多数黏土矿物层间隙等。例如，高岭土是含水的铝、铁、镁和钙的层状结构硅酸盐矿物，经熔烧和酸处理改性后，随着铝氧结构的溶出，层间键断裂，形成许多均匀微小颗粒，其中大部分达到纳米级，从而使其比表面积增大、孔隙变多和极性增强等，具备优良的表面吸附、交换性能。

（3）对重金属离子的去除机理。对水体中重金属离子的去除主要利用矿物材料的吸附作用、离子交换作用、化学活性作用。一是矿物表面吸附作用，受矿物表面物理和化学特征的控制，比表面积大的表面和极性表面往往具有很强的吸附作用。二是离子交换作用，将重金属离子吸附到矿物表面。例如，黏土矿物通过离子交换吸附或配合作用能将水体中的重金属离子吸附到其表面上来。不同黏土矿物对金属离子吸附性能不同，其吸附具有选择性。三是化学活性作用，该过程都伴随着对多种污染物的净化作用，溶解作用包括溶质分子与离子的离散和溶剂分子与溶质分子间产生新的结合或配合，表现为物质结构"相似相溶"。此外，矿物材料对重金属离子的去除机制还包括纳米效应作用、生物交互作用等。

（4）有机污染物的去除机理。有机污染物降解的机制为均相、非均相和吸附的协同作用。矿物表面微形貌特征在很大程度上影响其表面活性强度，有利于化学吸附的条件是由表面-吸附成键作用的增强，以及表面内与被吸附分子中成键作用的减弱之间的平衡来决定的。通常矿物表面的原子结构及电子特性有可能与其内部有很大差异，有些环境矿物的内部结构缺陷与错位直接影响矿物整体性质，往往能增加矿物的表面活性。暴露的矿物表面要进行重构，即表面的不饱和状态会促使其结构进行某些自发的调整。当有被吸附的分子存在时，表面又会以不同的方式在结构上进行重新调整，不同的晶体表面重构程度也不同。为了更好地吻合吸附物结构，通常与吸附物最近的基底表面上的原子会发生空间位移。这种情况往往发生在吸附物与矿物表面之间具有强的交互作用，也就是吸附物与表面具有强的化学活性并有强键形成。

2.3.2　大气污染治理

随着科技和工业的不断发展，大气污染已经成为目前环境中急需解决的问题之一。我国也越来越重视大气污染的问题，尤其是京津冀地区，已经成为大气污染的高发区。

大气污染是指大气中的某些物质的含量达到有害的程度以至于破坏生态系统和人类正常生存及发展的条件，对人或物造成危害的现象。大气污染源有自然因素(如森林火灾、火山爆发等)和人为因素(如工业废气、生活燃煤、汽车尾气等)两种，并且以后者为主要因素，尤其是工业生产和交通运输所造成的。大气污染的主要过程由污染源排放、大气传播、人与物受害这三个环节所构成。环境控制材料是构成净化处理的主体，是大气污染治理的关键技术之一，下述将针对几种主要的大气污染物，对其治理中常用的环境矿物材料进行讨论。

2.3.2.1　颗粒物的去除

矿物材料去除大气颗粒物主要是通过沉降、过滤及吸附作用。目前用来除尘的矿物材料可以分为纤维滤料和高温滤料。纤维滤料使用温度在 120～150℃之间，只能处理一般的烟气，对于温度较高场合，如钢铁厂、电站及焚烧厂等多采用高温滤料。

（1）金属矿物材料。金属矿物是指具有明显的金属性的矿物，如呈金属或半金属光泽、具有各种金属色（如铅灰、铁黑、金黄等）、不透明、不导电、导热性良好的矿物。它们绝大多数是重金属元素的化合物，主要是硫化物和部分氧化物，如方铅矿、磁铁矿；个别的本身就是金属单质，如自然金。金属过滤材料具有优异的耐温性和力学性能，在常温下其强度是陶瓷材料的 10 倍，即使在 700℃高温下，仍是陶瓷材料的数倍。金属矿物材料良好的导热性和韧性使其具有优异的抗热震性能，并且适于连续的反向脉冲清洗，再生性好，使用寿命长。金属矿物材料还具有良好的加工性能和焊接性能。金属丝网过滤器除尘技术可以对 5 μm 以下的尘粒进行精细除尘。这些特点导致金属过滤材料同陶瓷过滤材料比较而言，有着整体强度好以及持续工作稳定的特点，尤其是近年来金属过滤材料的抗腐蚀性显著改善，在高温除尘方面的应用体现出更多的优越性。金属矿物材料可以克服陶瓷材料缺点，并且有着理想的抗氧化以及抗腐蚀能力，可以在 600℃以上的高温条件下持续工作 5000 小时以上。

（2）多孔陶瓷材料。尽管金属矿物材料有着众多的优点，但它的活性较高，容易氧化，尤其是许多高温含尘气体具有腐蚀性或氧化性，容易被腐蚀，稳定性不好，使其制备和应用受到极大限制。而陶瓷材料因具有优良的热稳定性和化学稳定性，可在温度高达 1000℃下工作，并且在氧化还原等高温环境下具有很好的抗腐蚀性，而成为高温气体除尘的优良选材之一。早在 20 世纪末期，国内生产的石英质、刚玉质、硅酸铝质、硅藻土质等多孔陶瓷材料就开始在一些化工产业方面广泛应用。21 世纪后，多以多孔堇青石陶瓷材料为支撑体，莫来石-硅酸铝纤维为复合膜过滤层的堇青石质陶瓷纤维复合膜材料净化高温气体。

但陶瓷过滤材料的缺点是性脆、延展性、韧性很差，难以与系统整体封接，且由于热传导性差使其难以承受急冷急热负荷波动，即抗热性差。在高温、高压条件下，陶瓷的整体强度，操作的长期性、可靠性及反吹性仍存在不少问题，因此目前研究的重点是纤维增强复合陶瓷过滤材料制备技术，以提高陶瓷过滤材料的韧性和延展性。

2.3.2.2　工业烟气脱硫脱硝

随烟气排放的二氧化硫和氮氧化物是最主要的大气污染物质，因此可针对锅炉厂的污染特性将二氧化硫和氮氧化物分开治理。但对于对两种污染物有一定净化要求的锅炉厂，分开处理不仅占地面积大，而且投资和运行费用高，因此可采用同时烟气脱硫脱硝技术。

（1）烟气脱硫材料。目前通常将 SO_2 控制技术分为燃烧前、燃烧中和燃烧后三大类。燃烧前控制技术是控制污染的先决一步，采用一些手段如煤炭洗选脱去硫分与灰分。燃烧中控制技术主要指清洁燃烧技术，旨在减少燃烧过程中污染物的排放，提高燃料利用率的加工燃烧转化和排放污染控制。该技术主要是当煤在炉内燃烧的同时，向炉内喷入固硫剂，固硫剂一般利用炉内较高温度进行自身煅烧，煅烧产物与煤燃烧过程中产生的 SO_2、SO_3 反应，生成硫酸盐和亚硫酸盐，以灰的形式排出炉外，减少 SO_2、SO_3 向大气的排放，达到脱硫的目的。煤燃烧后进行脱硫处理，即对尾部烟气进行脱硫处理，净化烟气，降低烟气中的 SO_2 排放量，是在烟道处加装脱硫设备对烟气进行脱硫的方法。它是目前世界上大规模商业化应用的脱硫技术，是控制 SO_2 最行之有效的途径。烟气脱硫矿物材料主要有钙基固硫剂、硅藻土。

硅藻土属于生物成因的硅质沉积岩，主要由古代地质时期硅藻、海绵及放射虫的遗骸经长期的地质作用所形成，其主要化学成分为 SO_2。硅藻土具有独特的微孔结构，比表面积大，堆密度小，孔体积大，因而吸附能力强，但这并不表明硅藻土对任何物质都具有强吸附能力。发生在硅藻土孔隙内的吸附主要是物理吸附，既可以发生单分子吸附，也可以形成多分子层吸附，吸附的速率较快。硅藻土表面有大量不同种类的羟基，羟基越多，则吸附性能越好。这些羟基在热处理条件下可以发生转化，改变硅藻土的吸附性能，并且这些羟基有一定的活性，可与其他物质发生反应或成键，改变硅藻土的吸附特性。硅羟基在水溶液中离解出氢离子，使其颗粒表现出一定的表面负电性。硅藻土的吸附性能与它的物理结构和化学结构密切相关，一般来说，比表面积越大，吸附量越大；孔径越大，吸附质在孔内的扩散速率越大，则越有利于达到吸附平衡。但在一定孔体积下，孔径增大会降低比表面积，从而减小吸附平衡量；孔径一定时，孔容越大，吸附量就越大。提纯后的硅藻精土不同于硅藻原土，具有整体均匀一致的微粒和比较干净的表面，从而使其比表面充分展露出来，使表面特性达到最大的展现。均匀一致是指具有一致均匀的大小、外形尺度、表面理化性能等，这是目前人造微粒所难以实现的。硅藻土表面带有负电性，所以对于带正电荷的胶体态污染物来说，它可通过电中和而使胶体脱稳。但对带负电的胶体颗粒只能起压缩双电层的作用，无法使其脱稳。所以向硅藻精土中加入适量的其他阳离子混凝剂，制成改性硅藻土混凝剂。当带正电荷的高分子物质或高聚合离子吸附了负电荷胶体粒子后，就产生了电中和作用，从而达到吸附作用。因此，硅藻土在烟气脱硫应用中主要是借助于其丰富的微孔结构通过物理吸附来达到对二氧化硫的去除。硅藻土中羟基越多，吸附性能越好，在水分存在的条件下，硅羟基可通过化学反应的方式去除烟气中的二氧化硫。

（2）烟气脱硝材料。脱硝技术的关键是脱硝催化剂，催化剂的活性和 N_2 选择性等性能直接影响整个选择性催化还原（SCR）系统的脱硝效果。在商用的催化剂

V_2O_3-WO_3/TO_2 上，300℃时 NO 转化率达 90%以上。缺点是高尘烟气中含有大量的粉尘和 SO_2 易导致催化剂的堵塞和中毒，对催化剂的防磨损和防堵塞的性能要求高。低温 NH_3-SCR 技术是将 SCR 反应器布置于除尘脱硫之后，避免粉尘和 SO_2 的影响，而且便于和现有的锅炉系统相匹配，装置设备费用和运行费用较低；此外，由于 SCR 反应在低温进行，还原剂的直接氧化损耗也将降低。因此，相比而言，低温 NH_3-SCR 技术具有更好的经济实用性，高效且易于推广。

海泡石作为吸附剂用于去除有害气体中的氨气、甲醛、硫化物等污染物表现出较好的效果。海泡石作为载体复合 CuO 催化 CO 还原 NO，用于汽车尾气中 NO 净化。海泡石作为催化剂载体与等离子体协同作用对柴油机尾气炭黑颗粒物进行吸附净化。海泡石是新型的天然矿物质吸附剂，一般呈致密的黏土或纤维集合体，整体结构是沿纤维晶轴方向延伸的孔道交替形成。海泡石的这种特殊结构决定了它具有很高的比表面积以及良好的化学和机械稳定性，使之与沸石、膨润土、蛭石等无机载体相比表现出更好的吸附性能、流变性能和催化性能。海泡石矿物可以分三类吸附活性中心：硅氧四面体层中的氧原子由于带有许多弱电荷，与吸附物之间发生微弱的静电力作用而产生吸附作用；与边缘镁离子配位的水分子能与吸附物之间形成氢键；因 Si—O—Si 键被破坏而在硅氧四面体的表面形成 Si—OH 基团，与被吸附物发生配合反应而产生吸附作用。这些活性中心为海泡石的物理吸附及化学吸附提供了有利条件，提高了海泡石的吸附能力。通过研究不同参数对海泡石吸附 NO_2 气体的影响指出，海泡石对 NO_2 的吸附能力随着床层高度、吸附剂颗粒尺寸、NO_2 气体浓度的增加而增加，而随 NO_2 气体流率的增加而降低。

（3）烟气脱硫脱硝材料。烟气同时脱硫脱硝的技术和经济性有明显的优势，但目前仍处于试验研究或工业装置示范阶段，只有很少的装置投入商业化运行，因此，找寻及开发出适宜同时脱硫脱硝的介质材料，有助于推进其商业化运行。

自然界已发现的沸石有 80 多种，较常见的有方沸石、菱沸石、钙沸石、片沸石、钠沸石、丝光沸石、辉沸石等，都以含钙、钠为主，含水量的多少随外界温度和湿度的变化而变化。所属晶系以单斜晶系和正交晶系(斜方晶系)为主。1945 年，首次通过水热方法，人工合成了沸石。自此，人工合成沸石便成为沸石矿物材料的研究热点，近年来，沸石矿物材料在国内外取得了诸多研究进展。沸石分子筛具有蜂窝状的结构，其内部孔道交互相通，孔穴的体积占沸石体积的 50%以上，并且孔径大小均匀固定，与通常分子的大小相当。分子筛空腔的直径一般在 6～15 Å 之间，孔径在 3～10 Å 之间。只有那些直径比较小的分子才能通过沸石孔道被分子筛吸附，而构型庞大的分子由于不能进入沸石孔道，不能被分子筛吸附。硅胶、活性氧化铝和活性炭没有均匀的孔径，孔径分布范围十分宽广，因而没有筛分性能。沸石对于极性分子和不饱和分子有很高的亲和力,在低分压、低浓度、高温等十分苛刻的条件下都具有优良的吸附性能。对具有极性的气体分子(SO_2、H_2S、NH_3 和 NO 等)表现出良好的吸附能力,高硅类沸石在热和酸性环境中比活性炭(焦)稳定性好,在 350℃下主要以物理法吸附烟气中的 SO_2;当温度高于 500℃时,主要是化学吸附起主要作用。

凹凸棒石也表现出良好的吸附和离子交换性能,它具有独特的物理、化学性质,可以很好地净化废气中的有害气体,加热或以化学剂处理即可使凹凸棒石重生循环使用。同时,凹凸棒石独特的表面物理化学结构和表面电荷不平衡形成的吸附中心影响其化学吸附效果。再则,凹凸棒石的吸附性质还具有较强的选择性,对极性分子表现出较强的吸附能力,因此研究和使用凹凸棒石作为吸附剂时还需考虑介质中各组分对吸附性能的影响。通过添加其他活性组分改性的凹凸棒石的热稳定性及吸附性能更好,在废气净化处理时能达到较高的去除率。

蒙脱石层间化合物作为一类新型的功能材料,在催化剂和催化剂载体、择形吸附剂以及纳米级复合材料等领域显示了广阔的应用前景,也有研究利用蒙脱石矿物进行脱硫脱硝。蒙脱石经无机、有机柱撑后形成的有机-无机柱撑蒙脱石,层间距大,吸附能力强,热稳定性高,有较高的比表面积,具有一定的表面酸性,并且在较高的碱性条件下仍能保持层状。复合氧化物脱硫剂含有 Zn、C、Mn 的氧化物,这些过渡金属氧化物和有机物中的硫生成 Zn、Cu、Mn 的硫化物从而达到脱硫目的。无机-有机柱撑蒙脱石具有较大的比表面积和层间距,适用于负载复合氧化物脱硫剂使有机硫与催化剂充分接触,使得脱硫效果显著增强。国外利用蒙脱石的吸附性能制成汽车尾气排气管过滤器来吸附汽车尾气。还有研究表明,Cu-Al 柱撑蒙脱石、Cu-Fe-Al 柱撑蒙脱石、V-T 柱撑蒙脱石等是 NO 气体的优良选择性还原催化剂,在 250~450℃可使 NO 与 NH_3 的还原反应转化率达90%~100%,显示了作为环境催化剂的良好潜力。

2.3.2.3 挥发性有机物(VOCs)的治理

VOCs 是大气中气态的有机物,世界卫生组织将其定义为:沸点为 50~260℃的一系列易挥发性化合物,其组分十分复杂,包括许多种不同的有机物质。室外 VOCs 主要来自燃料燃烧和交通运输;室内主要来自燃煤和天然气等燃烧产物、吸烟、采暖和烹调等的烟雾,建筑和装饰材料、家具、家用电器、清洁剂和人体本身的排放等。VOCs 是光化学烟雾生成的主控因子,并且 VOCs 转化及其对二次气溶胶生成的贡献是认识大气 $PM_{2.5}$ 浓度、化学组成和变化规律的核心科学问题。VOCs 转化生成的二次有机气溶胶在细颗粒有机物质量浓度中占20%~50%。虽然对于二次有机气溶胶的前体物还没有确切的结论,但普遍认为高碳的 VOCs 对气溶胶的生成作用较大, 芳香烃类化合物是生成二次气溶胶的主要物种。

VOCs 吸附法在治理工业有机废气污染方面也是常用的方法之一。该法主要是利用吸附体有密集的细孔结构、内表面积大, 对有机废气具有特殊的吸附性能, 从而达到净化废气的目的。作为吸附体材料, 应具有吸附性能好、化学性质稳定、耐酸碱、耐水、耐高温高压、不易破碎和对空气阻力小等特性。常用的吸附体有活性炭、坡缕石、人工沸石等。坡缕石的吸附作用主要有物理吸附和化学吸附, 大的比表面积和表面物理化学结构及离子状态是影响坡缕石吸附作用的主要因素。其中物理吸附的实质是通过范德瓦耳斯力将吸附质分子吸附在坡缕石内外表面。坡缕石内部存在着大量的沸石孔道, 使坡缕石具有巨大的内比表面积, 同时单个坡缕石晶体呈细小针、棒状, 聚集时呈毡状, 干燥后中间呈现大小不均的次生孔隙, 因而坡缕石就拥有了很大的比表面积。坡缕石的吸附作用主要是化学吸附。而天然坡缕石黏土由于含有杂质, 在对坡缕石进行开发利用时一般会对其进行提纯和改性。经过提纯和改性处理后, 坡缕石的吸附性和催化性都得到了提高, 被广泛用作吸附剂。但国内目前对坡缕石吸附净化 VOCs 以及吸附后加热再生性能方面的研究还比较少。坡缕石的吸附性能虽然比较差, 但其平均孔道直径较大, 分子在孔道内的扩散阻力较小, 因此具有较好的吸附再生能力。

2.3.2.4 室内空气环境净化

室内空气质量对人类身体健康的影响日益成为全世界普遍关心的问题。室内空气污染是指在封闭空间内的空气中存在对人体健康有危害的物质, 并且浓度已经超过国家标准, 达到了危害人体健康的程度。室内空气污染物主要来源于室内装修材料和建筑材料室内用品、人类活动、人体自身的新陈代谢、生物性污染源和室外来源等。室内空气污染物, 按照结构可分为: 挥发性有机化合物(包括源于建筑材料的甲醛、甲苯、氯仿等, 厨房油烟及香烟烟雾等有机蒸气)、可吸入固体颗粒物(主要是悬浮的粉尘微粒, 包括灰尘、烟尘、毛发、皮屑等)、有害无机小分子(包括 CO、NO、SO_2 等)、悬浮微生物(包括霉菌、细菌、病毒等)。为保证室内空气质量、保护人体健康, 空气净化技术被广泛用于控制和消除空气中的污染物, 目前传统用于室内甲醛净化的方法主要有吸附技术。

目前用吸附剂对有害及恶臭气体进行吸附脱除, 是净化室内空气的主要方法, 吸附剂主要包括膨润土、硅藻土等。其中膨润土是一种性能十分优良、经济价值较高、应用范围较广的黏土资源, 有着“万能矿物”的美誉, 因其特有的成分以及结构特征而具有良好的吸附、过滤、分离、离子交换、催化等物理性能和化学性能。相比活性炭等常用的吸附剂, 膨润土及改性膨润土用作室内甲醛污染物吸附剂时, 具有下列优点: ①原料储量丰富, 价廉易得; ②吸附剂制备工艺简单,吸附性能良好，研制周期短，使用成本低，可有效去除空气中的无机和有机的污染物；③具有较高的化学和生物稳定性，不存在因自身而引起的附加反应；④容易再生。

2.3.2.5　矿物材料吸附大气中污染物的机理

矿物材料具有独特的晶体结构，对大气中的有毒有害物质具有吸附和固定作用，针对矿物材料去除污染物机理的研究具有实用意义，以便于开发出一些改进的矿物材料，提高其吸附效率。

矿物材料吸附大气中污染物的机理主要是，利用多孔性固体物质处理气体混合物时，气体中的某一组分或某些组分可被吸引到矿物材料表面并浓缩，此现象称为吸附。被吸附的气体组分称为吸附质，矿物材料称为吸附剂。矿物表面吸附作用受矿物表面物理和化学特征控制，比表面积大的表面和极性表面往往具有很强的吸附作用。在物理吸附中，吸附分子(吸附质)与吸附媒体表面层的电子轨道不重叠；但是在化学吸附中，电子轨道的重叠非常重要。也就是说，在物理吸附中，很大程度上是通过吸附质分子与吸附剂表面原子间的微弱的相互作用而在表面附近形成分子层；而化学吸附是源自吸附分子的分子轨道与吸附媒体表面电子轨道特殊的相互作用。

矿物材料物理吸附主要依靠分子间力，天然矿物表面化学性质取决于其化学成分、原子结构和微观形貌。实际上，矿物材料的吸附过程中物理吸附起的作用十分有限，主要是依靠化学吸附。自然界中环境矿物表面通常与环境界面的大气之间接触，矿物界面对大气中有毒有害物质进行表面吸附作用。一般矿物表面的化学成分很少能代表其整体性，矿物表面一旦暴露在空气中很容易发生氧化，甚至发生碳化与氮化作用。矿物表面微形貌特征在很大程度上影响着其表面活性强度，有利于化学吸附的条件是由表面-吸附质成键作用的增强和表面内与被吸附分子中成键作用的减弱之间的平衡来决定的。

2.3.3　土壤污染修复

土壤污染是人类活动所产生的污染物通过各种途径进入土壤，当输入的污染物数量超过土壤的容量和自净能力时，必然引起土壤情况恶化，发生土壤污染，使土壤的性质、组成及性状发生变化，污染物的积累过程逐渐占据优势，破坏了土壤的自然生态平衡，并导致土壤的自然功能失调、土壤质量恶化及土壤生产力下降。土壤污染的特点有：

（1）土壤污染具有隐蔽性、潜伏性。土壤污染之后，很难被人的感觉器官察觉，一般要通过植物进入食物链积累到一定程度时才能反映出来。

（2）不可逆性和长期性。土壤中的污染物积累到一定程度时，会导致土壤结构与功能发生变化，且由于许多污染物很难降解，因此，土壤污染后很难恢复。

（3）后果的严重性。土壤污染是环境污染的重要环节，它可导致土壤的组成、结构和功能发生变化，进而影响植物的正常生长发育，造成有害物质在植物体内积累，并通过食物链使污染物进入动物和人体中，进而危害人体健康。

随着工业快速发展，土壤污染日益加重，可使用土地的缺乏、污染事件的频频发生和工业对环境副作用的不断增长，使污染土壤的治理问题亟待解决。目前土壤污染问题已成为世界性问题，我国的土壤污染也比较严重，据初步统计，全国至少有 1300 万～1600 万公顷（1 公顷＝1 万平方米）耕地受到农药污染，每年因土壤污染减产粮食 1000 万吨，因土壤污染而造成的各种农业经济损失合计约 200 亿元。有关专家指出：不断恶化的土壤污染形势已经成为影响我国农业可持续发展的重大障碍，将对我国经济的高速发展提出严峻挑战。现在，无论是发展中国家还是发达国家，加强修复受污染土壤已成为不可避免的问题。

我国土壤环境状况总体不容乐观，部分地区土壤污染较重，耕地土壤环境质量堪忧，工矿业废弃地土壤环境问题突出。从污染类型看，土壤污染以无机型为主，有机型次之，复合型污染比重较小，无机污染物超标点位数占全部超标点位的 82.8%。从污染物超标情况看，镉、汞、砷、铜、铅、铬、锌、镍 8 种无机污染物点位超标率分别为 7.0%、1.6%、2.7%、2.1%、1.5%、1.1%、0.9%、4.8%。从污染分布情况看，南方土壤污染重于北方；长江三角洲、珠江三角洲、东北老工业基地等部分区域土壤污染问题较为突出，西南、中南地区土壤重金属超标范围较大；镉、汞、砷、铅 4 种无机污染物含量分布呈现从西北到东南、从东北到西南方向逐渐升高的态势。

2.3.3.1　土壤污染物

土壤污染物泛指影响土壤正常功能，降低农作物产量和品质，影响人体健康的物质。根据污染物的性质，土壤环境污染物大致分为无机、有机和生物三大类。无机污染物主要包括 Hg、Cd、Cu、Cr、Pb、As 等重金属，Sr、Cs、U 等放射性元素，N、P、S 等营养物质及其他无机物质，如酸、碱、盐、氟等；有机污染物主要包括有机农药、酚类、石油、多环芳烃、多氯联苯、洗涤剂等；生物污染物主要指由城市污水、污泥及厩肥带来的有害微生物等。

2.3.3.2　土壤污染修复技术

污染土壤修复是指利用物理、化学或生物的方法，转移、吸收、降解和转化土壤中的污染物，使其浓度降低到可接受的水平，或将有毒有害污染物转化为无害物质的过程。污染土壤修复的研究起步于 20 世纪 70 年代后期，欧洲、美国、日本、澳大利亚等制定了大量的土壤修复计划，并投资研究了大量土壤修复技术与设备，积累了丰富的现场修复技术与工程应用经验，成立了许多土壤修复公司，使土壤修复技术得到了迅猛发展。而我国的污染土壤修复研究起步较晚，在"十五"规划期间才得到重视，随后被列入国家高技术研究规划发展计划，但研发水平和应用经验与美国、英国等发达国家仍存在很大差距。近年来，生态环境部等有关部门有计划地部署了一些土壤修复研究项目和专题，有力地促进和带动了土壤污染控制与土壤修复技术的研究与发展。

根据修复原理的不同，污染土壤修复可分为物理修复、化学修复和生物修复3 种类型。物理修复技术主要包括工程措施(客土、换土和深耕翻土等)、热脱附等，而化学修复技术主要包括淋洗技术和固化、稳定化技术，生物修复技术主要包括植物修复、微生物修复和动物修复以及多种技术的联合。目前普遍接受的污染土壤修复的技术原理可概括为：①以降低污染风险为目的，即通过改变污染物在土壤中的存在形态或同土壤的结合方式，降低其在环境中的可迁移性与生物可利用性；②以削减污染总量为目的，即通过处理将有害物质从土壤中去除，以降低土壤中有害物质的总浓度。

目前，污染土壤修复技术研究和应用已经比较广泛，包括冶金及化工等工业污染场地修复、农田污染土壤修复、矿区污染修复及油田污染修复等，由于不同污染土壤类型和性质不同，使用的修复手段也不完全相同，并出现了上述修复技术手段的交叉融合使用。

2.3.3.3　有机污染土壤的修复

土壤中有机污染物不仅来源广泛，而且种类繁多，且有些有机污染物能在土壤中长期残留，并在生物体内富集，对土壤环境和人类健康均有危害。环境矿物材料对有机污染土壤修复主要通过催化氧化降解和吸附固定等作用。目前针对硅酸盐矿物材料对有机污染物吸附、解吸特征和机理的研究相对较多。

(1)吸附。矿物材料多具有较大的比表面积和吸附容量，利用这一特点，可以将污染物质从环境介质中吸附固定。比如富含氧化铁和以高岭石为主的砖红壤，对 Cr(VI)有强烈的吸附作用，对 Cr(VI)的吸附能力大致顺序是：高岭石＞伊利石＞蛭石=蒙脱石。通过研究蒙脱石和高岭石对 2,4,6-三氯苯和 4-氯苯酚吸附性能和机理，发现这两种黏土矿物对 2,4,6-三氯苯有较强的黏合力，且蒙脱石对两种污染物的饱和吸附量大于高岭石，原因主要是蒙脱石有较大的比表面积，污染物能够进入膨润土层之间。通过高岭石、蒙脱石和伊利石 3 种黏土矿物对五氯苯酚的吸附实验表明，3 种矿物对五氯苯酚吸附性质属表面配合反应，吸附量大小顺序为：高岭石＞蒙脱石＞伊利石，最大吸附比容量分别为 0.24 mmol/kg、0.12 mmol/kg

和 0.03 mmol/kg。

（2）催化氧化。硅酸盐矿物除对有机污染物吸附固定外，还具有催化氧化作用。黏土矿物在其表面或内部存在氧化中心，导致自由基产生从而氧化有机污染物。黏土矿物比表面积和表面酸度、矿物类型、可交换阳离子类型决定其催化活性的不同。通过研究黏土矿物对三氯乙烯的催化氧化作用发现，黏土矿物可促进三氯乙烯的光催化降解，且不同类型的黏土矿物光催化降解作用表现为：蒙脱石-Zn^{2+}>硅胶>高岭石>蒙脱石-Ca^{2+}>蒙脱石-Cu^{2+}。另外，金属类的矿物材料与有机物可通过氢键作用、配位体交换、阳离子架桥等吸附有机物，而且对有机物起到氧化、催化降解作用。通过研究铁锰氧化物对大环内酯类抗生物吸附实验，发现该氧化物通过表面配位反应。进一步研究发现，先用阳离子表面活性剂修饰而后用 TiO_2 柱撑更有利于提高复合柱撑蒙脱石光催化剂的吸附性能，表面活性剂可以有效提高复合材料的疏水性和比表面积，进而提高复合材料对亲水性甲基橙(MO)、疏水性卤代化合物 2,4,6-三氯苯酚(2,4,6-TCP) 和十溴联苯醚(BDE209)等有机污染物的吸附性能。

2.3.3.4　重金属污染土壤的修复

根据目前对土壤中重金属的治理原理，可以将修复思路概括为两个方面：一是提高生物有效性，然后从土壤中去除，即活化、吸附、移除；二是降低生物有效性和可迁移性，即钝化与稳定化。

天然矿物材料这一类物质分布在土壤环境中，具有特别的结构和显著的特性，易于获取，且具有修复周期短和高效的吸附性能，是我国乃至全世界宝贵的矿物资源。天然矿物材料在土壤污染治理中有着较好的效果，可以维持土壤结构的稳定，避免产生二次污染，是净化土壤最佳选择之一。

天然矿物材料又分为三类：硅酸盐类、磷灰石、金属氧化物等材料，常用的几种有海泡石、沸石、凹凸棒石、高岭土等。例如，海泡石对 Cd 污染的土壤固化效果更好，土壤 pH 值升高，有效态 Cd 含量降低；形态分布上，交换态与碳酸盐结合态 Cd 含量降低，残渣态 Cd 含量升高，对土壤中 Cd 的固定有一定的成效，同时促使油菜的生长，降低其体内 Cd 含量，在上述三类天然矿物材料中，稳定化效果上表现突出。

除此之外，还研究了包括天然沸石在内的五种固定剂对土壤中 Cr 的稳定化修复效果，发现沸石的施用能减少易于被植物所吸收利用的酸提取态 Cr 含量，同时残渣态 Cr 比例提升，残渣态 Cr 转化率达到 2.43%，这就降低了 Cr 进入生物链的概率。也有研究将多种矿物材料混合或与其他物质混合后使用，以此来提高对重金属的钝化效果。研究表明，沸石添加进土壤中能促进玉米生长，增加玉米的生物量，提高产量，另外，通过沸石粉和生物炭等组合应用可以显著降低玉米籽粒中 Pb、Cd、As 等重金属含量，取得较好的效果。进一步研究表明，在添加"石灰+沸石"的基础上，采用无机-有机复合材料，主要有磷矿粉、猪粪或蘑菇渣，处理受重金属污染的土壤，能够增加土壤中 pH 值，并降低如 Cd 和 Pb 等重金属的活性，促使其由交换态向铁锰氧化物结合态的转化，以减少植物的吸收，对重金属进行有效的固化/稳定化。

凹凸棒石独特的吸附性能使其可以应用在土壤污染修复中。许多研究者通过盆栽试验验证了土壤中添加凹凸棒石可提高土壤的 pH 值，改善土壤酸性，有效降低植株对 Cu、Zn 和 Cd 等重金属离子的吸收。对土壤中的凹凸棒石和海泡石在有机配合基和老化时间的影响条件下进行重金属 Cd 的解吸研究，发现在有机配合基条件下解吸量和解吸速度都有所提高，而随着 Cd 与黏土矿物结合时间的增加，解吸量和解吸速度都显著下降。进一步采用静态试验的方法研究了水溶液中铀的吸附特性，发现吸附等温线符合 Langmuir 等温吸附模型，而且通过 FTIR 分析得知铀在凹凸棒石的吸附机制表现为离子交换和配位作用，为土壤中铀的污染治理提供了很好的借鉴。

2.3.3.5 矿物材料吸附用于土壤污染修复的机理

矿物材料对土壤重金属稳定化修复的效果与不同的反应过程和反应机制息息相关。稳定剂施入土壤后，由于大多数稳定剂自身具有较好的吸附性，能够吸附土壤中的重金属污染物，此外有些稳定剂的施入可以改变土壤性质，提高土壤对重金属的吸附容量。沸石主要通过自身的硅氧四面体和铝氧八面体结构对重金属产生较强的吸附能力，而赤泥主要通过化学吸附过程使重金属进入铁铝矿物的晶格内形成稳定复合物，降低污染物的迁移能力。

例如，在铁氧化物-有机质-重金属(Fe-C-HMs)三元体系中，有机质和重金属都会吸附在铁氧化物的表面，并进行相互作用。在铁氧化物-土壤溶液界面，重金属离子和有机配体之间可能存在以下 4 种作用机制：①有机质和重金属离子在铁氧化物表面竞争吸附点位；②有机质和重金属离子在溶液中形成共沉物；③在铁氧化物表面形成三元共沉淀物；④改变铁氧化物-水界面的静电性能。在不同条件下，三元体系的作用机理仍存在差异：如富里酸共存下针铁矿对 Ca^{2+} 的吸附主要是静电相互作用；而富里酸-针铁矿共沉淀物对 Cu^{2+} 的吸附研究结果显示，一方面 Cu^{2+} 与有机质会竞争铁氧化物表面的吸附点位；另一方面 Cu^{2+} 与有机质之间的高亲和力又使得两者在铁氧化物表面形成三元共沉淀物，造成该差异的原因可能主要来自溶液 pH 值。可以看出，确定铁氧化物与腐殖质共沉淀的作用机理及影响因素对共沉物吸附重金属机制研究十分必要。

　　Fe-C 共沉淀物在水、土环境介质中对重金属离子的迁移、转化及其生物有效性方面发挥着重要作用。在土壤介质中，针铁矿-腐殖酸共沉淀物可以促进水溶态 Hg 向残留态 Hg 的积极转化，对缓解土壤重金属 Hg 污染起到了有效的作用；水铁矿与胡敏酸共沉淀物有效降低了土壤中水溶态 Pb 的含量，为重金属 Pb 污染土壤的修复提供了新的思路和方法。

　　总的来说，矿物材料具有丰富的多孔结构，其孔隙结构使其具有良好的吸附性能，能够吸附、聚集环境中的有机污染物。矿物材料对于环境中有机物的去除机理有以下几方面：①矿物材料通过吸附作用影响有机污染物在环境中的赋存。疏水性有机污染物主要通过疏水分配作用吸附于有机质含量较高的土壤或者底泥之中，而在有机质含量较低的环境中，矿物与有机物之间的作用会强烈地影响甚至决定有机污染物的环境分配；②矿物材料可以通过水力作用和风力作用等在整个环境系统中进行迁移，进而影响吸附于材料上的有机物在环境中的迁移；③黏土矿物表面具有催化特性，可催化有机物的转化的降低。

第 3 章　矿物材料的热学性能

由于矿物材料及其制品都是在一定的温度环境下使用的，在使用过程中，将对不同的温度作出反映，表现出不同的热物理性能，这些热物理性能称为矿物材料的热学性能。矿物材料的热学性能是矿物材料的重要物理性质之一，主要包括热容、热膨胀、热传导、热稳定性等。材料的热学性能在工程技术中占有重要的地位，如航空航天工程必须选用具有特殊热学性能的材料以达到抵抗高热、低温的目的；热交换器材料必须选用具有合适导热系数的材料；微波谐振腔、精密天平标准尺、标准电容等材料要求低的热膨胀系数；电真空封接材料要求一定的热膨胀系数，热敏元件却要求尽可能高的热膨胀系数。可以说，在不同的应用领域中对于材料的热学性能有着不同的要求，在某些领域中材料的热学性能甚至成为技术的关键。另一方面，材料的组织结构发生变化时常常伴随有一定的热效应。在研究材料热焓与温度的关系中可以确定热容和潜热的变化。本章将详细介绍矿物材料的热容、热膨胀、热传导和热稳定性，探索矿物材料热学性能的一般规律，以及主要的测试方法及其应用。

3.1　矿物材料热学性能概述

3.1.1　热学性能的物理基础

材料是由晶体和非晶体组成的，也就是说，材料是由原子组成的，微观原子始终处于运动状态，我们把这种运动称为"热运动"。外界环境的变化(如温度、湿度、压力等)会影响物质的热运动。热运动规律可以用热力学和热力学统计物理进行描述。热力学与分子物理学一样，都是研究热力学系统的热现象及热运动规律，但它不考虑物质的微观结构和过程，而是以观测和试验事实为依据，从能量的观点出发来研究物态变化过程中有关热功的基本理论以及它们之间相互转换的关系和条件。而热力学统计物理则是从物质的微观结构出发，根据微观粒子遵守的力学规律，利用统计方法，推导出物质系统的宏观性质及其变化规律。

　　在晶体点阵中，热学性能的物理本质是晶格热振动。材料一般是由晶体和非晶体组成的，非晶体也可看成由无数极微小晶体构成，晶体点阵中的质点(原子、离子)总是围绕着平衡位置做微小振动，称为晶格热振动。晶格热振动是三维的，根据空间力系可以将其分解成三个方向的线性振动。设质点的质量为 m，在某一瞬间该质点在 x 方向的位移为 x_n，相邻两质点的位移为 x_{n+1} 和 x_{n-1}。根据牛顿第二定律，该质点振动方程为

$$m\frac{\mathrm{d}^2 x_n}{\mathrm{d}t^2} = \beta(x_{n+1} + x_{n-1} - 2x_n) \tag{3-1}$$

式中，β 为微观弹性模量；m 为质点质量；x_n 为质点在 x 方向上的位移。

　　方程(3-1)为简谐振动方程，其振动频率随着 β 的增大而提高。对于每个质点 β 不同，即每个质点在热振动时都有一定的频率。如果某材料内有 N 个质点，那么就会有 N 个频率的振动组合在一起。温度升高时动能增大，所以振幅和频率均增大。各质点热运动时动能(E)的总和就是该物体的热量(Q)，即

$$\sum_{i=1}^{N} E_i = Q \tag{3-2}$$

　　由于质点间有很强的相互作用力，因此，一个质点的振动会带动邻近质点的振动。而相邻质点的振动存在一定的相位差，使得晶格振动就以弹性波(格波)的形式在整个材料内传播，包括振动频率低的声频支和振动频率高的光频支。如果振动着的质点中包含频率很低的格波，质点彼此之间的相位差不大，则该类格波类似于弹性体中的应变波，称为"声频支振动"。而格波中频率很高的振动波，质点彼此之间的相位差很大，邻近质点的运动几乎完全相反，频率往往在红外光区，称为"光频支振动"。

　　在图 3-1 所示晶胞中，包含了两种不同的原子，各有独立的振动频率，即使它们的频率都与晶胞振动频率相同，但由于两种原子的质量不同，振幅也会不同，所以两种原子间会有相对运动。声频支可以看成相邻原子具有相同的振动方向，如图 3-1(a)所示，而光频支可以看成相邻原子振动方向相反，形成范围很小、频率很高的振动，如图 3-1(b)所示。如果是离子型晶体，就是正、负离子间的相对振动，当异号离子间有反向位移时，便构成了一个电偶极子，在振动过程中此电偶极子的偶极矩是周期性变化的。根据电学、动力学理论，它会发射电磁波，其强度决定于振幅的大小。在室温下，所发射的这种电磁波是微弱的，如果是外界辐射相应频率的红外光，则立即被晶体强烈吸收，从而激发总体振动，该现象表明离子晶体具有很强的红外光吸收特性，这就是该支格波被称为光频支的原因。

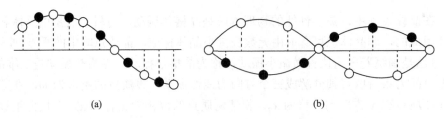

图 3-1　一维双原子点阵中的格波[1]
(a)声频支；(b)光频支

3.1.2　材料的热容

当加热某个物体时，它的温度将会升高。不同物体升高相同温度所需要的热量是不一样的，有的物体加热到某一温度比较容易，而另一些物体却需要较大的功率和较长的时间。显然，质量大的物体比质量小的物体难以升温，其所需要的热量与质量有关。不同的物质即使有相同的质量，升温的难易也是不同的，这就取决于物质的性质。热容是热运动的能量随温度而变化的一个物理量，它是物体温度升高 1 K 所需要增加的能量。热容以数学形式表示为

$$C = \frac{\Delta Q}{\Delta T}$$
（3-3）

对于一个指定的物体来说，升高 1 K 所需要的热量并不是确定的，还与过程有关。如果在加热过程中体积不变则所供给的热量只需要满足升高 1 K 时物体内能增加，而不必再以做功的形式传输出去。这种条件下的热容称为定容热容(C_V)。假定在加热过程中保持压力不变，而体积则自由向外膨胀，那么这时升高 1 K 时供给物体的热量，除了满足内能增加需要外，还必须补充对外做功的损耗，这种条件下的热容，称为定压热容(C_P)。

在固体材料的研究中，通常使用摩尔热容表示热容。1 mol 的物质在没有相变或化学反应的条件下升高 1 K 所需的热量称为摩尔热容，用 C_m 表示，单位符号为 J/(mol·K)。材料的热容是随温度而变化的，在不发生相变和化学反应的条件下，多数物质的摩尔热容测量表明，$C_{V,m}$ 和温度的关系与热容有相似的规律，如图 3-2 所示。$C_{V,m}$ 随温度变化曲线可分为三个区域：Ⅰ区(接近于 0 K)，$C_{V,m}$ 正比于 T，且当 $T=0$ K 时，$C_{V,m}=0$；Ⅱ区(低温区)，$C_{V,m}$ 正比于 T^3；Ⅲ区(高温区)，$C_{V,m}$ 的变化很平缓，近似于恒定值。若在升温过程中发生了相变而产生热效应，则将使 $C_{V,m}$-T 曲线发生变化。

固体的热容可以由量子理论给出科学合理的解释，最符合试验规律的是德拜热容理论。矿物材料几乎全部是无机材料，根据德拜热容理论，在高于德拜温度

时，无机材料的热容趋于常数 25 J/(mol·K)；在远低于德拜温度以下温度时，热容与 T^3 成正比。不同材料的德拜温度是不同的，例如，石墨(平面内)为 1973 K、BeO 为 1173 K、Al_2O_3 为 923 K，它取决于键的强度、材料的弹性模量和熔点等。对于绝大多数氧化物、碳化物，摩尔热容都是从低温时的一个低的数值增加到 1273 K 左右的近似于 25 J/(mol·K)。温度进一步增加，摩尔热容基本上没有什么变化。

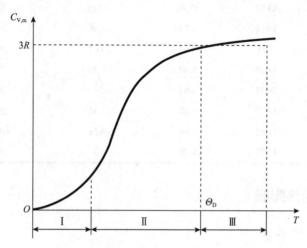

图 3-2　材料摩尔热容随温度变化曲线[2]

矿物材料的热容与材料结构的关系不大，即对晶体结构或显微结构是不敏感的。如 CaO 和 SiO_2 的 1∶1 混合物与硅灰石（$CaSiO_3$）的热容-温度曲线基本重合。矿物材料的摩尔热容不是结构敏感的，但单位体积的热容却与气孔率有关。多孔材料因为质量轻，所以热容小。因此，提高轻质隔热砖的温度所需要的热量远低于致密的耐火砖。根据某些实验结果加以整理，如表 3-1 所示，矿物的热容[单位：4.18 J/(K·mol)]与温度关系有经验公式如下：

$$C_P = a + bT + cT^{-2} + \cdots \qquad (3-4)$$

表 3-1　某些无机材料和矿物材料的热容与温度关系的经验方程式系数[3]

名称	a	$b \times 10^3$	$c \times 10^{-5}$	温度范围/K
氧化铝	5.47	7.8	—	298~900
刚玉	27.43	3.06	−8.47	298~1800
莫来石	87.55	14.96	−26.68	298~1100
碳化硼	22.99	5.40	10.72	298~1373

名称	a	$b×10^3$	$c×10^{-5}$	温度范围/K
氧化铍	8.45	4.00	−3.17	298~1200
氮化硼	1.82	3.62	—	273~1173
硅灰石	26.64	3.60	−6.52	298~1450
氧化铬	28.53	2.20	−3.74	298~1800
钾长石	63.83	12.90	−17.05	298~1400
氧化镁	10.18	1.74	−1.48	298~2100
碳化硅	8.93	3.09	−3.07	298~1700
α-石英	11.20	8.20	−2.70	298~848
β-石英	14.41	1.94	—	298~2000
石英玻璃	13.38	3.68	−3.45	298~2000
碳化钛	11.83	0.80	−3.58	298~1800
金红石	17.97	0.28	−4.35	298~1800

3.1.3 材料的热膨胀

3.1.3.1 热膨胀系数

物体的体积或长度随温度的升高而增大的现象称为热膨胀。一般来讲，温度升高，体积增大；温度降低，体积缩小。这就是所谓的热胀冷缩现象。不同物质的热膨胀性能是不同的，有的物质随温度变化有较大的体积变化，而另一些物质则相反。即使是同一种物质，由于晶体结构不同，也将有不同的热膨胀性能。

采用热膨胀系数来描述材料热膨胀性能。假设物体原来的长度为 l_0，温度升高 ΔT 后长度增加量为 Δl，则

$$\frac{\Delta l}{l_0} = \alpha_l \Delta t \tag{3-5}$$

式中，α_l 称为线膨胀系数，也就是温度升高 1 K 时，物体的相对伸长。因此，物体在温度 T 时的长度 l_t 为

$$l_t = l_0 + \Delta l = l_0(1 + \alpha_l \Delta t) \tag{3-6}$$

实际上，固体材料的 α_l 值并不是一个常数，而是随着温度稍有变化，通常随温度升高而增大。在工业上，一般用平均线膨胀系数表示材料的热膨胀特性。假定试样在温度 t_0 时的长度为 l_0，升高到某一温度 t 时，长度变为 l，则试样在 $t_0 - t$ 范围内的平均线膨胀系数 $\bar{\alpha}_l$ 定义为

$$\bar{\alpha}_l = \frac{1(l - l_0)}{l_0(t - t_0)} = \frac{1}{l_0}\frac{\Delta l}{\Delta t} \tag{3-7}$$

平均线膨胀系数表示物体在该温度范围内，温度每升高 1 个单位，长度的相对变化量。因此，平均线膨胀系数是材料在某个温度范围内的平均膨胀性能。

如果把温度范围缩小到无限小，可以得到反映某一温度 T 时材料真实的热膨胀性能，也称为真线膨胀系数，且

$$\alpha_T = \frac{1}{l_T}\frac{\mathrm{d}l}{\mathrm{d}T} \tag{3-8}$$

式中，l_T 是温度为 T 时物体的长度；α_T 为温度 T 下的真线膨胀系数，线膨胀系数的单位为 K^{-1}。

类似地，物体体积随温度增加可以表示为

$$V_t = V_0(1 + \alpha_V \Delta t) \tag{3-9}$$

式中，α_V 为体膨胀系数，相当于温度升高 1 K 时物体体积相对增长值。假如物体是立方体，则可以得到

$$V_t = l_0^3(1 + \alpha_l \Delta t)^3 = V_0(1 + \alpha_l \Delta t)^3 \tag{3-10}$$

由于 α_l 值很小，可忽略 α_l^2 上的高次项，则

$$V_t = V_0(1 + 3\alpha_l \Delta t) \tag{3-11}$$

可以得到近似关系

$$\alpha_V \approx 3\alpha_l \tag{3-12}$$

对于各向异性晶体，各晶轴方向的线膨胀系数不同，假如分别为 α_a、α_b 和 α_c，则

$$V_t = l_{at}l_{bt}l_{ct} = l_{a0}l_{b0}l_{c0}(1 + \alpha_a \Delta t)(1 + \alpha_b \Delta t)(1 + \alpha_c \Delta t) \tag{3-13}$$

同样忽略 α 的二次方以上的项，得到

$$V_t = V_0\left[1 + (\alpha_a + \alpha_b + \alpha_c)\Delta t\right] \tag{3-14}$$

所以

$$\alpha_V = \alpha_a + \alpha_b + \alpha_c \tag{3-15}$$

同样体膨胀系数的精确表达式为

$$\alpha_V = \frac{1}{V}\frac{\partial V_t}{\partial t}$$

（3-16）

无机材料的线膨胀系数一般都不大，大都在 $10^{-5}\sim 10^{-6}\ K^{-1}$ 数量级，表 3-2 列出了部分无机矿物材料的线膨胀系数。

表 3-2　部分无机矿物材料的线膨胀系数[4]

材料名称	$\alpha_l/10^{-6}\ K^{-1}$	温度范围/K
黏土质耐火制品	5.2	293～1573
硅质耐火制品	7.4	293～1943
高品质耐火制品	6.0	293～1473
Al_2O_3	8.8	273～1273
SiC	4.7	273～1273
Si_3N_4	2.7	273～1273
普通玻璃	4～11.5	193～373
石英玻璃	0.5	273～1273

3.1.3.2　影响固体材料热膨胀的因素

1. 键强度

键强度较高的材料，膨胀系数较小。矿物材料结合键一般为共价键或离子键，较金属材料具有较高的键强度，它们的热膨胀系数一般比金属材料的小。

2. 晶体结构

对于相同组成的物质，由于结构不同，膨胀系数也有所不同。通常结构紧密的晶体，膨胀系数较大，而类似于无定形的玻璃，则往往有较小的膨胀系数。结构紧密的多晶二元化合物一般都具有比玻璃大得多的膨胀系数。这是由于玻璃的结构比较疏松，内部空隙较多，所以当温度升高、原子振幅加大、原子间距离增加时，热膨胀引起的体积膨胀部分地被结构内部的空隙所容纳，使得宏观上看整个物体的膨胀量并不大。一个典型的例子是，石英晶体的膨胀系数为 $12\times 10^{-6}\ K^{-1}$，而石英玻璃的膨胀系数却只有 $0.5\times 10^{-6}\ K^{-1}$。

此外，温度变化时发生的晶型转化也会引起体积变化，从而导致材料热膨胀系数的变化。例如 ZrO_2 晶体室温时为单斜晶型，当温度增至 1000℃ 以上时，单

斜 ZrO_2 将转变成四方晶型。这一相变过程伴随有约 4%的体积收缩，显然将导致材料热膨胀系数的变化。

对于具有各向异性的非等轴晶体，热膨胀系数也是各向异性的，其单晶体在不同晶轴方向上具有不同的热膨胀系数。一般说来，弹性模量较高的方向将有较小的膨胀系数，反之亦然。其中，最明显的是层状结构材料。例如，像天然石墨这样的层状晶体结构，由于层内原子间的结合力强，垂直于 c 轴方向的线膨胀系数小，为 $1×10^{-6}\ K^{-1}$；而层间的结合力弱得多，在平行于 c 轴方向具有较大的线膨胀系数，为 $27×10^{-6}\ K^{-1}$，石墨层状平面的膨胀系数比垂直于层面的膨胀系数小得多。对于一些具有很强非等轴性的晶体，某一方向上的膨胀系数可能是负值，结果体膨胀系数可能非常低，如 $AlTiO_3$、堇青石以及各种锂铝酸盐、β-锂霞石（$LiAlSiO_4$）的总体膨胀系数甚至是负的。这些材料可以用于平衡某些部件结构中的热膨胀，以提高部件的抗热震性能。但应注意，很小或负的体膨胀系数往往是与高度各向异性结构相联系的，因此，在这类材料的多晶体中，晶界处于很高的应力状态下，导致材料固有强度较低。

3. 晶体缺陷

实际晶体中总是含有某些缺陷，尽管它们在室温处于"冻结"状态，但仍可明显地影响晶体的物理性能。格尔茨利坎、荻梅斯费尔德等研究了空位对固体热膨胀的影响，由空位引起的晶体附加体积变化可写成以下关系式：

$$\Delta V = BV_0 \exp\left(-\frac{Q}{kT}\right) \tag{3-17}$$

式中，Q 为空位形成能；B 为常数；V_0 为晶体 0 K 时的体积。空位可以由辐射发生，如 X 射线、γ 射线、电子、中子、质子辐照皆可引起辐照空位的产生，高温淬火也可产生空位。

研究表明，辐照空位使晶体的热膨胀系数增大。如果忽略空位周围应力，则由于辐照空位而增加的体积为：$\Delta V/V=n/N$，其中 N 为晶体原子数，n 为空位数。

温度接近熔点时，热缺陷的影响明显。下面的公式给出了空位引起的体膨胀系数变化值：

$$\Delta \alpha_V = B\frac{Q}{T^2}\exp\left(-\frac{Q}{kT}\right) \tag{3-18}$$

用式(3-18)分析碱卤晶体的热膨胀性能可知，从 200℃到熔化前碱卤晶体热膨胀的增长同晶体缺陷有关，即同弗仑克尔缺陷和肖特基缺陷有关，熔化前弗仑克尔缺陷的影响占主导地位。

4. 相变

加热过程中材料发生相变时，由于相变所伴随的体积变化，材料热膨胀系数也要变化；有序至无序转变时，无体积突变，膨胀系数在相变温区仅出现拐点；ZrO_2 晶体加热至 1000℃左右，从原来的单斜结构转变为四方结构，伴随着 4% 的体积收缩，其热膨胀系数也会发生突变。

3.1.4　材料的热传导

当固体材料的两端存在温度差时，如果垂直于 x 方向的截面积为 ΔS，材料沿 x 轴方向的温度变化率为 dT/dx，在 Δt 时间内沿 x 轴正方向传过 ΔS 截面上的热量为 ΔQ，对于各向同性的物质，在稳定传热状态下具有如下关系式：

$$\Delta Q = -\lambda \frac{dT}{dx} \Delta S \Delta t \qquad (3\text{-}19)$$

式中，λ 称为热导率(或导热系数)；dT/dx 称为 x 方向上的温度梯度(指向温度升高的方向)；负号表示热流方向与温度梯度方向相反。

热导率 λ 的物理意义是单位温度梯度下，单位时间内通过单位截面积的热量，所以其单位为 W/(m·K) 或 J/(m·s·K)。

式(3-19)称作傅里叶定律。它只适用于稳定传热过程，即传热过程中，材料在 x 方向上各处的温度 T 恒定，$\Delta Q/\Delta t$ 为常数。

对于非稳定传热过程，即物体内各处的温度随时间而变化的情况，不难想象，温度变化并达到一致的时间与材料的热导率、密度及其热容有关。对于非稳定传热过程，物体内单位面积上温度随时间的变化率为

$$\frac{\partial T}{\partial t} = \frac{\lambda}{\rho C_P} \times \frac{\partial^2 T}{\partial x^2} \qquad (3\text{-}20)$$

式中，ρ 为材料的密度，C_P 为定压比热容。令 $a = \lambda/\rho C_P$，a 称为热扩散率或导温系数，衡量在热传导的同时，还有温度场的变化时，物体温度变化的速率。a 越大的材料各处温度变化越快，温差越小，达到温度一致的时间越短。

3.1.4.1　材料的导热过程

气体的传热由分子间的相互碰撞实现，温度高的分子运动激烈，能量高，温度低的分子能量小，通过碰撞，温度高的气体分子把能量传递给温度低的气体分子，从而实现热量的传导。金属则由大量的自由电子的运动而传热。由于电子的质量很轻，可迅速实现热传递，因此，金属一般都有高的热导率。固体中传导热

量的载体是电子、格波(声子)、磁激发以及在某些情况下的电磁辐射。无机非金属材料中，由于晶格中自由电子极少，它的导热主要是格波传热。设想有一处于较高温度状态的质点，其振动必然比较强烈，平均振幅也较大，这必然带动邻近质点，使其振动加剧，热运动能量增加，而本身的振动却会减弱，这样就出现了热量从高温向低温转移和传递。

1. 声子导热

格波分声频支与光频支，它们在传热过程中所起的作用是不同的。温度不太高时，光频支格波能量比较微弱，对热容的贡献可以忽略，对热导的作用同样也可忽略，传热主要是声子传热。声频支格波可看成是一种弹性波，类似在固体中传播的声波，把格波的传播看成是声子的运动；格波与物质的相互作用，可理解为声子和物质的碰撞；格波在晶体中传播时遇到的散射，则理解为声子同晶体质点的碰撞；理想晶体中的热阻，则理解为声子与声子的碰撞。这样，就可用气体中热传导的概念来处理声子的热传导。根据气体分子运动理论，理想气体的导热公式为

$$\lambda = \frac{1}{3}Cvl \tag{3-21}$$

式中，C 为单位体积气体的比热容，v 为气体分子的平均速度，l 为气体分子的平均自由程。将式(3-21)引用到晶体材料上，可导出声子碰撞传热的同样公式，只是符号的意义不同：C 为声子的体积热容，v 为声子的平均速度，l 为声子的平均自由程，所以固体的热导率的普遍形式可表示为

$$\lambda = \frac{1}{3}\int C(v)vl(v)\mathrm{d}v \tag{3-22}$$

式中，$C(v)$、v、$l(v)$ 分别为声子或光子的比热容、平均移动速度、平均自由程。

若晶格的热振动是严格的线性振动，则晶格中各质点按各自的频率独立地做简谐振动，格波间无相互作用，声子在晶格中是畅通无阻的，晶体中热阻为零，热量则以声子的速度在晶体中传递，这显然是不符合实际情况的。声子在晶体中并不是畅通无阻的，这主要是因为晶格的热振动并非是严格的线性，晶格间具有一定的耦合作用，声子与声子也会发生碰撞。声子间的碰撞引起的散射是晶格中热阻的主要来源。引起散射的其他原因还有缺陷、杂质、晶粒界面等。碰撞取决于平均自由行程，波长长的格波容易绕过缺陷(相当于自由行程增大)，平均自由程与温度有关(温度增高，平均自由程减小)，但由温度引起的平均自由程的减小有一定的限度，高温下，最小的平均自由程相当于几个晶格间距，低温时，最长的平均自由程可达整个晶粒的长度。

2. 光子导热

固体除了声子的热传导外，还有光子的热传导。当固体中分子、原子和电子的振动、转动等运动状态发生改变时，会辐射出电磁波，这类电磁波覆盖了较宽的频谱，其中具有较强热效应的是波长为 $0.4 \sim 40\ \mu m$ 的可见光与部分红外光的区域，这部分辐射线称为热射线，热射线的传递过程称为热辐射。可以把热射线的导热过程看作光子在介质中传播的导热过程。在温度不太高时，固体中的电磁辐射能很微弱，但在高温时就很明显，因为其辐射能量与温度的四次方成正比。例如，在温度 T 时，黑体单位容积的辐射能 E_T 与温度的关系为

$$E_T = \frac{4\sigma n^3 T^4}{c} \tag{3-23}$$

式中，σ 为斯特藩-玻尔兹曼常量[为 $5.67 \times 10^{-8}\ W/(m^2 \cdot K^4)$]；$n$ 为折射率；c 是光速（$3 \times 10^8\ m/s$）。由于辐射传热中，容积热容相当于提高辐射温度所需的能量，所以

$$C_R = \left(\frac{\partial E}{\partial T}\right) = \frac{16\sigma n^3 T^3}{c} \tag{3-24}$$

因为辐射线在介质中的速度 $V_r = c/n$，将式(3-24)代入式(3-21)，可得到辐射能的热导率：

$$\lambda_r = \frac{16}{3}\sigma n^2 T^3 l_r \tag{3-25}$$

式中，l_r 为辐射线光子的平均自由程。

3.1.4.2　影响热导率的因素

1. 温度

对于无机非金属材料，主要依靠声子和光子导热。图 3-3 是 Al_2O_3 单晶的热导率与温度的关系曲线。在很低的温度下，声子的平均自由程 l 增大到晶粒的大小，达到了上限。因此，l 值基本上无多大变化。热容 C_V 在低温下与温度的 3 次方成正比，因此，λ 也近似与 T^3 成比例地变化。随着温度的升高，λ 迅速增大，然而温度继续升高，l 值要减小，C_V 随温度 T 的变化也不再与 T^3 成比例，并在德拜温度以后，趋于一恒定值。而 l 值因温度升高而减小，成了主要影响因素。因此，λ 值随温度的升高而迅速减小。这样，在某个低温处(约 40 K)，λ 值出现极大值。在更高的温度，由于 C_V 已基本无变化，l 值也逐渐趋于下限，所以 λ 随温度的变化又变得缓和。在达到 1600 K 的高温后，λ 值又有少许回升，这是高温时辐射传热带来的影响。

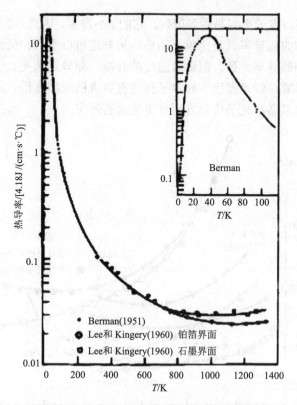

图 3-3　Al_2O_3 单晶的热导率随温度的变化[5]

2. 显微结构

1）结晶构造的影响

声子传导与晶格振动的非谐性有关，晶体结构越复杂，晶格振动的非谐性程度越大，格波受到的散射越大。因此，声子平均自由程较小，热导率较低。镁铝尖晶石的热导率比 Al_2O_3 和 MgO 的热导率都低，而莫来石的结构更复杂，所以其热导率比尖晶石低得多。

2）各向异性晶体的热导率

非等轴晶系的晶体热导率呈各向异性。石英、金红石、石墨等都是在膨胀系数低的方向热导率最大。温度升高，不同方向的热导率差异减小。这是因为温度升高，晶体结构总是趋于更好地对称。因此，不同方向的 λ 差异变小。

3）多晶体的热导率

对于同一种物质，多晶体的热导率总是比单晶的小。图 3-4 为几种材料的单晶体和多晶体热导率与温度的关系。由于多晶体中晶粒尺寸小，晶界多，缺陷多，晶界处杂质也多，声子更容易受到散射，它的 l 小得多，因此，λ 小，故对于同一种物质，多晶体的热导率总是比单晶的小。另外还可以看到，低温时多晶的热导率与单晶的平均热导率一致，但随着温度的升高，差异迅速变大。这也说明了晶界、缺陷、杂质等在较高温度下对声子传导有更大的阻碍作用，同时也是单晶体在温度升高后比多晶在光子传导方面有更明显的效应。

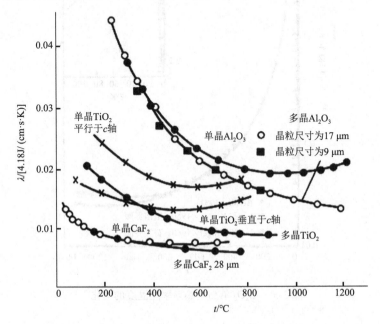

图 3-4　几种不同晶型的无机材料热导率与温度的关系[6]

4）非晶体的热导率

非晶体具有远程无序、近程有序的结构特点，讨论热传导机理时可以近似地把它当作由直径为几个晶格间距的极细晶粒组成的"晶体"。这样，就可以用声子导热的机制来描述非晶体的导热行为及规律。从前面晶体中声子导热机制可知，声子的平均自由程由低温下的晶粒直径大小变化到高温下的几个晶格间距的大小。因此，对于上述晶粒极细的非晶体来说，它的声子平均自由程在不同温度下将基本上为常数，其值近似等于几个晶格间距。根据声子导热公式可知，在较高温度下玻璃的导热主要由热容与温度的关系决定，在较高温度以上则需考虑光子导热的贡献。非晶体热导率曲线如图 3-5 所示，由图可知：

（1）在 OF 段中低温（400～600 K）以下，光子导热的贡献可忽略不计。声子导热随温度的变化由声子热容随温度的变化规律决定，即随着温度的升高，热容增大，玻璃的热导率也相应地上升。

（2）从 *Fg* 段中温到较高温度（600～900 K），随着温度的升高，声子热容趋于一常数，故声子热导率曲线出现一条近似平行于横坐标的直线。若考虑到此时光子导热的贡献，*Fg* 变成 *Fg'* 段。

（3）*gh* 段高温以上（>900 K），随着温度的升高，声子导热变化不大，相当于 *gh* 段，但若考虑到光子导热的贡献，光子热导率由非晶体的吸收系数、折射率以及气孔率等因素决定，则 *gh* 变成 *g'h'* 段。对于那些不透明的非晶体材料，不会出现 *g'h'* 这一段曲线。

图 3-6 显示出了晶体与非晶体热导率曲线的差别，由图可知，非晶体的热导率（不考虑光子导热的贡献）在所有温度下都比晶体的小，这主要是由于非晶体的声子平均自由程在绝大多数温度范围内都比晶体的小得多；在高温下，两者比较接近，这是因为在高温时，晶体的声子平均自由程已减小到下限值，像非晶体的声子平均自由程那样，等于几个晶格间距的大小，而晶体与非晶体的声子热容在高温下都接近 3*R*，光子导热还未有明显的贡献，因此，晶体和非晶体的导热系数在较高温时就比较接近；非晶体与晶体热导率曲线的最大区别是前者没有热导率峰值点 *m*。这也说明非晶体物质的声子平均自由程在所有温度范围内均接近一常数。

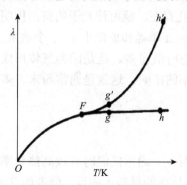

图 3-5　非晶体热导率曲线[7]

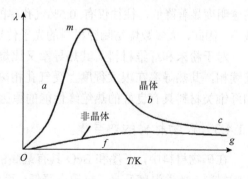

图 3-6　晶体和非晶体材料的热导率曲线的差别[8]

3. 化学组成的影响

不同化学组成的晶体，质点的大小、性质不同，它们的晶格振动状态也不同，所以，其导热能力往往差异很大。一般来说，组成元素的原子量越小，晶体的密度越小，弹性模量越大，德拜温度越高，其热导率越大。所以，轻元素的固体或结合能大的固体热导率较大。例如，金刚石的热导率为 $1.7×10^{-2}$ W/(m·K)，而较重的硅、锗的热导率分别为 $1.0×10^{-2}$ W/(m·K) 和 $0.5×10^{-2}$ W/(m·K)。在氧化物和碳化物中，凡是阳离子的原子量较小的，其热导率比原子量较大的阳离子的要大，如氧化物陶瓷中 BeO 具有最大的热导率。

4. 气孔的影响

无机材料常含有一定量的气孔。因有气体的热导率比固体材料低得多，所以气孔率高的多孔轻质材料的导热系数比一般的材料都要低，这是隔热耐火材料生产应用的基础。

气孔对热导率的影响比较复杂。在温度不是很高、气孔率不大、气孔尺寸很小、分布又比较均匀时，可将气孔作为分散相处理，只是气孔的热导率很小，与固体相的热导率相比可近似看作零，因此，可得出

$$\lambda = \lambda_s(1-P) \tag{3-26}$$

式中，λ_s 为固相的热导率；P 为气孔的体积分数。

对于大尺寸的气孔，气孔内的气体会因对流而加强传热，当温度升高时，热辐射的作用也会增强，并与气孔的大小和温度的 3 次方成比例。这一效应在高温时更为明显，此时气孔对热导率的贡献就不能忽略了，式(3-26)便不再适用。

对于热辐射高度透明的材料，它们的光子传导效应较大，在有微小气孔存在时，由于气体与固体的折射率有很大差异，这些气孔就成为光子的散射中心，导致材料的透明度显著降低，往往仅有 0.5%气孔率的微孔存在，就可使光子的自由程明显减小。因此，大多数烧结陶瓷材料的光子传导率要比单晶和玻璃小 1～3 个数量级。

对于粉末和纤维材料，其热导率又比烧结态时低得多。这是因为气体形成了连续相，其热导率在很大程度上受气孔相热导率的影响。这就是通常粉末、多孔和纤维类材料具有良好的热绝缘性能的原因。

3.1.4.3　矿物材料的热导率

在矿物材料中，石墨和 BeO 具有最高的热导率。通常低温时有较高热导率的矿物材料，随着温度升高，热导率降低。而低热导率的材料正相反。前者如 BeO、Al_2O_3 和 MgO 等，其经验公式为

$$\lambda = \frac{A}{T-125} + 8.5 \times 10^{-36} T^{10} \tag{3-27}$$

式中，T 为热力学温度(K)；A 为常数。例如：$A_{BeO}=55.4$，$A_{Al_2O_3}=16.2$，$A_{MgO}=18.8$。式(3-27)适用的温度范围：Al_2O_3 和 MgO 是 293～2073 K、BeO 是 1273～2073 K。

某些建筑材料，如黏土质耐火砖以及保温砖等，其热导率随温度升高而线性增大，热导率方程式一般为

$$\lambda = \lambda_0(1+bt) \tag{3-28}$$

式中，λ_0 是 0 K 时材料的热导率；b 是与材料性质有关的常数。

3.1.5　材料的热稳定性

热稳定性是指材料承受温度的急剧变化而不致破坏的能力，所以又称为抗热震性。由于矿物材料在加工和使用过程中，经常会受到环境温度起伏的热冲击，因此，热稳定性是矿物材料的一个重要性能。

一般矿物材料和其他脆性材料一样，热稳定性很差。它们的热冲击损坏主要有两种类型：一种是材料发生瞬时断裂，抵抗这类破坏的性能称为抗热冲击断裂性；另一种是在热冲击循环作用下，材料表面开裂、剥落，并不断发展，最终碎裂或变质，抵抗这类破坏的性能称为抗热冲击损伤性。

由于应用场合的不同，对材料热稳定性的要求也不同。例如，对于一般的日用陶瓷，只要求能承受温差为 200 K 左右的热冲击；而火箭喷嘴则要求瞬时能承受 3000~4000 K 的热冲击，而且还要经受高气流的机械和化学作用。目前对材料的热稳定性虽然有一定的理论解释，但尚不完善，还不能建立反映实际材料或器件在各种场合下的热稳定性的数学模型。因此，对材料或制品热稳定性的评定，一般还是采用比较直观的测定方法。例如，对于普通耐火矿物材料，常将试样的一端加热到 123 K 并保温 40 min，然后置于 283~293 K 的流动水中 3 min 或空气中 5~10 min，并重复这样的操作，直至试件失重 20%为止，以这样的操作次数来表征其热稳定性；而用于红外窗口的抗压 ZnS 则要求样品具有经受从 438 K 保温 1 h 后立即取出投入 292 K 水中，保持 10 min，在 150 倍显微镜下观察不能有裂纹，同时其红外透过率不应有变化。

对于矿物材料尤其是制品的热稳定性，尚需从理论上得到一些评定热稳定性的因子，以便从理论上分析其机理和影响因素。

1. 热应力

不改变外力作用状态，材料仅因热冲击造成开裂或断裂而损坏，这必然是材料在温度作用下产生的内应力超过了材料的力学强度极限所致。对于这种内应力的产生和计算，可先从下述的简单情况来讨论。假如有一长度为 L 的杆件，当它的温度自 T_0 升高到 T_l 后，杆件膨胀 ΔL。若杆件能自由膨胀，杆件内无膨胀而产生的应力；若杆件的两端完全刚性约束使其不能伸长，杆件内所受的压应力相当于把样品自由膨胀后的长度 $(L+\Delta L)$ 仍压缩到 L 时所需的压缩力。因此，材料中的内应力为

$$\sigma = E\left(-\frac{\Delta L}{L}\right) = -E\alpha_l(T_l - T_0) \tag{3-29}$$

式中，E 为材料的弹性模量；α_l 为材料的线膨胀系数。

这种由于材料的热胀冷缩引起的内应力称为热应力。若上述情况是发生在冷却过程中，即 $T_0 > T_l$，则材料中的内应力为张应力（正值），这种应力才易使材料损坏。

2. 抗热冲击断裂性能

1）第一热应力断裂抵抗因子 R

根据上述分析，只要材料中最大热应力值 σ_{max}（一般在表面或中心部位）不超过材料的强度极限 σ_f，材料就不会损坏。显然，$\Delta T_{max} = T_l - T_0$ 值越大，说明材料能承受的温度变化越大，即热稳定性越好，所以定义

$$R = \frac{\sigma_f(1-\mu)}{\alpha E} \tag{3-30}$$

式中，σ_f 为最大热应力；μ 为泊松系数；α 为线膨胀系数；E 为弹性模量；R 即为表征材料热稳定性的因子，称为第一热应力断裂抵抗因子或第一热应力因子。

2）第二热应力断裂抵抗因子 R'

第一热应力因子只考虑了材料的 σ_f、α、E 对其热稳定性的影响。但材料是否出现热应力断裂，还与材料中应力的分布、产生的速率和持续时间，材料的特性（例如塑性、均匀性、弛豫性）以及原先存在的裂纹、缺陷等有关。因此，R 虽然在一定程度上反映了材料抗热冲击性的优劣，但并不全面。

热应力引起的材料断裂破坏，还与以下因素有关。①材料的热导率 λ：λ 愈大，传热愈快，热应力缓解得愈快，对热稳定有利；②材料或制品的尺寸，常用其半厚 r_m 表征：传热通道短，容易很快使温度均匀，有利于热稳定性；③材料表面散热速率（表面热传递系数）h：表示材料表面温度比周围环境温度高 1 K 时，在单位表面积上、单位时间内带走的热量，h 愈大，散热愈快，造成内外温差愈大，产生的热应力愈大，不利于材料的热稳定性。

综合考虑以上三种因素的影响，引入毕奥（Biot）模量 β：$\beta = h r_m / \lambda$，β 无单位。显然，β 越大，对热稳定性越不利。

定义

$$R' = \frac{\lambda \sigma_f(1-\mu)}{\alpha E} \tag{3-31}$$

式中，R' 称为第二热应力断裂抵抗因子，单位为 J/(cm·s)。考虑到制品形状，得出最大温差

$$\Delta T_{max} = R'S \frac{1}{0.31 r_m h} \qquad (3\text{-}32)$$

式中，S 为非平板样品的形状系数。不同形状的样品，其 S 值不同。

3. 提高材料抗热冲击断裂性能的措施

提高材料抗热冲击断裂性能的措施，主要是根据上述抗热冲击断裂因子所涉及的各个性能参数对热稳定性的影响，具体如下所述。

1）提高材料的强度，减小弹性模量 E，使 σ/E 提高

实际矿物材料的 σ 并不是很低，但其 E 很大。而金属材料则是 σ 大，E 小，如钨的断裂强度比普通陶瓷高几十倍，因此一般金属材料的热稳定性较陶瓷材料好得多。

对于同一种材料，晶粒较细，晶界缺陷小，气孔少且分散均匀，则往往具有较高的强度，抗热冲击性较好。

2）提高材料的热导率 λ

λ 大的材料传递热量快，使材料内外的温差较快地得到缓解、平衡，可降低短时期的热应力聚集，对提高热稳定性有利。金属材料的 λ 一般较大，这也是其具有好的热稳定性的原因之一。在矿物材料中只有 BeO 的热导率可与金属类比。

3）减小材料的热膨胀系数 α

α 小的材料，在相同的温差下，产生的热应力较小，对热稳定性有利。例如，石英玻璃的 σ 并不高，仅为 100 MPa，但其 α_l 仅有 0.5×10^{-6} K^{-1}，比一般的陶瓷低一个数量级，所以其热应力因子高达 3000，因此具有良好的热稳定性。Al_2O_3 的 $\alpha_l = 8.4\times10^{-6}$ K^{-1}，Si_3N_4 的 $\alpha_l = 2.75\times10^{-6}$ K^{-1}，虽然两者的 σ 和 E 相差不多，但后者的热稳定性优于前者。

4）减小表面散热系数 h

h 越大，越易造成较大的表面和内部的温差，对热稳定性不利。不同周围环境的散热条件对材料的 h 影响很大。例如，在烧成冷却工艺阶段，维持一定的炉内降温速率，制品表面不吹风，保持缓慢地散热降温是提高产品质量及成品率的重要措施。

5）减小产品的半厚 r_m

r_m 越小，越容易很快使温度均匀，对热稳定性有利。

以上措施是针对密实性陶瓷材料、玻璃等，提高抗热冲击断裂性能而言，但对多孔、粗粒、干压和部分烧结的制品，要从抗热冲击损伤性来考虑。对于热冲击损伤的材料，主要是避免原有裂纹的扩展所引起的深度损伤。

3.2　矿物材料热学性能测试

3.2.1　比热容检测

比热容的测量方法是测试比热容的实验技术。比热容分为平均比热容和微分比热容(真实比热容)。平均比热容是指单位物质在 T_1 到 T_2 温度范围内温度升高 1 K所需要的热量；微分比热容是单位物质在给定的温度 T 时升高 1 K 所需要的热量。

3.2.1.1　绝热量热计法

绝热量热计法是将封闭在一个绝热环境中的试样直接通电加热，通过记录所加电能、试样温度增加量及试样的质量而计算材料微分比热容。其适用的温度范围较宽(4.2～1900 K)，低温区域内误差不超过 0.5%～1.2%，超过 100 K 误差增加，高温时为 2%～5%。图 3-7 为绝热量热仪总体结构示意图。绝热量热计可分为等温热屏量热计和绝热屏量热计。可采用的加热方法有连续加热法和周期加热法，连续加热法是在全部试验过程中对试样一直进行电加热，并控制使热屏与试样的温度始终保持一致；而周期加热法则在没有进行电加热时，使样品与热屏温度处于平衡状态，在限定时间内通电加热使试样有很小的升温。绝热量热计法测比热容时需注意：

(1) 准确测量比热容的关键是防止样品与周围环境发生热交换，应采用系统抽空除气和样品外围安装辐射屏蔽的办法，以防止试样与环境的对流、传导和辐射交换；

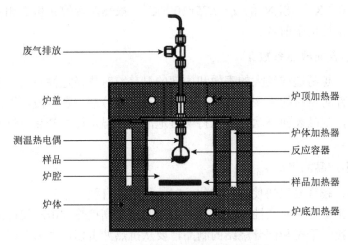

图 3-7　绝热量热仪总体结构示意图

（2）调节并控制热屏的温度以跟踪试样的温度，使两者的温度始终保持一致，保证试样与周围环境没有热交换；

（3）在低温下的试验可根据不同需要采用不同的恒温浴的介质，如液氦、液氢、液氨、干冰或酒精等。

3.2.1.2　下落法

下落法测量比热容是将试样挂在高温炉中加热到待测温度并落到量热计中以测量比热容的方法。试样落到量热计中放出的热量为试样在高温热源温度与量热计平均温度之间热焓的变化，如图 3-8 所示，下落法适用的温度范围可从室温至3700 K。

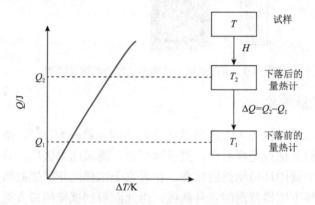

图 3-8　试样下落后焓变计算示意图

下落法测定比热容的装置由两部分组成，即高温炉和量热计系统。下落法所用量热计按其结构不同可分为水卡计、铜卡和冰卡计。铜卡计有两种：带有等温套的铜卡计和带有绝热屏的绝热卡计。图 3-9 为下落法铜卡计高温比热容测试装置图，实验步骤如下所述。

（1）初始阶段：试样未落入铜卡计之前，试样被高温炉加热到温度 T，铜卡计温度为 T_1；

（2）主阶段：样品落入后，铜卡计温度迅速上升；

（3）末阶段：铜卡计内的试样放热完毕，铜卡计与试样共同达到温度 T_2。

采用下落法铜卡计进行高温比热容测量时，需要注意：试样由炉子下落到铜卡计的过程中，试样的辐射热损失随温度的增加而急剧增加，因此，在高温实验中通常用两次试验来消除辐射热损的影响；量热计每升高 1 K 所需要的热量必须精确标定；铜卡计的准确度和不确定度采用质量分数大于 99.9%的 $\alpha\text{-}Al_2O_3$ 作为标准样品来进行标定。

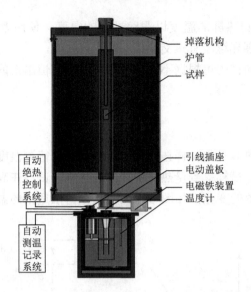

图 3-9　下落法铜卡计高温比热容测试装置图

3.2.1.3　激光脉冲法

激光脉冲法是以激光为光源测试比热容的闪光脉冲方法[9]。激光脉冲法虽然准确度较低，但其优点是样品小、测试速度快、测试的温区广。具体步骤：将薄圆片状试样处于周围环境绝热的状态，在垂直于试样的正面辐照激光脉冲，测试在一维热流条件下试样背面的温升曲线，由此而得到试样的最大温升。如果将一已知比热容的试样作为标准样品，并将其置于激光脉冲辐照之间，通过测定其最大温升就可计算出吸收的激光能量，然后，将试样在相同条件下以激光辐照，假定试样与标准试样吸收的激光能量相同，测得试样的最大温升，相比即可获得试样的比热容，其原理如图 3-10 所示。

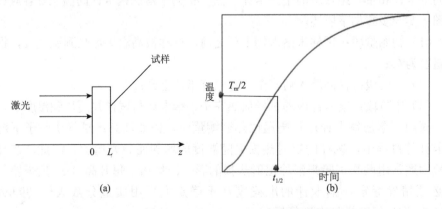

图 3-10　激光脉冲法原理示意图(a)和试样背面温度曲线(b)

3.2.1.4　示差扫描量热法

示差扫描量热法(differential scanning calorimetry，DSC)是最近几十年成熟起来的被广泛采用的技术。DSC 法测量固体物质的比热容具有快速、简便、样品用量少、测量温度范围宽、测量结果相对准确等优势，在对测量精度要求不是十分高时，通常用该方法来测量材料的比热容[10]。示差扫描量热法是在程序控制温度和一定气氛下，测量输给试样和参比物的热流速率或加热功率(差)与温度或时间关系的一类技术。根据热容理论，在温度差相同的条件下：

$$\frac{Q_1}{c_{P_1} \cdot m_1} = \frac{Q_2}{c_{P_2} \cdot m_2} \tag{3-33}$$

式中的 Q 由 DSC 中的热流差就可以得到。具体步骤如下：

（1）在温度范围内测定基线；

（2）在温度范围内测定已知比热容的 DSC 曲线(以蓝宝石为例,如图 3-11 所示)；

（3）在上述温度范围内测定待测样品的 DSC 曲线，计算公式如下所示。

$$c_P = \frac{(Y_1 - Y_0) * m_1}{(Y_2 - Y_0) * m_2} c_{P_1} \tag{3-34}$$

式中，m_1 表示蓝宝石质量(mg)；m_2 表示样品的质量(mg)；Y_1 表示温度为 t_1 时样品的 DSC 值；Y_2 表示温度为 t_1 时蓝宝石的 DSC 值；Y_0 表示温度为 t_1 时基线的 DSC 值；c_{P_1} 表示温度为 t_1 时蓝宝石的比热容值。

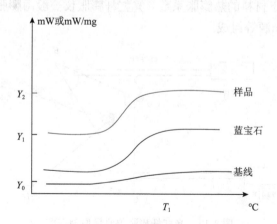

图 3-11　基线、蓝宝石和样品的 DSC 曲线

3.2.2　热膨胀系数检测

测试热膨胀系数的试验技术可归纳为杠杆接触测量法和非接触测量法两

种。接触法是将物体的膨胀量用一根传递杆以接触方式传递，再用各种检测仪器测得；非接触方法则不采用任何传递机构。接触测量法主要有千分表法、光杠杆法、机械杠杆法、电感法和电容法等。非接触测量方法主要有直接观测法、光干涉法、X 射线法、光栅法和密度测量法等。

3.2.2.1　千分表法

千分表法测量样品的热膨胀系数，通常由加热炉、试样热膨胀时位移的传递和位移的记录装置组成。测量时，将待测试样置于封闭的石英管底部，使其保持良好的接触，试样的另一端通过一个石英顶杆将膨胀引起的位移传递到千分表上，由此读出不同温度的膨胀量。为了减小加热炉的散热对千分表精度的影响，通常在炉子周围加上冷却水套。选用石英玻璃做套管和顶杆是因为在 0～1000℃ 范围内，石英玻璃膨胀系数极低，在通常情况下可以忽略不计。

千分表式膨胀仪简单方便，但其精确度受千分表的最小精度(0.001 mm)所限，且不能进行膨胀量的放大与记录，对于体积效应较小的相变在测试数据中得不到反映。

3.2.2.2　光杠杆法

光杠杆法是试样的膨胀量通过传递杆推动一个带三脚架的小镜转动进而转换成射光点位移量的测试方法，如图 3-12 所示。光杠杆法适用于各种刚性固体材料，可测量 1000℃ 以下材料的热膨胀系数。光杠杆膨胀仪一般由膨胀计、记录仪、炉子、标准试样及光源等组成。

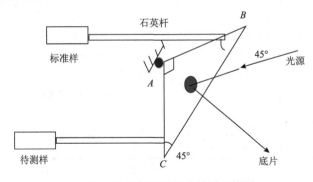

图 3-12　光杠杆膨胀仪测量原理简图

标准试样用于指示待测试样的温度，其所用材料的要求：①膨胀系数不随温度而变，且较大；②在使用的温度范围内没有相变，不易氧化，与试样的热导率接近。

3.2.2.3 光干涉法

光干涉法是利用光的干涉现象检测材料热膨胀特性的方法，其测试原理如图 3-13 所示[11, 12]。试样两端与透明的上下干涉板相接，共同置于变温器内。光源给出一束单色光经直角棱镜和半透镜，垂直入射到干涉板上，在上干涉板的下表面和下干涉板的上表面发生反射(其余两表面的反射，经处理排除到视场之外)，这两束反射的光重叠后产生干涉现象，在半透镜上，可以见到明暗相间的条纹。

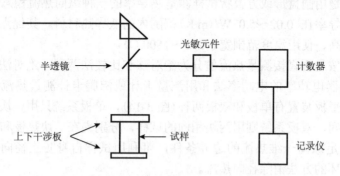

图 3-13　光干涉法测量材料热膨胀系数原理图

试样受热膨胀，推动干涉波沿试样轴向转动，干涉板之间的距离逐渐加大，观察到的干涉条纹向一侧移动，如果固定观察某一点，则每移过一个亮条(或暗条)就表明试样膨胀了半个波长。用光敏元件配用计数器可以连续计算移过某观察点的条纹数，从而获得试样的热膨胀量。假定计数值变化 ΔN，相当于试样膨胀 $\Delta N \cdot \lambda / 2$，温度的变化为 Δt，于是平均线膨胀系数：

$$\bar{\alpha}_l = \frac{1}{l_0} \cdot \frac{\Delta l}{\Delta t} = \frac{\lambda}{2l_0} \frac{\Delta N}{\Delta t} \tag{3-35}$$

光干涉膨胀仪是以光的波长为尺度来测量试样热膨胀量的方法，可见光的波长为 10^{-1} μm 量级，因而光干涉法具有较高的精度。但该法对装置的设计和制造也提出了苛刻的要求。

3.2.3　热导率检测

3.2.3.1　方法分类

热导率测量方法的选择要从材料的热导率范围、材料可能做成的试样形状、测量结果所需的准确度和测量周期等方面综合考虑。热导率测量方法可分为稳态法和非稳态法两大类。稳态是指试样内的温度场不随时间而变，反之即为非稳态。用稳态法测量热导率时，需要测出试样单位面积上的热流密度和由此在试样上产生的温度梯度。非稳态法多数是测量试样内温度场的变化进而测得扩散率，再按照 $\lambda = \alpha C_{\mathrm{P}} \rho$ 计算热导率。稳态法准确度高、装置简单，但测量周期长、试样大，适用面有限。非稳态法测量周期短、试样小。

3.2.3.2　平板法

平板法是用圆盘形或方板状试样测量热导率的一种纵向热流稳态法[13]。该方法适用于热导率在 0.02～5.0 W/(m·K) 范围内的低导热材料。其优点为试样易制备、准确度高、使用温度范围宽 (−253～1500℃)。

平板法按是否直接测量热流值分为绝对法和比较法两种，绝对法又分为直接测量主加热器电功率的电功率法和用流量卡计或沸腾卡计测量热流的卡计法两种。绝对法平板装置有单板和双板两种(图 3-14)，单板系统只用一块试样放在冷板和热板之间，双板系统则用两块相同的试样，分别夹在一块热板和两块冷板之间。为了满足纵向一维热流的边界条件，可利用试样自身防止径向热损，也可采用保护热环的方法消除径向热流。

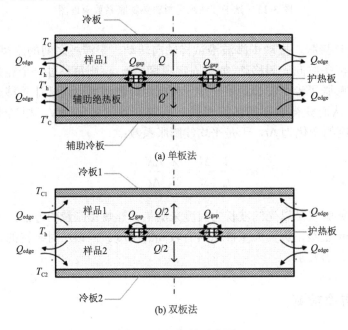

(a) 单板法

(b) 双板法

图 3-14　平板法示意图

比较法是将已知热导率的参考试样与待测试样同时放入系统中，使通过的热流密度相同，装置如图 3-15 所示。比较法与绝热法相比具有设备简单、操作方便等显著优点，但测量误差较大。

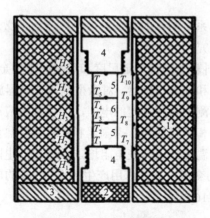

图 3-15 比较法示意图

1—隔热材料；2—隔热砖；3—底座；4—加热炉；5—参考试样；6—待测试样；T—测温电偶；H—护环加热器

3.2.3.3 圆棒法

圆棒法是用棒状试样测量热导率的一种纵向稳态法。该法适用于热导率在 $0.1\sim5000$ W/(m·K) 范围内的良导体，金属在低温下的热导率几乎都用此方法测量。圆棒法按是否直接测量热流值可分为绝对法和比较法两种。绝对法因使用的温区不同有低温装置和高温装置两种类型。

低温测量时虽然辐射热损不严重，但系统内必须保持高真空，防止对流热损，试样周围应设热辐射屏减小辐射热损。高温测量时由于辐射传热，试样周围必须填充绝热材料，并设置能严格控温的护热屏，对端头加热器也应加套护热环，使辐射热损失尽量减少。

3.2.3.4 径向热流法

径向热流法是一种适用于金属和非金属测试热导率的稳态法,可分为径向圆柱法、同心圆球法和椭球法。

径向热流圆柱法的试样是一个具有同轴中心圆孔的圆柱体，圆孔内放置加热器，根据傅里叶定律只要圆柱体足够长，热源在圆柱上只有径向热流。圆球法是试样为圆球体的径向热流法。由于发热体装在球心被试样完全包裹，热流毫无损失地从空心圆球试样的内表面径向地传导到外面。圆球法的最大特点是不需要任何防止热损失的辅助加热器，因此结构简单、准确度高，但球形加热器制作困难、球形试样难以加工。

3.2.3.5 3ω 法

3ω 法是一种瞬态测量的方法，它利用温度频率的变化来确定材料的导热系数，能有效地降低热辐射影响和保持热流密度的稳定，提高测试的速率和精度，已成为微尺度材料导热系数测量的首选技术，广泛用于微米、纳米尺度下薄膜和体材料的热电性质的研究。

3ω 法是在待测材料表面制备一定尺度和形状的微型金属探测器，该微型金属探测器同时作为加热器和温度传感器。对微型金属探测器施加角频率为 ω 的交流电流，由于微型金属探测器具有一定的电阻，因焦耳效应产生的热量将以 2ω 的频率对微型金属探测器和试样加热，探测器和试样吸收热量后产生频率为 2ω 的温度波。对于纯金属，温度的上升使电阻增加，增加的电阻的变化频率也是 2ω，增加的电阻与频率 ω 的交流电共同作用产生频率为 3ω 的电压。3ω 法装置测量薄膜样品的热导率如图 3-16 所示。

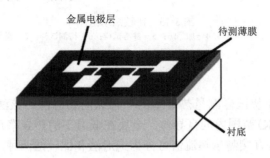

图 3-16 3ω 法装置测量薄膜样品的热导率示意图[14]

3.2.3.6 热扩散系数法

非稳定传热过程即物体内各处温度随时间而变化。一个外界无热交换，本身存在温度梯度的物体，随着时间的迁移，就存在着热端温度不断降低和冷端温度不断升高，最终达到一致的平衡温度，即 $\mathrm{d}T/\mathrm{d}x \rightarrow 0$，则

$$\alpha = \lambda / (\rho \cdot C_\mathrm{P}) \tag{3-36}$$

式中，α 为导温系数或热扩散率，m^2/s；λ 为热导率或导热系数，$\mathrm{W}/(\mathrm{m} \cdot \mathrm{K})$；$C_\mathrm{P}$ 为比定压热容。

热扩散率表征材料在温度变化时，材料内部温度区域均匀的能力。在相同加热或冷却条件下，α 愈大，物体各处温差越小，越有利于热稳定性，它与物质的性能、结构以及温度密切相关。

热扩散系数法是用非稳态法测试热扩散系数的实验技术，是测量导热系数的一种逆向方法。在对试样以一定方式施加热量的条件下，测试试样温度随位置和时间的变化来确定热扩散系数，继而根据公式(3-36)计算得到导热系数。非稳态法的主要特征是试样上的温度分布随时间变化而不稳定，试样内部发生不稳定导热过程。

3.2.4 热稳定性测试

矿物材料热稳定性的测定主要有陶瓷热稳定性的测定、玻璃热稳定性的测定和耐火材料热稳定性的测定。

3.2.4.1 陶瓷热稳定性的测定

普通陶瓷材料由多种晶体和玻璃相组成，因此在室温下具有脆性，在外应力作用下会突然断裂。当温度急剧变化时，陶瓷材料也会出现裂纹或损坏。测定陶瓷的热稳定性可以控制产品的质量，为合理应用提供依据。

陶瓷的热稳定性取决于坯釉料的化学成分、矿物组成、相组成、显微结构、制备方法、成形条件及烧成制度等因素以及外界环境的影响。由于陶瓷内外层受热不均匀、坯釉的热膨胀系数差异而引起陶瓷内部产生应力，导致机械强度降低，甚至发生开裂现象[15]。

一般陶瓷的热稳定性与抗张强度成正比，与弹性模量、热膨胀系数成反比。而热导率、热容、密度等也在不同程度上影响着陶瓷的热稳定性。釉的热稳定性在较大程度上取决于釉的膨胀系数。要提高陶瓷的热稳定性首先要提高釉的热稳定性。陶坯的热稳定性则取决于玻璃相、莫来石、石英及气孔的相对含量、粒径大小及其分布状况等。陶瓷制品的热稳定性在很大程度上取决于坯釉的适应性，所以它也是带釉陶瓷抗后期龟裂性的一种反映。

陶瓷热稳定性测定方法一般是把试样加热到一定的温度，接着放入适当温度的水中，判定方法如下：

（1）根据试样出现裂纹或损坏到一定程度时所经受的热变换次数来决定热稳定性；

（2）根据经过一定次数的热冷变换后机械强度降低的程度来决定热稳定性；

（3）根据试样出现裂纹时经受的热冷最大温差来表示试样的热稳定性，温差越大，热稳定性越好。

3.2.4.2 玻璃热稳定性的测定

普通玻璃是热的不良导体，在迅速加热或冷却时会因产生过大的应力而炸裂。日常使用的保温瓶、水杯等玻璃制品经常受到沸水的热冲击，如果玻璃的热稳定性不好就会炸裂。罐头瓶、医用玻璃器皿等也需要有较好的热稳定性，否则在高温灭菌过程中就可能破损。因此，测定这些玻璃制品的热稳定性对生产和使用都十分重要。

玻璃热稳定性是一系列物理性质的综合表现。例如，热膨胀系数 α、弹性模量 E、热导率 λ、抗张强度 R 等。因此，热稳定性是玻璃的一个重要性质，也是一种复杂的工艺性质。温克尔曼和肖特对无限长的厚玻璃板在突然冷却时表面所产生的应力进行分析，导出玻璃热稳定性的表达式如下：

$$K = \frac{R}{\alpha E} \sqrt{\frac{\lambda}{cd}} = \beta \cdot (t_2 - t_1) = \beta \cdot \Delta t \qquad (3\text{-}37)$$

式中，K 为玻璃的热稳定性系数；R 为玻璃的抗张强度极限；E 为玻璃的弹性系数；α 为玻璃的热膨胀系数；λ 为玻璃的热导率；c 为玻璃的比热容；d 为玻璃的密度；β 为常数；Δt 为引起破裂时的温差；$\beta = 2b\Delta t$，$2b$ 为玻璃厚度。

在玻璃中，R 与 E 常以同位数量改变，故 R/E 值改变不大，λ/cd 一项也改变不大，所以，玻璃的热稳定性首要和基本的变化取决于玻璃的热膨胀系数 α，而 α 值随玻璃组成的改变有很大的差别。比如，石英玻璃具有很小的热膨胀系数（$\alpha = 5.2 \times 10^{-7} \sim 6.2 \times 10^{-7}$ K^{-1}），热稳定性极好，把它加热到炽热状态后投入冷水中也不会破裂。结构松弛和热膨胀系数大的玻璃，具有很低的耐热性。由此说明，膨胀系数大的玻璃热稳定性差，膨胀系数小的玻璃热稳定性好。其次，若玻璃中存在不均匀的内应力或有某些夹杂物，热性能也差。另外，玻璃表面不同程度的擦伤或裂纹以及各种缺陷，都会使其热稳定性降低。

实验中常将一定数量的玻璃试样在立式管状电炉中加热，使样品内外的温度均匀后再将其骤冷，用放大镜观察试样不破裂时所能承受的最大温差。对相同组成的各块样品，最大温差并不是固定不变的，所以测定一种玻璃的稳定性，必须取多个试样，并平行实验，用下述公式计算玻璃热稳定性平均温度差值（ΔT）。

$$\Delta T = \frac{\Delta T_1 N_1 + \Delta T_2 N_2 + \cdots + \Delta T_i N_i}{N_1 + N_2 + \cdots + N_i} \qquad (3\text{-}38)$$

式中，ΔT_1, ΔT_2, $\cdots$, ΔT_i 为每次淬冷时加热温度与冷水温度之差值；N_1, N_2, $\cdots$, N_i 为在相应温度下碎裂的块数。

3.2.4.3　耐火材料热稳定性的测定

耐火材料的热稳定性的检测方法有水冷、空冷、风冷三种。水冷检测方法是将材料加热到规定温度并满足保温条件要求后，直接将试样放在冷水里冷却至常温，直至试样损坏为止时的循环次数。空冷检测方法是将材料加热到规定温度并满足保温条件要求后，直接将材料放在空气中冷却至常温，直至试样损坏为止时的循环次数。风冷检测方法是将材料加热到规定温度并满足保温条件要求后，直接将试样放在固定压力和流量的压缩空气下喷吹冷却至常温，直至试样损坏为止时的循环次数。

热稳定性是耐火材料的一项主要性能指标，对所有耐火材料来讲，耐火材料的热稳定性次数越高越好。一般情况下，铝硅质耐火材料中，红柱石、莫来石质材料的热稳定性要高于刚玉质耐火材料，含尖晶石耐火材料的热稳定性要高于镁质耐火材料。同样材质条件下，材料的致密程度越高，热稳定性越差；颗粒导热系数越高，产生内应力越小，热稳定性越好，含碳耐火材料的热稳定性要高于铝硅质耐火材料。

耐火材料的热稳定性与材料自身特点和颗粒级配、晶相结构有关，为了获得较好的热稳定性，耐火材料在生产配料过程中，常采用不同的材料和级配进行复合配制，以使耐火制品内部因材料的不一致膨胀而产生微裂纹，并利用这些微裂纹抵消材料在使用过程中的膨胀应力和收缩应力，起到提高热稳定性的作用。

3.3 矿物材料热学性能应用

矿物材料的热学性能在材料科学的相变研究中有着重要的理论意义，在工程技术领域中也占有重要位置，它关系到矿物材料的制备，影响着矿物材料在工程中的应用。在制造和使用过程中进行热处理时，热容和热导率决定了矿物材料基体中温度变化的速率。这些性能是决定抗热应力的基础，同时也决定着操作温度和温度梯度。对于用作隔热体的材料来说，低的热导率是必需的性能。矿物材料基体或组织中的不同组分由于温度变化而产生不均匀膨胀，能够引起相当大的应力。矿物材料承受温度骤变而不至于破坏，它的高低是关系矿物材料优异的高温性能能否得到充分发挥的关键。例如，航天工程中选用热性能合适的材料，可抵御高热、保护人机安全、节约能源、提高效率、延长使用寿命等。航天飞机在返回大气层时，可能承受高达 1600℃ 的高温，因此必须使用具有良好绝热性能的材料对航天飞机加以保护，这些材料应具有以下性能：热传导率低，减慢热量的传输过程；热容量高，使其温度升高需要大量的热能；密度高，能够在相对较少的体积中储存大量的热能。下面从矿物材料的保温隔热、相变储能和防火材料等方面介绍矿物材料热学性能的应用。

3.3.1 保温隔热

保温隔热材料是指对热流具有显著阻抗性的材料或材料复合体，其导热系数一般应小 0.174 W/(m·K)，表观密度应小于 1000 kg/m^3。在建筑物中，保温材料的主要作用是使围护结构在冬季保持室内一定温度的能力，传热过程常按稳定传热考虑，并以传热系数大小或热阻大小来评价。隔热材料的主要作用是使围护结构在夏季隔离室外高温和热辐射的影响，使室内保持一定温度，以夏季室外计算温度条件(较热天气情况)下围护结构内表面最高温度值来评价。保温隔热材料也正朝着高效、节能、隔热、防水和厚度小等方向发展,因此新型保温隔热材料不仅要符合结构保温节能技术,对材料的使用也更要有针对性、规范性。对于不同地区和建筑的不同部位,选用适当的保温隔热材料是设计和建造节能建筑的重要方面。一般情况下,可按以下几个方面来进行比较和选择:保温材料的导热系数必须要比较小;保温材料的化学稳定性要良好;保温隔热材料要具有一定的强度;保温隔热材料要有足够的使用寿命,与主体结构的使用寿命相适宜,以免后期维修浪费物力人力和财力;每单位体积的保温隔热材料要与其使用功能相匹配,可以根据其功能价格即单位热阻价格来评估其价格;保温隔热材料的吸水率应很小;保温材料的施工性要好等。

我国在保温和隔热材料的研究、生产和应用方面取得了很大进展,随着新型保温隔热材料的种类越来越多,在建筑节能方面的应用也越来越受到关注和重视。矿物保温隔热材料是由各种质轻、热导率小、对热流具有明显阻抗性的矿物材料或矿物材料复合构成的,这些矿物材料通常都含有大量的气体。由于气相的导热系数通常均小于固相导热系数,所以矿物保温隔热材料气体结构对性能影响较大。按其形态可分为:纤维状、散粒状和微孔状等三种,如表 3-3 所示。

表 3-3　矿物保温隔热材料

大类	亚类	举例
纤维状	天然的	石棉与岩棉等
	人造的	石棉制品与岩棉制品、玻璃棉制品
散粒状	天然的	浮石、火山渣、硅藻土等
	人造的	膨胀珍珠岩及其制品、膨胀蛭石及其制品、陶粒及陶砂制品等
微孔状	天然的	硅藻土、沸石岩等
	人造的	泡沫石膏、泡沫黏土、微孔硅酸钙、微孔碳酸镁等

由于有机保温材料具有易燃烧、易老化、安全性差等缺点,无机保温材料作为一种难燃材料便成为保温隔热行业发展的重要方向,因此非金属矿物作为无机保温材料的主要原料,也备受关注。下面以几种不同类型非金属矿物材料为例,介绍非金属矿物材料在无机保温隔热材料中的应用。

1. 矿物棉

矿物棉是岩棉和玻璃棉的统称,是一种纤维状非金属矿物材料,具有质轻、热导率低[导热系数为 0.034W/(m·K)]、耐腐蚀、化学性能稳定、难燃等特性。矿物棉是由玄武岩、辉绿岩、高炉矿渣或玻璃高温熔融，离心甩丝而制成，生产成本相对较高。矿物棉在国外建筑保温中应用较多，生产应用技术相对较成熟，在建筑工程上可用于外墙体、屋面、门窗等，也可用于热力设备及管道的保温。为解决矿物棉吸水率高的缺陷，满足使用要求，矿物棉多以复合保温材料的形式应用。从当前矿物棉研究和应用的趋势来看，复合是其发展的必由之路。

2. 膨胀珍珠岩

膨胀珍珠岩是一种多孔非金属矿物，是由珍珠岩在高温条件下膨胀而成，具有无毒无味、保温、抗腐蚀、耐高温、难燃等特性，在建筑等多个领域均有广泛应用。膨胀珍珠岩在建筑领域直接填充涂抹在墙体或屋顶，或以板材形式装配在墙面，从而对建筑物起到隔热保温的作用。随着相关研究工作的深入，膨胀珍珠岩制品也发展出了许多种类，如水玻璃膨胀珍珠岩制品、水泥膨胀珍珠岩制品、磷酸盐膨胀珍珠岩制品、沥青膨胀珍珠岩制品、膨胀珍珠岩泡沫玻璃等。膨胀珍珠岩具有良好的保温性能，但其较高的吸水率和粉化率又制约着其保温性能的发挥，因此要发挥好其特性，还需要做好憎水改性及胶凝材料的研究和开发。

3. 海泡石

海泡石是一种纤维状多孔非金属矿物材料，具有极大的比表面积（理论值 900 m^2/g），由于海泡石的簇状纤维中存在大量的纳米级微孔和中孔孔道，因此具有高效的隔热作用，其次还具有可塑性强、黏结性能好、不燃、耐久性好、无毒无害等特性。利用海泡石耐高温、隔热、湿时柔软干时坚硬的特点，以磷酸盐型黏结剂为胶结材料，复合其他隔热填充材料，可制备出磷酸盐高温黏结型保温涂料，具有优异的保温性能。海泡石是一种很好的保温基料，与其他辅料合理配合即可得到性能较佳的保温涂料，因此，未来应用前景较为广阔。

4. 膨胀蛭石

膨胀蛭石是一种层状多孔非金属矿物材料，是由蛭石经过高温焙烧而制成的，具有良好的隔热、耐火、耐冻、吸附等性能。与其他材料混合加工后可以制备出性能更优良的保温隔热材料。膨胀蛭石在建筑业中应用的主要制品有膨胀蛭石保温干粉砂浆、蛭石混凝土、膨胀蛭石灰浆、水玻璃膨胀蛭石制品、蛭石保温隔音板、沥青膨胀蛭石制品等，对建筑物的保温隔热起到显著的作用。目前，我国膨胀蛭石的生产工艺还较为落后，为更好地发挥膨胀蛭石的优越性能，还需加强制备工艺的研究和优化。

3.3.2　相变储能

在相变储能材料领域，矿物扮演着重要的角色。一方面很多矿物本身就是很好的无机相变储能材料，如南极石、芒硝等，它们具有合适的相变点和较大的相变潜热，通过添加成核剂和增稠剂可以制备性能良好的相变储能材料；另一方面具有特定结构或经过简单改性可得到特殊结构的矿物，如膨润土、珍珠岩等，内部的孔隙结构可以作为相变储能材料液态时的良好载体，从而制成性能优良的复合相变储能材料。

本身作为相变储能材料的矿物需要满足一定的条件：①要有较高的相变潜热，因此在相变过程中能够储藏或放出足够的热量；②相变过程可逆性好，体积变化小且过冷度低；③本身无毒，无腐蚀性，成本低；④具有合适的相变温度，满足一定的应用需求。常见的作为相变储能材料的矿物有南极石、芒硝、苏打、水氯镁石、明矾等，以下是对几种常见的相变储能矿物材料的详细描述。

1. 南极石

南极石($CaCl_2 \cdot 6H_2O$)是一种常见的无机水合盐相变储能材料，它具有适合人类居住环境的相变温度(29℃)以及较大的相变潜热(190.8 kJ/kg)。很多学者都对南极石的过冷性进行了研究，其中 $SrCl_2 \cdot 6H_2O$ 作为防过冷剂能很好地抑制南极石的过冷，使其能够更好地应用于建筑物智能控温领域。

2. 芒硝

芒硝($Na_2SO_4 \cdot 10H_2O$)是一种典型的无机水合盐相变储能材料，具有适合人类居住的相变温度(32.4℃)和较大的相变潜热(254 kJ/kg)，良好的导热性能、稳定的化学性质、无毒、价格低廉，并且是很多化工产品的副产品，广泛应用于储存太阳能、各种工业和生活废热。

3. 泡碱

近年来，泡碱($Na_2CO_3 \cdot 10H_2O$)作为比较有潜力的无机相变储能材料也逐渐受到人们关注，研究表明它的熔点为32～36℃，相变潜热约为246.5 kJ/kg。因为与芒硝具有相近的熔点与相变潜热，因此它在储存太阳能、建筑物控温等领域也有着广阔的应用前景。

4. 铵明矾

铵明矾[$NH_4Al(SO_4)_2 \cdot 12H_2O$]具有较高的相变潜热(269 kJ/kg)，合适的熔点(93.7℃)，较高的导热率[0.55 W/(m·K)]和较小的体积变化率(7%)，而且无毒、价格适中，在反复融化凝固过程中一般不出现相分离，是稳定的无机水合盐。硫酸铝铵类相变储能材料在电蓄热、回收城市废热等领域，具有很好的开发价值和市场前景。

5. 水氯镁石与水镁硝石共晶盐体系

水氯镁石($MgCl_2 \cdot 6H_2O$)和水镁硝石$[Mg(NO_3)_2 \cdot 6H_2O]$均产于现代和古代盐湖中，是镁盐矿的主要矿物组分之一，通常与光卤石、石盐、硬石膏等共生。已有研究表明，共晶盐相变储能可以通过不同配比来实现对相变材料相变点的调节，而且在共晶点附近的相变潜热会相对较大，因此逐渐成为研究热点。当按照共晶配比将水氯镁石与水镁硝石混合后，可以得到具有合适熔点和较大相变潜热值的共晶盐相变储能材料。有学者构建了该体系 0～100℃的完整相图(包含多温共晶线、不同温度的等温线、共晶点等)，揭示了该体系作为储能材料的原理。该二元共晶组合在 56℃附近达到共晶点，具有较大的相变潜热(128 kJ/kg)，并且可以在相变点附近实现相变点的灵活调节，若应用于太阳能热水器储能水箱，可以在满足人们生活用水的基础上，起到减小水箱体积、节约空间的作用。

6. 矿物基相变储能复合材料

作为相变储能材料载体的矿物，首先要求具有稳定的结构形式，其次要具有较大的内孔容积和较好的导热性能。满足以上要求的矿物主要是二维层状矿物和三维孔道矿物，它们既能稳定负载大量的相变储能材料又具有较好的传导性能。由于矿物基复合相变储能材料拥有众多优势，逐渐成为现今比较实用的相变储能材料复合方法。常见的矿物基复合相变储能材料有膨润土复合相变储能材料、石墨复合相变储能材料、珍珠岩复合相变储能材料和硅藻土复合相变储能材料等。

1）膨润土复合相变储能材料

膨润土是以含蒙脱石为主要矿物品种的黏土矿物共混体，一般蒙脱石含量在 20%～95%。蒙脱石具有独特的纳米层间结构，制备膨润土复合相变储能材料先采用"液相插层法"将膨润土进行有机化改性，再将有机膨润土与用溶剂溶解的液相有机相变储能材料进行混合，使有机相变储能材料嵌入到膨润土的纳米层间。

由于膨润土纳米层间比表面积大、界面相互作用力强，因此在储(放)热过程中相变储能材料很难从膨润土的纳米层中解脱出来，同时膨润土相对一般相变储能材料又具有较高的导热系数，因此制备的复合相变储能材料具有较好的传导性能。它既可以直接作为建材、保温材料原料，又可二次填充在塑料、纤维、涂料中制成储能制品，因此在工业、民用领域具有广阔的应用前景。

2）石墨复合相变储能材料

石墨是六方晶系，具有良好的导电性。膨胀石墨具有与天然石墨相似的性能，耐高温、耐氧化、耐腐蚀、耐辐射、导热性好，还具有独特的网络状孔隙结构、较大的比表面积和较高的表面活性。膨胀石墨内部孔隙度可达总体积90%，同时却保持很好的机械稳定性，热导率平行层理方向可达 20～25 W/(m·K)，垂直层理方向为 5～8 W/(m·K)。相比而言，通常无机相变储能材料的热导率低于 1.0 W/(m·K)。因此将相变储能材料渗入到85%体积分数的膨胀石墨空隙，可以提高热导率50～100 倍。综上所述，膨胀石墨复合相变储能材料在具有良好储热性能的基础上改善了材料的导热性能，具有较好的应用前景。

3）珍珠岩复合相变储能材料

珍珠岩复合相变储能材料的载体是膨胀珍珠岩，它的选用需综合考虑材料的孔隙度、孔隙连通性、孔隙微观化学环境、颗粒级配、材料成本等因素。膨胀珍珠岩具有高达80%的孔隙度，可以吸收超过70%体积含量的相变储能材料。用膨胀珍珠岩制备的复合相变储能材料是一种储能密度高、耐久性较好的功能建筑材料。这种材料可以储存夜间廉价电力，用于白天的温度调节，从而将白天电力峰值负荷部分转移到夜间电力负荷波谷时段，在电力调峰应用领域具有较好的应用前景。

4）硅藻土复合相变储能材料

硅藻土由于具有比表面积大、吸附性好的特点，而被国内外学者大量用作相变储能材料的载体，制备的硅藻土复合相变储能材料具有良好的性能。利用赤藻糖醇为相变储能材料，硅藻土为载体，采用真空自发浸润方法，制备了复合相变材料。通过一些测试表明，液态赤藻糖醇能够完全填充在多孔硅藻土陶瓷的空隙中，复合材料的相变潜热达到纯赤藻糖(294.4 kJ/kg)的 83%。对聚乙二醇/硅藻土复合相变储能材料的研究结果表明，制备的复合相变储能材料相变温度为27.7℃，相变潜热为 87.09 kJ/kg，经过多次循环后，保持相对稳定的化学和物理性能。在应用方面，以硅藻土为载体的复合相变储能材料已经广泛应用于化工、冶金、电力、通信和建材等领域。

3.3.3 防火阻燃

能够应用于高分子材料阻燃的矿物材料种类较多，使用最多的有氢氧化物类、黏土矿物及其他矿物等。研究表明，矿物材料的应用不仅会降低成本，调整高分子材料的流变性及混炼性能，改变其化学性质，而且改善其防火阻燃性能。

1. 水镁石

水镁石主要成分为 $Mg(OH)_2$，一定温度下分解为 MgO 和 H_2O（水镁石 340℃ 开始分解，490℃分解结束），同时放出大量热。众所周知，高分子物质必须降解 为低分子才能成为可燃物质，而 $Mg(OH)_2$ 的分解恰恰降低了降解区的温度，使降 解速度放慢，减少可燃物质的产生，稀释出的水气冲淡表面氧气浓度，使表面燃 烧较难进行。同时，$Mg(OH)_2$ 有利于形成表面炭化层，阻止热量和氧气的进入。 由于燃烧三要素（可燃、氧气和一定的温度）同时得到了缓解，所以 $Mg(OH)_2$ 起到 了阻燃作用。

2. 水滑石（LDH）

水滑石类化合物分子式为 $Mg_6Al_2(OH)_{16}CO_3·4H_2O$，非常类似于水镁石 $Mg(OH)_2$ 的结构。在氢氧化物层中同时存在一些水分子，水分子可在不破坏层状结构的条 件下去除，而 LDH 层间受热脱出的 H_2O 及羟基分解产生的 H_2O 均能稀释空气中 的氧和聚合物分解生成的可燃性气态产物，$MgAl-CO_3-LDH$ 结构中的 CO_3^{2-} 受热分 解放出的 CO_2 有利于阻隔氧气而起到阻燃效果。此外，LDH 层板上含有碱性位对 酸性气体有吸附作用，因此 LDH 能够表现出阻燃抑烟性能。

3. 黏土类矿物

黏土纳米复合材料的通用阻燃机理大体一致。根据聚合物黏土纳米复合材料 的微观结构，可以认为，黏土的纳米片层对材料凝聚相的分解燃烧起到了关键性 阻隔作用。当聚合物受热分解燃烧时，聚合物中黏土的纳米硅酸盐片层由于对热 和气体的阻隔作用，能及时阻止燃烧区的热量向聚合物内部传导，同时也阻止聚 合物分解产生的可燃气体向气相燃烧区传输。通过阻碍聚合物分解燃烧过程中的 传热与传质，使得聚合物黏土纳米复合材料具有特殊的阻燃性。

4. 膨胀石墨

膨胀石墨的阻燃机理属于凝固相阻燃机理，通过延缓或中断固态物质产生可 燃性物质而达到阻燃效果。受热到一定程度，膨胀石墨就会开始膨胀形成一个很 厚的多孔炭层，该炭层把阻燃主体和热源隔开，从而延缓和终止聚合物的分解。 膨胀石墨阻燃效率高，本身无毒，受热时不生成有毒和腐蚀性气体并能大大降低 发烟量，有足够的热稳定性。膨胀石墨在基材加工温度下不分解，不恶化基材的 加工性能和最终产品的物理机械性能及电气性能，紫外线稳定性和光稳定性好， 并且来源充足，制造工艺简单。

参 考 文 献

[1] 关振铎, 张中太, 焦金生. 无机材料物理性能[M]. 2 版. 北京: 清华大学出版社, 2022

[2] 龙毅, 李庆奎, 强文江. 材料物理性能[M]. 2 版. 长沙: 中南大学出版社. 2018

[3] 付华, 张光磊. 材料性能学[M]. 2 版. 北京: 北京大学出版社, 2021

[4] 郑会保, 孙敏. 非金属材料性能检测[M]. 北京: 机械工业出版社, 2022

[5] 吴雪梅, 诸葛兰剑, 吴兆丰, 等. 材料物理性能与检测[M]. 北京: 科学出版社, 2020

[6] 彭小芹, 王冲, 李新禄. 无机材料性能学基础[M]. 重庆: 重庆大学出版社, 2020

[7] 张帆, 郭益平, 周伟敏. 材料性能学[M]. 3 版. 上海: 上海交通大学出版社, 2021

[8] 陈登名, 孙建春, 蔡苇. 材料物理性能及表征[M]. 北京: 化学工业出版社, 2013

[9] 张琳, 杜斌, 鲁燕萍. 激光导热仪准确测量比热容的方法研究[J]. 真空电子技术, 2015(2): 41-45

[10] 鲁红, 冯大春, 杨继佑. DSC、MDSC 测定物质比热容的比较[J]. 分析仪器, 2011(3): 70-74

[11] 邓文, 徐守磊, 王昊, 等. 光干涉法测量 Fe-Ni 因瓦合金热膨胀系数[J]. 实验技术与管理, 2014, 31(4): 38-40

[12] 石铁钢. 光干涉法热膨胀系数自动测量仪器设计[J]. 仪器仪表与分析监测, 2007(3): 25-27

[13] 王旭东, 蒋美萍. 稳态平板法测导热系数精度的研究[J]. 大学物理实验, 2011, 24(5): 3-7

[14] 曹运涛, 邱琳, 郑兴华, 等. 3ω 微型探测器用于固体材料热导率的测量[J]. 工程热物理学报, 2016, 37(4): 4-7

[15] 刘华兰, 戴武斌, 陈再辉, 等. 浅谈日用瓷热稳定性检测标准方法及性能改进[J]. 陶瓷学报, 2013, 34(4): 492-496

第4章　矿物材料的电学性能

矿物具有导电性、介电性、压电性和热电性，因此人们利用矿物的这些性质将其用于工业技术上以满足经济发展和科学进步的需求。导电性是指矿物对电的传导能力，其大小可用电阻率来表示。各种矿物的导电性能不同，一般说来，金属导电性能好，是电的良导体，而非金属矿物是非导体。利用矿物本身具有的导电性可应用于物理采矿、选矿和矿物分离等。我们还可以把导电性不同的矿物直接用作电气工业材料：如把白云母用作绝缘材料，石墨用作电极材料等。表 4-1 列出了部分矿物在常温下的电导率数据。

表 4-1　某些矿物在室温下的电导率 $(\Omega \cdot cm)^{-1[1]}$

矿物	电导率 σ	矿物	电导率 σ	矿物	电导率 σ	矿物	电导率 σ
石墨	$10^{-3} \sim 10^{6}$	硅灰石	$10^{-15} \sim 10^{-11}$	赤铁矿	$10^{-12} \sim 10^{3}$	黄铁矿	$10^{-1} \sim 10^{6}$
金刚石	$10^{-7} \sim 10^{-12}$	白云石	$10^{-5} \sim 10^{2}$	磁铁矿	$10^{-5} \sim 10^{2}$	辉铜矿	$10 \sim 10^{2}$
石英	$10^{-16} \sim 10^{-11}$	透辉石	$10^{-14} \sim 10^{-11}$	钛铁矿	$10 \sim 10^{4}$	辉银矿	$10^{-5} \sim 10^{-1}$
刚玉	$10^{-15} \sim 10^{-12}$	橄榄石	$10^{-16} \sim 10^{-11}$	金红石	$10^{-2} \sim 10^{4}$	方铅矿	$10^{-2} \sim 10^{3}$
方镁石	$10^{-18} \sim 10^{-12}$	蓝晶石	$10^{-16} \sim 10^{-13}$	白钨矿	$10^{-16} \sim 10^{-12}$	自然金	$10 \sim 10^{6}$

矿物具有介电性，在外电场作用下，不导电的矿物（即电介质）在紧靠带电体的一端会出现同号的过剩电荷，另一端则出现异号的过剩电荷，这就是所谓的介电体的极化现象。如果将某一均匀的电介质作为电容器的介质而置于其两极之间，由于电介质的极化，可造成电容器的电容量比以真空为介质时的电容量增加若干倍，矿物材料的这一性质称为介电性。我们把电容量增加的倍数称为该物体的介电常数，用以表示矿物介电性的大小。

矿物还具有压电性，矿物的晶体在压力或张力的作用下能使表面激起荷电，例如，向石英晶体的一个水平结晶轴方向施加压力时，电轴的两端即产生数量相等而符号相反的电荷；当以张力代替压力时，则电荷变号。我们把具有压电性的晶体置于对外电场中时，晶体将相应地发生伸展或收缩。此外，当外电场是交变电场时，晶体将随着电场的变号而同步地交替发生伸展和收缩，出现其振动频率与电场频率相同的机械振动现象，矿物因具有这一特性被广泛应用于无线电工业等方面。

还要看到，矿物具有热电性，即某些矿物晶体在热的作用下也能激起表面荷电的性质。例如电气石晶体在受热时，其结晶轴 c 轴的两端即产生数量相等而符号相反的电荷。所有这些性质，都使我们对矿物材料有了更具体、更深入的了解。本章将详细介绍矿物材料的导电性能、介电性能、压电性能、铁电性能和热释电性能、测试方法及其电学性能的应用。

4.1　矿物材料电学性能概述

4.1.1　导电类型

材料的导电类型分为电子类载流子导电和离子类载流子导电。

电子类载流子导电的物质是指以电子、空穴为载流子导电的材料，主要是金属或半导体。金属中存在大量的自由电子，在电场中，金属内参与导电的载流子为自由电子。半导体中参与导电的载流子是电子和空穴，空穴是电子离开后留下的空位，实际上仍旧是电子的移动。随着相关理论的逐渐完善，有关电子类导电的机制经历了从经典自由电子理论、量子自由电子理论到能带理论的发展。相较于量子自由电子理论，由于考虑到离子势场的周期性作用，能带理论中的能量 E 和波矢 k 之间的关系，将在布里渊区边界发生能级跳跃，出现能带。两能带之间存在禁带，如图 4-1 所示。

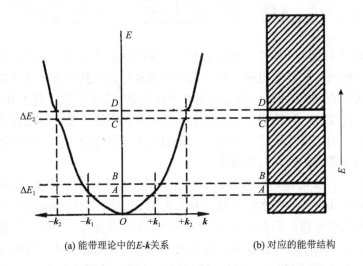

(a) 能带理论中的 E-k 关系　　　　(b) 对应的能带结构

图 4-1　能带理论中的 E-k 关系及对应的能带结构图[2]

固体的导电性能由其能带结构决定。绝缘体和半导体的能带结构相似，价带为满带，价带与空带间存在禁带。半导体的禁带宽度为 0.1～4.0 eV，绝缘体的禁带宽度为 4.0～7.0 eV。在任何温度下，由于热运动，满带中的电子总会有一些具有足够的能量激发到空带中，使之成为导带。由于绝缘体的禁带宽度较大，常温下从满带激发到空带的电子数微不足道，宏观上表现为导电性能差。半导体的禁带宽度较小，满带中的电子只需较小能量就能激发到空带中，宏观上表现为有较大的电导率。

离子类载流子导电是带电荷的离子载流子在电场作用下的定向运动。晶体的离子导电可以分为两类，一类是晶体点阵的基本离子随着热振动离开晶格形成热缺陷，这种热缺陷不论是离子或是空位都带电，可作为离子导电载流子在电场作用下发生定向迁移从而实现导电，这种导电称为本征导电或固有导电。很明显，这种情况通常需要在高温条件下发生。另一类参加导电的载流子主要是杂质，称为杂质导电。杂质离子是晶格中结合比较弱的离子，因此，杂质在电场作用下的定向迁移可以在较低温度发生。这里需要说明的是，晶格点阵节点位置上若缺少离子，就形成空位。这一空位可容纳邻近的离子，而空位本身看起来就像移到临近离子留下的位置上。因此，空位的移动实际上是异性离子的移动。通常认为，阳离子空位带负电，阴离子空位带正电。另外，在电场作用下，空位做定向运动引起电流实际是离子"接力式"的运动，而不是某一离子连续不断的运动。

导电性离子的特点是离子半径较小，电价低，在晶格内的键型主要是离子键。由于离子间的库仑引力较小，故易迁移，通常，可移动的阳离子有 H^+、NH_4^+、Li^+、Na^+、K^+、Rb^+、Cu^{2+}、Ag^+、Ga^{3+}、Ti^{4+}等；可移动的阴离子有 O^{2-}、F^-、Cl^-等。表 4-2 给出了一些典型固体电解质（solid electrolyte）的电导率数据。

表 4-2 一些典型固体电解质的电导率

	导电性离子	固体电解质	电导率/(S/cm)
阳离子导电体	Li^+	Li_3N	0.003（25℃）
		$Li_{14}Zn(GeO_4)_4$（锂盐）	0.13（300℃）
	Na^+	$Na_2O \cdot 11Al_2O_3$（β-Al_2O_3）	0.2（300℃）
		$Na_3Zr_2Si_2PO_{12}$（钠盐）	0.3（300℃）
		$Na_5MSi_4O_{12}$（M = Y, Cd, Er, Sc）	0.3（300℃）
	K^+	$K_x Mg_{x/2} Ti_{8-x/2}O_{16}$（x=1,6）	0.017（25℃）
	Cu^+	$RbCu_3Cl_4$	0.0225（25℃）

续表

导电性离子		固体电解质	电导率/(S/cm)
阳离子导电体	Ag$^+$	α-AgI	3(25℃)
		Ag$_3$SI	0.01(25℃)
		RbAg$_4$I$_5$	0.27(25℃)
	H$^+$	H$_3$(PW$_{12}$O$_{40}$)·29H$_2$O	0.2(25℃)
阴离子导电体	F$^-$	β-PbF$_2$(+25% BiF$_3$)	0.5(350℃)
		(CeF$_3$)$_{0.95}$(CaF$_2$)$_{0.005}$	0.01(200℃)
	Cl$^-$	SnCl$_2$	0.02(200℃)
	O^{2-}	(ZrO$_2$)$_{0.85}$(CaO)$_{0.25}$(稳定二氧化锆)	0.025(1000℃)
		(Bi$_2$O$_3$)$_{0.75}$(Y$_2$O$_3$)$_{0.25}$	0.08(600℃)

4.1.2　电介质

电工中一般认为电阻率超过 10 Ω·cm 的物质便归于电介质。电介质的带电粒子被原子、分子的内力或分子间的力紧密束缚着,因此这些粒子的电荷为束缚电荷。在外电场作用下,这些电荷也只能在微观范围内移动,产生极化。在静电场中,电介质内部可以存在电场,这是电介质与导体的基本区别。矿物材料绝大部分都属于电介质材料。

电介质内部没有自由电子,它是由中性分子构成的,是电的绝缘体。所谓中性,是指分子中所有电荷的代数和为零,但是从微观角度来看,分子中各微观带电粒子在位置上并不重合,因而电荷的代数和为零并不意味着分子在电场作用下没有响应。由于分子内在力的约束,电介质分子中的带电粒子不能发生宏观的位移,被称作束缚电荷,也称极化电荷。与外电场强度相垂直的电介质表面分别出现的正、负电荷,不能自由移动,也不能离开,总体保持中性,在外电场的作用下,这些带电粒子可以有微观的位移,这种微观位移将激发附加的电场,从而使总电场变化。电介质就是指在电场作用下能建立极化的一切物质。

介电常数是综合反映介质内部电极化行为的一个主要的宏观物理量。一般电介质的 $ε_r$ 值都在 10 以下,金红石可达 110,而铁电材料的 $ε_r$ 值可达 10^4 数量级。高介电材料是制造电容器的主要材料,可大大缩小电容器的体积,陶瓷、玻璃、聚合物都是常用的电介质,表 4-3 中列出了一些常见矿物在室温下的相对介电常数,需要说明的是,外加电场的频率对一些电介质的介电常数是有影响的。

表 4-3　常见矿物的相对介电常数 ε_r 测定值(室温，60 Hz)

矿物	ε_r	矿物	ε_r
白铅矿	5.47	闪锌矿	5.29
钙长石	7.64	石膏	6.83
白云石	8.45	石英	6.53
斑铜矿	>81	石墨	>81
赤铁矿	>81	水镁石	7.77
磁铁矿	33.7~81	水锰矿	>81
蛋白石	6.74	钛铁矿	>81
电气石	>81	硅灰石	6.57
方铅矿	6.14	硅线石	9.29
方解石	>81	滑石	9.41
方沸石	6.36	红柱石	8.28
钙铝榴石	6.35	金红石	5.85
橄榄石	6.77	尖晶石	7.00
蛇纹石	11.84	磷灰石	7.36
锆石	6.09	锂云母	8.42
高岭石	11.18	透闪石	7.03
菱铁矿	6.74	霞石	6.82
绿柱石	5.73	萤石	7.11

4.1.2.1　电介质极化的微观机制

如果按作用质点的性质分，介质的极化一般包括三部分：电子极化、离子极化和偶极子转向极化。通常意义上，电介质极化是由外加电场作用于这些质点产生的，还有一种极化与质点的热运动有关。因此，极化的基本形式又可分为两种。一种是位移式极化，这是一种弹性的、瞬时完成的极化，不消耗能量。电子位移极化、离子位移极化属这种类型。第二种是松弛极化，与热运动有关，完成这种极化需要一定的时间，并且是非弹性的，因而消耗一定的能量。电子松弛极化、离子松弛极化属这种类型。

在一些实际的电介质材料中，存在多种微观极化机制。下面分别介绍各种极化微观过程，并阐述其微观极化机制。

1. 电子位移极化

在没有外电场作用的时候，组成电介质的分子或原子所带正负电荷的中心重合,即电矩等于零,对外呈中性。在电场作用下,正、负电荷重心产生相对位移(电子云发生了变化而使正、负电荷中心分离的物理过程),中性分子则转化为偶极子,从而产生了电子位移极化或电子形变极化,如图 4-2 所示。电子位移极化的性质具有一个弹性束缚电荷在强迫振动中表现出来的特征,依据经典弹性振动理论可以计算出电子在交变电场中的极化率为

$$\alpha_e = \frac{e^2}{m}\left(\frac{1}{\omega_0^2 - \omega^2}\right) \tag{4-1}$$

当 ω 趋近于零时,可得到静态极化率:

$$\alpha_e = \frac{e^2}{m\omega_0^2} \tag{4-2}$$

由式(4-1)和式(4-2)可见,电子的极化率依赖于交变电场的频率,极化率与交变电场的频率的关系反映了极化惯性。静态极化率可由共振吸收光频(紫光)测出。在光频范围内,电子对极化的贡献总是存在的,而其他极化机构由于惯性跟不上电场的变化,因而此时的介电常数几乎完全来自电子极化率的贡献。利用玻尔原子模型,可具体估算出 α_e 的大小:

$$\alpha_e = \frac{4}{3}\pi\varepsilon_0 R^3 \tag{4-3}$$

式中, ε_0 为真空介电常数, R 为原子(离子)的半径。

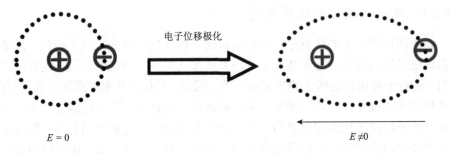

$E = 0$　　　　　　　　　　　　　　　　　　　　　　　$E \neq 0$

图 4-2　电子位移极化示意图

可见,电子极化率的大小与原子(离子)的半径有关。以最简单的氢原子为例,氢原子的电子极化率为 7.52×10^{-41} F·m²。式(4-3)不适用于较复杂的原子,但是可以肯定,当电子轨道半径增大时,电子位移极化率会随之很快增大。在元素周期表中,对于同一族的原子,电子位移极化率自上而下依次增大;同一

周期中的元素，原子的电子位移极化率自左向右可以增大也可以减小，这是因为虽然轨道上电子数目增多，但是轨道半径却可能减小，结果要看哪个效应更占优势。

电子位移极化存在于一切气体、液体及固体介质中，具有如下特点：①形成极化所需的时间极短(因电子质量极小)，约 10^{-15} s，故其 ε_r 不随频率变化；②具有弹性，撤去外场，正负电荷中心重合，没有能量损耗；③温度对其影响不大，温度升高，ε_r 略微下降，具有不大的负温度系数。

2. 离子位移极化

在离子晶体中，无电场作用时，离子处在正常结点位置并对外保持电中性，但在电场作用下，正、负离子产生相对位移，破坏了原先呈电中性分布的状态，电荷重新分布，相当于从中性分子转变为偶极子产生离子位移极化。离子在电场作用下偏移平衡位置的移动，相当于形成一个感生偶极矩，也可以理解为离子晶体在电场作用下离子间的键被拉长，如碱卤化物晶体就是如此。图 4-3 所示为离子位移极化的模型。

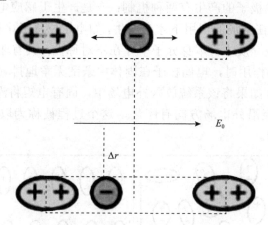

图 4-3　离子位移极化示意图

与电子位移极化类似，根据经典弹性振动理论可以估计出离子位移极化在交变电场作用下，由正、负离子的位移可导出离子位移极化率：

$$\alpha_i = \frac{q^2}{M}\left(\frac{1}{\omega_0^2 - \omega^2}\right) \tag{4-4}$$

可见，离子位移极化和电子位移极化的表达式类似，都具有弹性偶极子的极化性质。ω_0 可由晶格振动红外吸收频率测量出来。这里两种离子的相对运动

就是晶格振动的光学波。以离子晶体的极化为例，每对离子的平均位移极化率 α_i 为

$$\alpha_i = \frac{12\pi\varepsilon_0 a^3}{A(n-1)} \tag{4-5}$$

式中，a 为晶格常数；A 为马德隆常数；n 为电子层斥力指数，对于离子晶体 $n=7\sim$ 11，因此离子位移极化率的数量级约为 10^{-40} F·m²。

离子位移极化主要存在于离子晶体中，如云母、陶瓷材料等，具有如下特点：①形成极化所需的时间极短，约 10^{-13} s，故一般可以认为与频率无关；②属弹性极化，几乎没有能量损耗；③温度升高时离子间的结合力降低，使极化程度增加，但离子的密度随温度升高而减小，使极化程度降低，通常前种因素影响较大，故 ε_r 一般具有正的温度系数，即温度升高，极化程度有增强的趋势。

3. 固有电矩的取向极化

电介质中电偶极子的产生有两种机制：一是产生于感应电矩，二是产生于固有电矩。前者是在电场的作用下才会产生，如电子位移极化和离子位移极化；后者存在于极性电介质中，本身分子中存在不对称性，具有非零的恒定偶极矩 p_0。在没有外电场作用时，电偶极子在固体中杂乱无章地排列，宏观上显示不出它的带电特征；如果将该系统放入外电场中，固有电矩将沿电场方向取向，其固有的电偶极矩沿外电场方向有序化，这个过程被称为取向极化或转向极化，如图 4-4 所示。

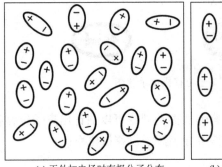
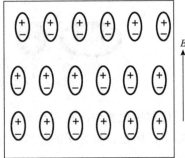

(a) 无外加电场时有极分子分布　　　　　　(b) 有外加电场时有极分子分布

图 4-4　取向极化示意图

在取向极化过程中，热运动(温度作用)和外电场是使偶极子运动的两个矛盾方面，偶极子沿外电场方向有序化将降低系统能量，但热运动破坏这种有序化，

在两者平衡条件下，可以得到偶极子取向极化率为

$$\alpha_d = \frac{p_0^2}{3k_BT} \tag{4-6}$$

式中，p_0 为无电场时偶极子固有电矩；k_B 为玻尔兹曼常数；T 为热力学温度。对于一个典型的偶极子，$p_0=e\times10^{-10}$ C·m，因此取向极化率 α_d 约为 2×10^{-38} F·m^2，比电子位移极化率要高两个数量级。固有电矩的取向极化具有如下特点：①极化是非弹性的；②形成极化需要的时间较长，为 $10^{-10}\sim10^2$ s，故其 ε_r 与频率有较大关系，频率很高时，偶极子来不及转动，因而其 ε_r 减小；③温度对极性介质的 ε_r 有很大影响，温度高时，分子热运动剧烈，妨碍它们沿电场方向取向，使极化减弱，故极性气体介质常具有负的温度系数，但极性液体、固体的 ε_r 在低温下先随温度的升高而增加，当热运动变得较强烈时，ε_r 又随温度的上升而减小。

取向极化的机理可以应用于离子晶体的介质中，带有正、负电荷的成对的晶格缺陷所组成的离子晶体中的"偶极子"，在外电场作用下也可能发生取向极化。图 4-5 所示的极化是由杂质离子(通常是带大电荷的阳离子)在阴离子空位周围跳跃引起的，有时也称为离子跃迁极化，其极化机构相当于偶极子的转动。

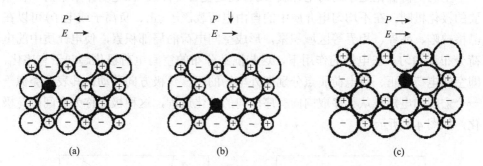

图 4-5　离子跃迁极化示意图[5]

在气体、液体和理想的完整晶体中，经常存在的微观极化机制是电子位移极化、离子位移极化和固有电矩的取向极化。在非晶态固体、聚合物高分子、陶瓷以及不完整的晶体中，还会存在其他更为复杂的微观极化机制。在此，简要介绍 3 种常见的极化机制，即松弛极化、空间电荷极化和自发极化。

4. 松弛极化

有一种极化，虽然也是由外加电场造成的，但是它还与带电质点的热运动状态密切相关。例如，当材料中存在弱联系的电子、离子和偶极子等松弛质点时，温度造成的热运动使这些质点分布混乱，而电场的作用使它们有序分布，平衡时

建立了极化状态。这种极化具有统计性质，称为热松弛(弛豫)极化。极化造成的带电质点的运动距离可与分子大小相比拟，甚至更大。由于极化是一种弛豫过程，故极化平衡建立的时间较长，并且创建平衡要克服一定的势垒，故需要吸收一定的能量，因此，与位移极化不同，松弛极化是一种非可逆过程。

松弛极化包括电子松弛极化、离子松弛极化以及偶极子松弛极化，多发生在晶体缺陷区或玻璃体内，有些极性分子物质也会发生。

松弛极化的介电常数与温度的关系往往出现极大值。这是由温度对松弛极化过程的双重影响作用所决定的：一方面，温度升高，则松弛时间减小，松弛过程加快，减小了极化建立所需要的时间，极化建立更充分，从而介电常数升高；另一方面，温度升高，极化率下降，使介电常数降低。所以在适当温度下，介电常数有极大值。离子弛豫极化的松弛时间长达 $10^{-5} \sim 10^{-2}$ s，所以电场频率在无线电频率时，离子松弛极化来不及建立，因而介电常数随频率的升高而明显下降。当频率很高时，则无离子弛豫极化对电极化强度的贡献。

5. 空间电荷极化

空间电荷极化是不均匀电介质(或者说是复合电介质)在电场作用下的一种重要的极化机制。在不均匀电介质中的自由电荷载流子(正、负离子或电子)可以在晶格缺陷、晶界、相界等区域积聚，形成空间电荷的局部积累，使电介质中的电荷分布不均匀。在电场的作用下，这些混乱分布的空间电荷极化趋向于有序化，即空间电荷的正、负电荷质点分别向外电场的正、负极方向移动，其表现类似于一个宏观的电矩群从无序取向向有序取向的转化过程，这种极化称为空间电荷极化，如图4-6所示。

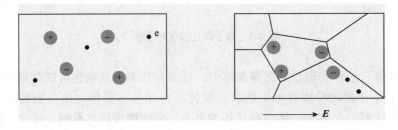

图 4-6　离子松弛极化与离子电导势垒

宏观的不均匀性，例如，夹层、气泡等也可形成空间电荷极化，特别是产生于非均相介质界面处，由于界面两边的组分具有不同的极性或电导率，在电场作用下将引起电荷在两相界面处聚集，从而产生极化，因此，这种极化又称为界面极化。界面极化是由缺陷偶极矩形成的，缺陷偶极矩就是结构缺陷处形成的偶极子，在非均相介质中两种物质的交界面结构是不均一的，这就是一种缺陷，在电场作用下形成很大的偶极矩。由于空间电荷的积聚，可形成与外电场方向相反的很高的电场，故有时又称这种极化为高压式极化。

空间电荷极化具有如下特点：①这种极化牵扯到很大的极化质点，产生极化所需的时间较长，为 $10^{-4} \sim 10^4$ s；②属非弹性极化，有能量损耗；③随温度的升高而下降；④主要存在于直流和低频下，高频时因空间电荷来不及移动，没有或很少有这种极化现象。

6. 自发极化

以上介绍的极化是介质在外加电场作用下引起的，没有外加电场时，这些介质的极化强度等于零。还有一种极化叫作自发极化，这是一种特殊的极化形式。这种极化状态并非由外电场引起，而是由晶体的内部结构造成的。在这类晶体中，每一个晶胞里都存在固有电偶极矩，即使外加电场除去，仍存在极化，而且其自发极化方向可随外电场方向的不同而反转，这类材料称为铁电体。

铁电体的极化强度 P 和电场强度 E 的关系类似于铁磁材料的磁化特性，称其为电滞现象。自发极化的发生机理有"位移型"和"有序无序型"两类。自发极化在某一温度下急剧消失，称此温度为"居里温度"，并用 T_c 表示。

位移型自发极化是由于晶体内离子的位移而产生了极化偶极矩，形成了自发极化。典型代表是钛酸钡($BaTiO_3$)，它的晶胞结构是在 Ba^{2+} 离子的立方晶格的 6 个面心上各有一个 O^{2-} 离子，这些 O^{2-} 离子形成的正八面体的中心处又有一个 Ti^{4+} 离子。这种立方晶体存在于温度 120℃以上，当温度低于 120℃时，正、负离子发生 0.1 Å 左右的相对位移，使立方晶体变为正方晶体，从而产生电偶极矩，形成了位移型自发极化。磷酸二氢钾(KH_2PO_4)结构中 H 是处在最相邻的两个 PO_4 之间并以 O—H···O 形式进行结合，但 H 同时又可取得像 O···H—O 这样与 O—H···O 相反的平衡位置，从而产生了由 $H_2PO_4^-$ 与 K^+ 排列方向不同的偶极子。在低于 T_c 时，H 的结合偏于一方，偶极子取有序排列，偶极子相互作用的能量大于由热引起的无序化的能量；在 T_c 以上，则情况相反。对于铁电体，当温度靠近 T_c 时，有

$$\varepsilon = \frac{C}{T - \theta} \tag{4-7}$$

式中，C 为居里常数；θ 为由材料决定的特性温度；T 为热力学温度。式(4-7)称为"居里-外斯定律"。

各种极化形式的综合比较见表 4-4 及图 4-7 所示。

表 4-4　各种极化形式的比较

极化形式	电解质种类	发生极化的频率范围	和温度的关系	能量消耗
电子位移极化	一切电解质	直流-光频	无关	没有
离子位移极化	离子结构介质	直流-红外	温度升高，极化增强	很微弱
离子松弛极化	离子结构的玻璃、结构不紧密的晶体及陶瓷	直流-超高频	随温度变化有极大值	有
电子松弛极化	钛质瓷、高价金属氧化物基陶瓷	直流-超高频	随温度变化有极大值	有
转向极化	有机材料	直流-超高频	随温度变化有极大值	有
空间电荷极化	结构不均匀的陶瓷介质	直流-低频 10^3 Hz	随温度升高而减弱	有
自发极化	温度低于居里点的铁电材料	与频率无关	随温度变化有显著极大值	很大

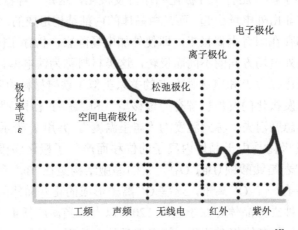

图 4-7　各种极化频率范围及其对介电常数的贡献[5]

4.1.2.2　介质损耗

　　电介质在外电场作用下，其内部会有发热现象，这说明有部分电能已转化为热能耗散掉。电介质在电场作用下，在单位时间内因发热而消耗的能量称为电介质的损耗功率，或简称介质损耗。

　　介质损耗是应用于交流电场中电介质的重要品质指标之一。介质损耗不但消耗了电能，而且使元件发热影响其正常工作，如果介电损耗较大，甚至会引起介质的过热而绝缘破坏，所以从这种意义上讲，介质损耗越小越好。

1. 介质损耗的形式

　　各种不同形式的损耗是综合起作用的，由于介质损耗的原因是多方面的，所以介质损耗的形式也是多种多样的，介电损耗主要有以下形式。

1）漏导损耗

实际使用中的绝缘材料都不是完善的理想电介质，在外电场的作用下，总有一些带电粒子会发生移动而引起微弱的电流，这种微小电流称为漏导电流，漏导电流流经介质时使介质发热而损耗了电能。这种因电导而引起的介质损耗称为"漏导损耗"。实际的电介质总存在一些缺陷，或多或少存在一些带电粒子或空位，因此介质不论在直流电场或交变电场作用下都会发生漏导损耗。

2）极化损耗

极化损耗指介质在发生缓慢极化时(松弛极化、空间电荷极化等)，带电粒子在电场力的影响下因克服热运动而引起的能量损耗。一些介质在电场极化时也会产生损耗，这种损耗一般称为极化损耗。位移极化从建立极化到其稳定所需时间很短，约为 $10^{-16} \sim 10^{-12}$ s，这在无线电频率(5×10^{12} Hz 以下)范围内均可认为是极短的，因此基本上不消耗能量。其他缓慢极化(例如松弛极化、空间电荷极化等)在外电场作用下需经过较长时间(10^{-10} s 或更长)才达到稳定状态因此会引起能量的损耗。

若外加频率较低，介质中所有的极化都能完全跟上，外电场变化，则不产生极化损耗。若外加频率较高时，介质中的极化跟不上外电场变化，于是产生极化损耗。

3）电离损耗

电离损耗(又称游离损耗)是由气体引起的，含有气孔的固体介质在外加电场强度超过气孔气体电离所需要的电场强度时，由于气体的电离吸收能量而造成损耗，这种损耗称为电离损耗。

4）结构损耗

在高频电场和低温下，有一类与介质内部结构的紧密度密切相关的介质损耗称为结构损耗。这类损耗与温度关系不大，损耗功率随频率升高而增大。试验表明，结构紧密的晶体或玻璃体的结构损耗都很小，但是当因某些原因(如杂质的掺入、试样经淬火急冷的热处理等)使它的内部结构变松散后，其结构损耗就会大大升高。

5）宏观结构不均匀性的介质损耗

工程介质材料大多数是不均匀介质，如陶瓷材料，它通常包含有晶相、玻璃相和气相，各相在介质中是呈统计分布的。由于各相的介电性不同，有可能在两相间积聚了较多的自由电荷使介质的电场分布不均匀，造成局部有较高的电场强度而引起了较高的损耗。但作为电介质整体来看，整个电介质的介质损耗必然介于损耗最大的相和损耗最小的相之间。

2. 介质损耗的表征

电介质在恒定电场作用下，介质损耗的功率为

$$W = \frac{U^2}{R} = \frac{(Ed)^2}{\rho \dfrac{d}{S}} = \sigma E^2 S d \qquad (4\text{-}8)$$

定义单位体积的介质损耗为

$$\omega = \sigma E^2 \qquad (4\text{-}9)$$

在交变电场作用下，电位移 $\boldsymbol{D}$ 与电场强度 $\boldsymbol{E}$ 均变为复数矢量，此时介电常数也变成复数，其虚部表示了电介质中能量损耗的大小。

从电路观点来看，电介质中的电流密度为

$$J = \frac{\mathrm{d}D}{\mathrm{d}t} = \frac{\mathrm{d}}{\mathrm{d}t}\varepsilon E = \frac{\mathrm{d}}{\mathrm{d}t}(\varepsilon' - \mathrm{i}\varepsilon'')E_0 \mathrm{e}^{\omega t} = \omega\varepsilon'' E + \mathrm{i}\omega\varepsilon' E = J_\mathrm{t} + \mathrm{i}J_\mathrm{c} \qquad (4\text{-}10)$$

式中，ε' 和 ε'' 分别为复介电常数的实部和虚部，$J_\mathrm{t} = \omega\varepsilon'' E$，与 E 同相位，称为有功电流密度，导致能量损耗；$J_\mathrm{c} = \omega\varepsilon' E$，相比 E 超前 90°，称为无功电流密度。

定义

$$\tan\delta = \frac{J_\mathrm{t}}{J_\mathrm{c}} = \frac{\varepsilon''}{\varepsilon'} \qquad (4\text{-}11)$$

式中，δ 称为损耗角，$\tan\delta$ 称为损耗角正切。

损耗角正切表示为获得给定的存储电荷所要消耗的能量的大小，是电介质作为绝缘材料使用时的重要评价参数。为了减少介质损耗，希望材料具有较小的介电常数和更小的损耗角正切。损耗因素的倒数 $Q = (\tan\delta)^{-1}$ 在高频绝缘应用条件下称为电介质的品质因素，希望它的值要高。表 4-5 列出了 20℃、50 Hz 条件下电容器瓷的损耗角正切值。

表 4-5　电容器瓷的损耗角正切 (20℃、50Hz)

瓷料	金红石瓷	钛酸钙瓷	钛酸锶瓷	钛酸镁瓷	钛酸锆瓷	锡酸钙瓷
$\tan\delta \times 10^{-4}$	4～5	3～4	3	1.7～2.7	3～4	3～4

4.1.3　压电与铁电性能

4.1.3.1　压电性能

1. 压电效应及其形成原因

对压电晶体在一定方向上施加机械应力时，在其两端表面上会出现数量相等、符号相反的束缚电荷；作用力相反时，表面荷电性质亦反号，而且在一定范围内电荷密度与作用力成正比。反之，在一定方向的电场作用下，则会产生外形尺寸的变化，在一定范围内，其形变与电场强度成正比。前者称为正压电效应，后者称为逆压电效应，统称为压电效应。

压电效应和晶体结构有密切联系。这里以 α-石英晶体为例简单介绍晶体压电性产生的原因。α-石英晶体属于离子晶体三方晶系，无中心对称的 32 点群。石英晶体的化学组成是氧化硅，三个硅离子和六个氧离子配置在晶胞的晶格上。在应力作用下，两端能产生最强束缚电荷的方向称为电轴。α-石英晶体的电轴就是 x 轴，z 轴为光轴（即光沿 z 轴进入时不产生双折射），从 z 轴看 α-石英晶体结构如图 4-8（a）所示，图中大圆是硅原子，小圆是氧原子。由图 4-8（a）可见，硅离子按左螺旋线方向排列，3#硅离子比 5#硅离子较深（向纸内），1#硅离子比 3#硅离子较深。每个氧离子带 2 个负电荷，每个硅离子带 4 个正电荷，但是每个硅离子的上、下两边有一个氧离子，所以整个晶格正负电荷平衡，不显电性。为了理解正压电效应产生的原因，现把图 4-8（a）绘成投影图，上下氧原子以一个氧符号代替并把氧原子也编成号，如图 4-8（b）所示。利用该图可以定性地解释 α-石英晶体产生正压电效应的原因。

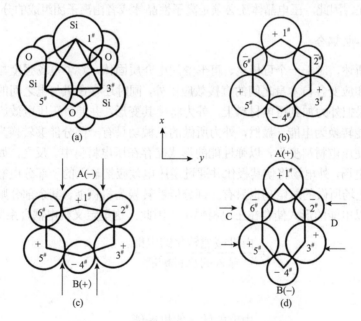

图 4-8　α-石英晶体产生正压电效应示意图

如果晶片受到沿 x 方向的压缩力作用，如图 4-8（c）所示，这时硅离子 1#挤进氧离子 2#和 6#之间，而氧离子 4#挤入硅离子 3#和 5#之间，结果在表面 A 出现负电荷，而在表面 B 出现正电荷，这就是纵向压电效应。当晶片受到沿 y 方向的压缩力作用，如图 4-8(d) 所示，这时硅离子 3# 和氧离子 2# 以及硅离子 5# 和氧离子 6# 都向内移动同样数值，所以在电极 C 和 D 上不出现电荷，而在表面 A 和 B 上出现电荷，但是符号正好和图 4-8(c) 相反，因为硅离子 1# 和氧离子 4# 向外移动。这就是横向压电效应。而当沿 z 方向压缩或者拉伸时，带电粒子总是保持初始状态的正负电荷中心重合，所以不出现束缚电荷。

由上可知，压电效应是由于晶体在机械力作用下发生形变，即改变了原子相对位置，产生束缚电荷的现象。如果晶体结构具有对称中心，那么只要作用力没有破坏其对称中心结构，正负电荷的对称排列也不会改变，即使应力作用产生应变，也不会产生净电偶极矩，因为具有对称中心的晶体总电矩为零。而没有对称中心的晶体结构，没有外加电场时正负电荷中心重合，但是在外电场作用下，如果正负电荷中心不重合，就可能产生净电偶极矩。

所以晶体是否具有压电性，受到晶体结构对称性的制约，具有对称中心的晶体不可能具有压电性。这样，根据几何晶体学，在 32 种点群中，只有 20 种点群的晶体才可能具有压电性。但是在具有这 20 种点群晶体结构的材料中，也只有电介质材料(或者半导体材料)，并且其结构还必须要分别带正电荷和负电荷的质点-离子或者离子团存在，因此，压电晶体还必须是离子性晶体或者由离子团组成的分子晶体。

2. 机-电耦合

如上所述，对于一个可极化、可形变的电介质固体，除了电场强度与极化强度以及应力和应变各自本身之间的直接效应以外，同时还存在机与电之间的相互耦合效应。如果把外力加到压电材料上，外力将使其变形，并通过正压电效应把输入的部分机械能转换为电能，显然，外力所做的机械功只有一部分能够转换为电能，其余部分则使压电材料变形，以弹性能的形式储存在压电材料中。反之，如果对压电材料加上电场，外电场将使其极化并通过逆压电效应把输入的一部分电能转换成机械能，外电场所做的总电功也只有一部分能够转换为机械能，其余部分则使压电材料极化，以电能的形式储存在压电材料中。因此，这里定义机电耦合系数 k：

$$k^2 = \frac{由机械能转化的电能}{输入的总机械能} \tag{4-12}$$

或者

$$k^2 = \frac{由电能转化的机械能}{输入的总电能} \tag{4-13}$$

机电耦合系数 k 是衡量压电材料的机-电能量转换能力的一个重要参数。机电耦合系数是能量之比，无量纲，最大值为 1，当 $k=0$ 时则意味着无压电效应发生。应该指出，k 不等于能量转换效率。这是因为在压电材料中未被转换的那一部分能量是以电能或者弹性能的形式可逆地储存在压电体内。k 只是表示能量转换的有效程度。一个 $k=0.5$ 的压电振子,在谐振时能量转换效率可达 90% 以上。但是在失谐或者匹配不好时,能量转换效率将大大降低。

另外,施加电场或者应力的方向与其产生的应变或者极化的方向不一定相同,自然这时的机电耦合作用也不一定相同。常见的机电耦合系数有以下几种:

(1) 径向振动机电耦合系数 k_p(又称平面机电耦合系数) 反映薄圆片形压电晶体作径向伸缩振动时的机电耦合效果,其条件是晶片直径 $\geqslant 3$ 倍晶片厚度 t,其厚度方向为极化方向和施加电场方向。

(2) 横向振动(横向长度振动)机电耦合系数 k_a 反映以厚度方向为极化方向的长薄片形压电晶体沿长度方向伸缩振动时的机电耦合效果,条件是薄片长度 $l \geqslant 3$ 倍的薄片宽度和厚度。

(3) 纵向振动(纵向长度振动)机电耦合系数 k_{31} 反映细长棒形压电晶体沿厚度方向极化,而电场方向与极化方向相同时,沿长度方向伸缩振动的机电耦合效果,条件是长度 $l \geqslant 3$ 倍的棒宽度与厚度或者直径。

(4) 厚度振动机电耦合系数 k 反映沿厚度方向极化且电场方向也沿厚度方向的薄片形压电晶体沿厚度方向伸缩振动的机电耦合效果,条件是晶片厚度小于晶片边长或直径。

(5) 厚度切变振动机电耦合系数 k_{15} 反映压电晶体作厚度切变振动的机电耦合效果。

3. 压电振子及其参数

把交变电场加到压电材料上便可通过逆压电效应在压电材料内激起各种模式的弹性波。当外电场的频率与弹性波在压电材料内传播时的固有振动频率一致时,压电材料便进入机械谐振状态,成为压电振子。压电材料的许多重要应用都和压电谐振子有密切关系。表征压电振子的参数如下所述。

1) 谐振频率与反谐振频率

压电振子谐振时,输出电流达最大值,此时的频率为最小阻抗频率 f_m。当信号频率继续增大到 f_n,输出电流达最小值,f_n 为最大阻抗频率,如图 4-9 所示。

根据谐振理论,压电振子在最小阻抗频率 f_m 附近存在一个使信号电压与电流同位相的频率,这个频率就是压电振子的谐振频率 f_r,同样在 f_n 附近存在另一个使信号电压与电流同位相的频率,这个频率称为压电振子的

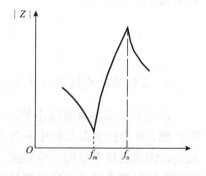

图 4-9 压电振子的阻抗特性曲线

反谐振频率 f_a。只有压电振子在机械损耗为零的条件下，$f_m=f_r$、$f_n=f_a$。

2）频率常数

压电元件的谐振频率与沿振动方向的长度的乘积为一常数，称为频率常数 N(kHz·m)。例如，陶瓷薄长片沿长度方向伸缩振动的频率常数 N_l 为

$$N_l = f_r l \tag{4-14}$$

因为

$$f_r = \frac{1}{2l} \sqrt{\frac{Y}{\rho}} \tag{4-15}$$

式中，Y 为杨氏模量；ρ 为材料的密度，所以：

$$N_l = \frac{1}{2} \sqrt{\frac{Y}{\rho}} \tag{4-16}$$

由此可见，频率常数只与材料的性质有关。若已知材料的频率常数，即可根据所要求的频率来设计元件的外形尺寸。

3）电学品质因素和机械品质因素

压电振子本身也是一种电介质，因此在交变电压的作用下，也将因为损耗耗散掉一部分能量。衡量压电振子的这种损耗一般采用电学品质因素 Q。电学品质因素 Q 定义为压电振子的介质损耗角正切 $\tan\delta$ 的倒数：

$$Q = 1/\tan\delta \tag{4-17}$$

压电振子的机械品质因素 Q_m 是衡量谐振子在谐振时机械内耗大小的一个重要参数。机械品质因素 Q_m 定义为谐振时振子储存的最大弹性能 U_m 与每周期内损耗的机械能 U_r 之比：

$$Q_m = 2\pi \frac{U_m}{U_r} \tag{4-18}$$

4. 压电陶瓷的极化处理及其性能稳定性

自然界中虽然具有压电效应的压电晶体很多，但是多晶材料往往呈现不出压电性能。这是因为多晶体中各细小晶体的紊乱取向，使得电畴的取向也是完全混乱的，因而宏观不呈现压电效应。使用前必须在适当的温度下施加强直流电场，使得电畴只能沿某几个特定的晶向取向，各晶粒的自发极化方向都择优取向成为

有规则的排列。当直流电场去除后，在陶瓷内就保留了相当的剩余极化强度，陶瓷材料就具有宏观极性。这一过程称为极化处理。

极化电场、极化温度、极化时间是极化处理中的重要参数。其中极化电场是极化条件中的主要因素。极化电场越高，促使电畴取向排列的作用越大，极化就越充分。在极化电场和时间一定的条件下，极化温度高，电畴取向排列较易，极化效果好。常用的压电陶瓷材料的极化温度通常取 $320\sim420$ K。增加极化时间，可以提高电畴取向排列的程度，因此可以提高极化效果。极化初期主要是 180°电畴的反转，之后的变化是 90°电畴的转向。由于内应力的阻碍，90°电畴的转向较难进行，因而适当延长极化时间可提高极化程度，一般极化时间从几分钟到几十分钟。总之，极化电场、极化温度、极化时间三者必须统一考虑，因为它们之间相互有影响，应通过实验选取最佳条件。

另外，经过极化处理后，压电陶瓷所取得的剩余极化强度是不稳定的，将随时间而衰减，从而造成其介电、压电等性能也发生变化，在工程上这种现象被称为压电材料的老化。一般认为，极化过程中，90°畴的取向，使晶体 c 轴方向改变，伴随着较大的应变。极化后，在内应力作用下，已转向的 90°畴有部分复原而释放应力，但尚有一定数量的剩余应力，电畴在剩余应力作用下，随时间的延长复原部分逐渐增多，因此剩余极化强度不断下降，压电性减弱。此外，180°畴的转向，虽然不产生应力，但转向后处于势能较高状态，因此仍趋于重新分裂成 180°畴壁，这也是老化的因素。总之老化的本质是极化后电畴由能量较高状态自发地转变到能量较低状态，这是一个不可逆过程。然而老化过程要克服介质内部摩擦阻力，这和材料组成、结构有关，因而老化的速率又是可以在一定程度上加以控制和改善的。目前有两种途径可以改善稳定性：一是改变配方成分，寻找性能比较稳定的锆钛比添加物；另一种是把极化好的压电陶瓷片进行"人工老化"处理，如加交变电场，或做温度循环等。人工老化的目的，是为了加速自然老化过程，以便在尽量短的时间内，达到足够的相对稳定阶段(一般自然老化开始速率大，随时间延续，趋于相对稳定)。

压电陶瓷的温度稳定性主要与晶体结构特性有关。改善温度稳定性主要通过改变配方成分和添加物的方法，使材料结构随温度变化减小到最低限度，例如，一般不取在相界附近的组成，对于 PZT 陶瓷，其 Zr 与 Ti 的比值取在偏离相界的四方相侧，使结构稳定。

4.1.3.2　铁电性能

1. 铁电体

铁电体指在一定温度范围内具有自发极化，并且自发极化方向可随外电场作可逆转动的晶体。所谓自发极化，即这种极化状态并非由外电场所造成，而是由晶体的正负电荷重心不重合造成的。显然，铁电晶体一定是极性晶体，但并非所有的极性晶体都具有这种自发极化可随外电场转动的性质，只有某些特殊的晶体结构，在自发极化改变方向时，晶体构造不发生大的畸变，才能产生以上的可逆转动，铁电体就具有这些特殊的晶体结构。这里简单介绍位移型钛酸钡自发极化的起源，以便对铁电体自发极化的机制有所认识。

钛酸钡具有 ABO_3 型钙钛矿结构。对 $BaTiO_3$ 而言，A 表示 Ba^{2+}，B 表示 Ti^{4+}，O 表示 O^{2-}。钛酸钡在温度高于 120℃时，是立方晶系($m3m$ 点群)钙钛矿型结构，不存在自发极化；在 120℃以下，转变为四角晶系。自发极化沿原立方的(001)方向，即沿 c 轴方向，室温时的自发极化强度 $P_s=26×10^{-2}$ C/m²；当温度降低到 5℃以下时，晶格结构又转变成正交系铁电相($mm2$ 点群)，自发极化沿原立方体的(011)方向，亦就是原来立方体的两个 a 轴都变成极化轴了。当温度继续下降到 -90℃以下时，晶体进而转变为三角系铁电相($3m$ 点群)，自发极化方向沿原立方体的(111)方向，亦即原来立方体的三个轴都成了自发极化轴，换句话说，此时自发极化沿着体对角线方向。钛酸钡在 120℃以下都具有自发极化，而温度高于 120℃时不存在自发极化，因此 120℃称为钛酸钡的居里温度。

钛酸钡的自发极化是由晶胞中钛离子的位移引起的。在钛酸钡晶体中，钛离子处于"氧的八面体"中央，如图 4-10(a)所示。根据钛离子和氧离子的半径比 0.468 可知，其配位数为 6，形成 TiO_6 结构。由于氧的八面体空腔大于钛离子的体积，钛离子能在氧八面体内移动，在居里温度以上时，钛离子热振动能比较大，不可能在偏离中心的某个位置固定下来，所以规则的 TiO_6 八面体有对称中心和 6 个 $Ti-O$ 电偶极矩，而且这些电偶极矩方向相互反平行，所以相互抵消。当温度小于居里温度时，钛离子和氧离子间的电场作用强于热扰动，钛离子偏离了对称中心，使晶体结构从立方变成了四方，也因此产生永久电偶极矩，并且形成电畴。温度变化引起的钛酸钡相结构变化时钛和氧原子位置变化如图 4-10(b)所示。

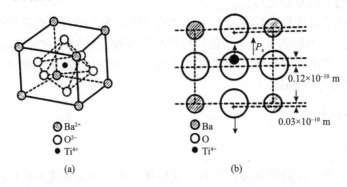

图 4-10　钛酸钡的结构(a)和铁电转变时钛离子的相对位移(b)

铁电体具有电滞回线，同铁磁体的磁滞回线类似。铁电性质和铁磁性质具有若干平行的类似，所以把这些具有电滞回线的晶体称为"铁"电体，其实铁电晶体中并不含有铁。

通常，铁电体自发极化的方向不相同，但在一个小区域内，各晶胞的自发极化方向相同，这个小区域就称为铁电畴。两畴之间的界壁称为畴壁。若两个电畴的自发极化方向互成 90°，则其畴壁称作 90°畴壁。此外，还有 180°畴壁等。

铁电畴与铁磁畴有着本质的差别，铁电畴壁的厚度很薄，大约是几个晶格常数的量级，但铁磁畴壁很厚，可达到几百个晶格常数的量级(例如对 Fe，磁畴壁厚约 1000 Å，1 Å = 10^{-10} m)，而且在磁畴壁中自发磁化方向可逐步改变方向，而铁电体则不可能。

铁电畴在外电场作用下，总是要趋向于与外电场方向一致，被形象地称作电畴"转向"。实际上电畴运动是通过在外电场作用下新畴的出现、发展以及畴壁的移动来实现的。实验发现，在电场作用下，180°畴的"转向"是通过许多尖劈形新畴的出现、发展而实现的，尖劈形新畴迅速沿前端向前发展。对 90°畴的"转向"虽然也产生针状电畴，但主要是通过 90°畴壁的侧向移动来实现的。实验证明，这种侧向移动所需要的能量比产生针状新畴所需要的能量还要低。一般在外电场作用下(人工极化)，180°电畴的转向比较充分；同时由于"转向"时结构畸变小，内应力小，因而这种转向比较稳定。而 90°电畴的转向是不充分的，所以这种转向不稳定。当外加电场撤去后，则有小部分电畴偏离极化方向，恢复原位，大部分电畴则停留在新转向的极化方向上，称作剩余极化。

2. 铁电体的性能

1) 电滞回线

铁电体的电滞回线如图 4-11 所示，它是铁电畴在外电场作用下运动的宏观描述。考虑单晶体的电滞回线，并且假设极化强度的取向只有两种可能，即沿某轴的正向或负向。设在没有外电场 E 时，晶体对外的宏观极化强度 P 为 0(能量最低)。当电场 E 施加于晶体时，沿电场方向的电畴因扩展而变大；而与电场 E 反平行方向的电畴则变小。这样，极化强度 P 随外电场 E 增加而增加。如图 4-11 中 OA 段曲线。电场强度继续增大，最后晶体电畴方向都趋于电场方向，类似于单畴，极化强度 P 达到饱和(P_s)，相当于图中极化强度 P 从 O 点经 A 点到达 B 点。此时再增加电场，宏观极化强度 P 与 E 呈线性关系(像普通电介质一样)，如图 4-11 中的直线 BC。将线性部分外推至 $E=0$ 时，由于极化的非线性，铁电体的介电常数不是常数。一般以图 4-11 中 OA 段曲线在原点的斜率来代表介电常数。所以在测量介电常数时，所加的外电场(测试电场)应很小，大部分电畴仍停留在极化方向，因而宏观上还有剩余极化强度，由此，剩余极化强度 P_r 是对整个晶体而言。当电场反向达到 $-E_c$ 时，剩余极化全部消失，反向电场继续增大，极化强度才开始反向，E_c 常称为矫顽电场强度。如果它大于晶体的击穿场强，那么在极化强度反向前，晶体就被击穿，则不能说该晶体具有铁电性。

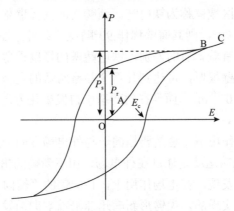

图 4-11　铁电体的电滞回线

　　铁电畴在外电场作用下的"转向"，使得陶瓷材料具有宏观剩余极化强度，即材料具有"极性"，通常把这种工艺过程称为"人工极化"。极化温度的高低影响到电畴运动和转向的难易。矫顽场强和饱和场强随温度升高而降低，极化温度较高，可以在较低的极化电压下达到同样的效果，其电滞回线形状比较瘦长。

　　环境温度对材料的晶体结构也有影响，可使内部自发极化发生改变，尤其是在相界处晶型转变温度点更为显著。例如，$BaTiO_3$ 在居里温度附近，电滞回线逐渐闭合为一直线(铁电性消失)。

　　极化时间和极化电压对电滞回线也有影响，电畴转向需要一定的时间，时间适当长一点，极化就可以充分些，即电畴定向排列完全一些。实验表明，在相同的电场强度 E 作用下，极化时间长的，具有较高的极化强度，也具有较高的剩余极化强度。极化电压加大，电畴转向程度高，剩余极化变大。

　　晶体结构对电滞回线也有影响。同一种材料，单晶体和多晶体的电滞回线是不同的。图 4-12 反映了 $BaTiO_3$ 单晶和陶瓷电滞回线的差异。单晶体的电滞回线很接近于矩形，P_s 和 P_r 很接近，而且 P_r 较高；陶瓷的电滞回线中 P_s 与 P_r 相差较多，表明陶瓷多晶体不易成为单畴，即不易定向排列。

　　由于铁电体有剩余极化强度，因而可应用于信息存储、图像显示领域。目前已经研制出一些铁电陶瓷器件，如铁电存储和显示器件、光阀、全息照相器件等，就是利用外加电场使铁电畴作一定的取向，目前得到应用的是掺镧的锆钛酸铅(PLZT)透明铁电陶瓷以及 $Bi_4Ti_3O_{12}$ 铁电薄膜。

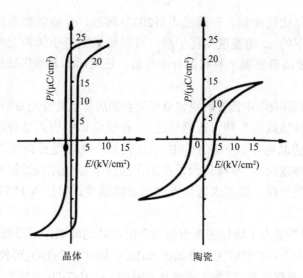

图 4-12　$BaTiO_3$ 单晶和陶瓷的电滞回线

由于铁电体的极化随 E 而改变,因而晶体的折射率也将随 E 改变。这种由外电场引起晶体折射率的变化称为电光效应。利用晶体的电光效应可制作光调制器、晶体光阀、电光开关等光器件。目前应用到激光技术中的晶体很多是铁电晶体,如 $LiNbO_3$、$LiTaO_3$、KTN(钽铌酸钾等)。

2)介电特性

由于极化的非线性,铁电体的介电常数不是常数。一般以图 4-11 中的 OA 段曲线在原点的斜率来代表介电常数。所以在测量介电常数时,所加的外电场(测试电场)应很小。像 $BaTiO_3$ 一类的钙钛矿型铁电体,具有很高的介电常数。图 4-13 表示了 $BaTiO_3$ 多晶体的介电常数和温度的关系。纯钛酸钡陶瓷的介电常数在室温

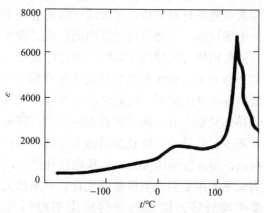

图 4-13　$BaTiO_3$ 多晶体的介电常数和温度的关系图(电场强度 E=56 V/cm)

范围随温度变化比较平坦。在居里点(120℃)附近,介电常数急剧增加,达到峰值,由于室温下的 ε_r 随温度变化平坦,可以用来制造小体积大容量的陶瓷电容器。为了进一步改善室温下材料的介电常数,还可添加其他钙钛矿型铁电体,形成固溶体。

在铁电体实际应用中需要解决调整居里点和居里点处介电常数的峰值问题,这就是所谓的"移峰效应"和"压峰效应"。在铁电体中引入某种添加物生成固溶体,改变原来的晶胞参数和离子间的相互联系,使居里点向低温或高温方向移动,就是"移峰效应"。移峰是为了在工作温度下(室温附近)材料的介电常数随温度变化尽可能平缓,即要求居里点远离室温温度,如加入 $PbTiO_3$ 可使 $BaTiO_3$ 居里点升高。

"压峰效应"是为了降低居里点处的介电常数的峰值,即降低 $\varepsilon\text{-}T$ 非线性,也使工作状态相应于 $\varepsilon\text{-}T$ 平缓区。例如在 $BaTiO_3$ 中加入 $CaTiO_3$ 可使居里峰值下降。常用的压峰剂(或称展宽剂)为非铁电体。例如,在 $BaTiO_3$ 中加入 $Bi_{2/3}SnO_3$,其居里点几乎完全消失,显示出直线性的温度特性,可认为是加入非铁电体后,破坏了原来的内电场,使自发极化减弱,即铁电性减小。

3) 非线性

铁电体的非线性是指介电常数随外加电场强度非线性地变化。从电滞回线也可看出这种非线性关系。在工程中,常采用交流电场强度 E_{max} 和非线性系数 N 来表示材料的非线性。E_{max} 指介电常数最大值 ε_{max} 时的电场强度,N 表示 ε_{max} 和介电常数初始值 ε_5 之比。ε_5 指交流电频率为 50 Hz、电压 5 V 时的介电常数。

$$N = \frac{\varepsilon_{max}}{\varepsilon_5} \tag{4-19}$$

非线性的影响因素主要是材料结构,可以用电畴的观点来分析非线性。电畴在外加电场下能沿外电场取向,主要是通过新畴的形成、发展和畴壁的位移等实现的。当所有电畴都沿外电场方向排列定向时,极化达到最大值。所以为了使材料具有强非线性,就必须使所有的电畴能在较低电场作用下全部定向,这时 $\varepsilon\text{-}E$ 曲线一定很陡。在低电场强度作用下,电畴转向主要取决于 90° 和 180° 畴壁的位移。但畴壁通常位于晶体缺陷附近。缺陷区存在内应力,畴壁不易移动。因此要获得强非线性,就要减少晶体缺陷,防止杂质掺入,选择最佳工艺条件。此外要选择适当的主晶相材料,要求矫顽场强低,体积电致伸缩小,以免产生应力。

强非线性铁电陶瓷主要用于制造电压敏感元件、介质放大器、脉冲发生器、稳压器、开关、频率调制等方面。已获得应用的材料有 $BaTiO_3\text{-}BaSnO_3$、$BaTiO_3\text{-}BaZrO_3$ 等。

4）晶界效应

陶瓷材料晶界特性的重要性不亚于晶粒本身的特性。例如 $BaTiO_3$ 铁电材料，由于晶界效应，可以表现出各种不同的半导体特性。在高纯度 $BaTiO_3$ 原料中添加微量稀土元素(如 La)，用普通陶瓷工艺烧成，可得到室温下体电阻率为 $10 \sim 10^3$ $\Omega \cdot cm$ 的半导体陶瓷。这是因为像 La^{3+} 这样的三价离子，占据晶格中 Ba^{2+} 的位置。每添加一个 La^{3+} 离子便多余了一价正电荷，为了保持电中性，Ti^{4+} 俘获一个电子。这个电子只处于半束缚状态，容易激发，参与导电，因而陶瓷具有 n 型半导体的性质。另一类型的 $BaTiO_3$ 半导体陶瓷不用添加稀土离子，只是把这种陶瓷放在真空中或还原气氛中加热，使之"失氧"，材料也会具有弱 n 型半导体特性。

4.1.4　热释电性

4.1.4.1　热释电现象

热释电现象最早是在电气石晶体中发现的。当均匀加热一块电气石晶体时，通过筛孔向晶体喷射一束硫黄粉和铅丹粉，结果发现晶体一端出现黄色，另一端变为红色。但是，如果不是在加热过程中，喷粉试验不会出现两种不同颜色，如图 4-14 所示。现在已经认识到，电气石是三方晶系 3m 群，结构上只有唯一的三次(旋)转轴，具有自发极化。在未加热时，它们的自发极化电偶极矩完全被吸附的空气中的电荷屏蔽掉。但在加热时，由于热膨胀导致正、负离子的相对位移，极化发生改变，使屏蔽电荷失去平衡。因此，晶体一端的正电荷吸引硫黄粉显黄色，另一端吸引铅丹粉显红色。这种由于温度变化而产生表面电荷变化的现象，称为热释电效应(pyroelectric effect)。

应注意，热释电性和热电性是两种不同的电学性能，后者是热(或温度)导致的载流子长程输运性质，属于导电现象的一种；而前者则是由热(或温度)导致极化性能的改变，属于介电性的一种。

三次旋转轴

图 4-14　坤特法显示电气石的热释电性

4.1.4.2　热释电效应本质及表征

对热释电效应的研究表明，具有热释电效应的晶体一定具有自发极化，并且在结构上具有极轴。所谓极轴是指晶体中唯一的轴，该轴两端往往具有不同性质，且采用对称操作不能与其他晶体的方向重合。因此，具有对称中心的晶体是不可能有热释电性的，这一点与压电体对结构的要求是一样的。但是，具有压电性的晶体并不一定具有热释电性，这与两者的产生条件不同有关。压电效应是由机械力引起正、负电荷中心相对位移，并且在不同方向上位移大小是不相等的，因而出现净电偶极矩；而温度变化时，晶体受热膨胀却在各个方向上同时发生，并且在对称方向上必定有相等的膨胀系数。换句话说，在这些方向上所引起的正、负电荷重心的相对位移也是相等的，也就是正、负电荷重心重合的现状并没有因为温度变化而改变，所以没有热释电现象。

在 32 个晶体点群中，有 20 种为非中心对称晶体，它们都是压电晶体。其中，又有以下 10 种点群的晶体具有唯一的极轴，具有热释电性：1、2、2m、2mm、4、4mm、3、3mm、6、6mm，这类晶体也称为电极性晶体。最早发现的热释电晶体是电气石，后来又陆续发现了许多其他的热释电晶体，其中比较重要的是钛酸钡、硫酸三甘酞、一水合硫酸锂、亚硝酸钠、铌酸锂以及钽酸锂等。

表征材料热释电性能的主要参数是热释电常数 p，它定义为单位温度变化引起的自发极化强度的变化量，即

$$p = \mathrm{d}P_\mathrm{s}/\mathrm{d}T \tag{4-20}$$

式中，P_s 为自发极化强度。据此热释电效应也可以解释为材料受到热辐射后，晶体自发极化强度随温度而变化的现象，因此其表面电荷也发生变化。如果在晶体两端连接一负载 R_s，则会产生热释电位差

$$\Delta V = AR_\mathrm{s} p\, \mathrm{d}T/\mathrm{d}t \tag{4-21}$$

式中，A 为电极面积；R_s 为负载电阻；p 为热释电常数；$\mathrm{d}T/\mathrm{d}t$ 为加热速率。在回路中产生的热释电流为

$$I = \frac{\Delta V}{R_\mathrm{s}} = Ap\frac{\mathrm{d}T}{\mathrm{d}t} = p\frac{\varphi}{d\rho C_\mathrm{P}} \tag{4-22}$$

式中，φ 为吸热流量，表示单位时间吸热的多少，热释电材料的 φ 值愈大愈好；d 为晶体厚度；ρ 为晶体密度；C_P 为晶体的比热。

至此，已经介绍了一般介电体、铁电体、压电体和热释电体，它们之间互有联系和区别。表 4-6 和图 4-15 则表明了它们之间的相互嵌套关系。可见，铁电体一定是热释电体、压电体和介电体。同样，热释电体也一定是压电体和介电体；反过来说，介电体只有一部分是压电体，压电体中只有一部分是热释电体；同样，热释电体也只有一部分是铁电体。

表 4-6 各种介电性存在的宏观条件

一般介电体	压电体	热释电体	铁电体
电场极化	电场极化	电场极化	电场极化
	无对称中心	无对称中心	无对称中心
		自发极化	自发极化
		极轴	极轴
			电滞回线

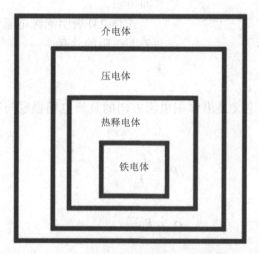

图 4-15 介电体、压电体、热释电体、铁电体的关系

4.2 矿物材料电学性能测试

4.2.1 电阻测试

电阻的测量应根据阻值大小、准确度要求和具体条件选择不同的方法。一般可以把电阻的测量分为：直流指示测量法和直流比较测量法，前者有直接测量(欧姆表)法和间接测量法，后者有直流电桥测量法和直流补偿测量法。通常，矿物材料属于绝缘材料，在电工、电子设备中应用。因此，测定该种材料的绝缘电阻具有很重要的意义。

4.2.1.1 绝缘电阻测量

绝缘电阻是表示绝缘材料阻止电流通过能力的物理量，它等于施加在样品上直流电压与流经电极间的稳态电流之比，即 $R = \dfrac{V}{I}$。

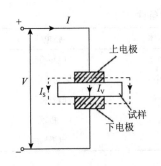

图 4-16　绝缘电阻与体积电阻、
表面电阻的关系

由图 4-16 可知，稳态电流包括流经试样体内电流 I_V 与试样表面电流 I_S 两项，即 $I=I_V+I_S$，代入上式得

$$\frac{1}{R}=\frac{1}{R_V}+\frac{1}{R_S}=\frac{I_V}{V}+\frac{I_S}{V} \qquad （4-23）$$

式中，R_V 表示试样的体积电阻，R_S 表示试样的表面电阻。

式(4-23)表明绝缘电阻实际上是体积电阻与表面电阻的并联。

1. 体积电阻率

体积电阻率的定义是沿体积电流方向的直流电场强度与稳定体积电流密度之比。即

$$\rho_V=\frac{E_V}{j_V} \qquad （4-24）$$

$$\rho_V=R_V\frac{S}{t} \qquad （4-25）$$

其中，S 为电极的有效面积，t 为两电极间的距离。

2. 表面电阻率

表面电阻率的定义是沿表面电流方向的直流电场强度与稳态下单位宽度的电流密度之比，即 $\rho_S=\dfrac{E_S}{j_S}$。表面电阻率是衡量材料漏电性能的物理量。它与材料的表面状态及周围环境条件(特别是湿度)有很大的关系。对图 4-16 的电路，可写成：

$$\rho_S=\frac{E_S}{j_S}=\frac{b}{a}R_S \qquad （4-26）$$

其中，b 为电极的周长，a 为两极间的距离。

3. 高阻计测量绝缘电阻

测定绝缘电阻的方法主要有电压表-电流表法(测量 10^9 Ω 以下的绝缘电阻)、

检流计法($10^{12}\,\Omega$ 以下)、电桥法($10^{15}\,\Omega$ 以下)以及高阻计法。其中高阻计测量的阻值较高，测量范围较广，而且操作方便[6]。图 4-17 为高阻计法测量的基本电路，由图可见：当测试直流电压 V 加在试样 R_X 和标准电阻 R_0 上时，回路电流 I_X 为

$$I_X = \frac{V}{R_X + R_0} = \frac{V_0}{R_0} \tag{4-27}$$

整理上式，得

$$R_X = \frac{V}{V_0} R_0 - R_0 \tag{4-28}$$

实际上 R_X 远大于 R_0，近似得

$$R_X = \frac{V}{V_0} R_0 \tag{4-29}$$

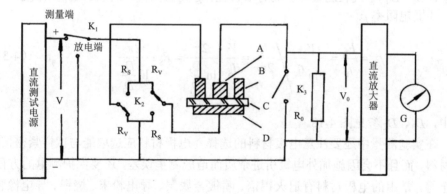

图 4-17　高阻计法测量的基本电路示意图

K_1—测量与放电开关；K_2—$R_V R_S$ 转换开关；K_3—输入短路开关；R_0—标准电阻；A—测量电极；B—保护电极；
C—试样 R_X；D—底电极；G—冲击检流计

由式(4-29)可见，R_X 与 V_0 成反比。如果将不同 V_0 值所对应的 R_X 值刻在高阻计的表头，这样便可直接读出被测试样的阻值。

图 4-18 是通常采用的平板试样三电极系统。采用这种三电极系统测量体电阻时，表面漏电流由保护电极旁路接地。而测量表面电阻时，体积漏电流会由保护电极旁路接地。这样便将试样体积电流和表面电流分离，从而可以分别测出体积电阻率和表面电阻率。在测试过程中，三电极系统和试样都必须置于屏蔽箱内。

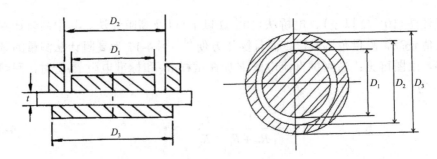

图 4-18　平板试样三电极系统

体积电阻率 ρ_V：

$$\rho_V = \frac{E_V}{j_V} = \left. \frac{V}{t} \middle/ \frac{I_V}{S} \right. = \frac{V}{I_V} \cdot \frac{\pi D_1^2}{4t} = R_V \cdot \frac{\pi D_1^2}{4t} \tag{4-30}$$

其中，$D_1' = D_1 + g$ 代表测量电极的有效直径，g 为修正值，t 代表试样的厚度。

表面电阻率 ρ_S：

$$\rho_S = \frac{E_S}{j_S} = \left. \frac{V}{r \ln \frac{r_1}{r_2}} \middle/ \frac{I_S}{2\pi r} \right. = \frac{V}{I_S} \cdot \frac{2\pi}{\ln \frac{D_2}{D_1}} = R_S \cdot \frac{2\pi}{\ln \frac{D_2}{D_1}} \tag{4-31}$$

其中，D_1、D_2 参见图 4-18。

　　在实验测量中还要注意电极材料的选择。电极材料应选取能与试样紧密接触的材料，而且不会因施加外电极引进杂质而造成测量误差，还要保护测量的方便、安全等。常用的电极材料有退火铝箔、喷镀金属层、导电粉末、烧银、导电橡胶、黄铜和水银电极等。本实验采用接触性良好的退火铝箔制作接触电极，黄铜电极作为辅助电极。

4.2.1.2　半导体电阻测量

　　在天然矿物或者矿物材料中，有部分为半导体材料，半导体电阻的测试采用直流四探针法。设想一块电阻率为 ρ 的均匀的半导体样品，其几何尺寸与探针间距相比可以看作半无限大。设探针引入点电流源的电流强度为 I，根据均匀导体内恒定电场的等位面为球面，在半径为 r 处的等位面的面积为 $2\pi r^2$，则电流密度：

$$j = \frac{I}{2\pi r^2} \tag{4-32}$$

由欧姆定律的微分形式可得电场强度：

$$E = \frac{j}{\sigma} = \frac{I}{2\pi r^2 \sigma} = \frac{I\rho}{2\pi r^2} \tag{4-33}$$

因此，距点电荷 r 处的电势：

$$V = \frac{I\rho}{2\pi r} \tag{4-34}$$

显然，半导体内各点的电势应为电流探针分别在该点形成电势的矢量和。通过数学推导得四探针法测量电阻率的普遍公式为

$$\rho = \frac{V_{23}}{I} 2\pi \left(\frac{1}{r_{12}} - \frac{1}{r_{24}} - \frac{1}{r_{13}} + \frac{1}{r_{34}} \right)^{-1} \tag{4-35}$$

式中，$2\pi \left(\dfrac{1}{r_{12}} - \dfrac{1}{r_{24}} - \dfrac{1}{r_{13}} + \dfrac{1}{r_{34}} \right)^{-1} = C$ 为探针系数；r_{12}，r_{24}，r_{13}，r_{34} 分别为相应探针间的距离。若四探针处于同一平面的同一直线上，其间距分别为 S_1、S_2 和 S_3，则式(4-35)写成：

$$\rho = \frac{V_{23}}{I} 2\pi \left(\frac{1}{S_1} - \frac{1}{S_1 + S_2} - \frac{1}{S_2 + S_3} + \frac{1}{S_3} \right)^{-1} \tag{4-36}$$

当 $S_1 = S_2 = S_3 = S$ 时，上式简化为

$$\rho = \frac{V_{23}}{I} 2\pi S \tag{4-37}$$

这就是常见的直流等间距四探针法测电阻率的公式，只要测出探针间距 S，即可确定探针系数 C，并直接按式(4-37)计算样品的电阻率，若令 $I=C$，即通过探针 1、4 的电流定值等于探针系数，则 $\rho=V_{23}$。换言之，从探针 2、3 上测得的电势差在数值上等于样品的电阻率。例如，探针间距 $S=1$ mm，则 $C=2\pi S=6.28$ mm，若调节恒流源使得 $I=6.28$ mA，则由探针 2 和 3 直接读出的毫伏数即为样品的电阻率[7]。

为了减小测量区域，以观察半导体材料的均匀性，四探针并不一定要排成直线，而可以排成四方形或矩形，只是计算电阻率公式中的探针系数 C 改变。公式如下所述

正方形四探针电阻率计算公式：

$$\rho = \frac{2\pi S}{2-\sqrt{2}} \cdot \frac{V}{I} = 10.07S\frac{V}{I} \tag{4-38}$$

矩形四探针电阻率计算公式：

$$\rho = \frac{2\pi S}{2-(2/\sqrt{1-n^2})} \cdot \frac{V}{I} \tag{4-39}$$

　　四探针测试仪的结构如图 4-19 所示。四探针法的优点是探针与半导体样品之间不要求制备接触电极，给测量带来了方便。四探针法可以测量样品沿径向分布的断面电阻率，从而可以观察电阻率的不均匀情况。由于这种方法可迅速方便、无破坏地测量任意形状的样品且精度较高，故适合于大批生产中使用。

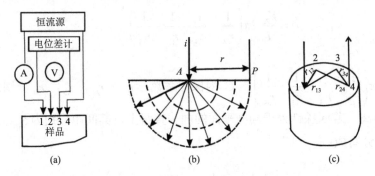

图 4-19　四探针测试仪结构示意图

4.2.2　介电性能测试

4.2.2.1　介电常数和介电损耗

　　介电常数的测量可以采用电桥法、拍频法、谐振法和平行板电容法。其中，拍频法测定介电常数很准确，但不能同时测量介电损耗。

　　1. 电桥法测量固体材料的介电常数

　　电介质是一种不导电的绝缘介质，在电场的作用下会产生极化现象，从而在均匀介质表面感应出束缚电荷，这样就减弱了外场的作用。在充电的真空平行板电容器中，若金属极板自由电荷密度分别为 $+\sigma_0$ 和 $-\sigma_0$，极板面积为 S，两内表面间距离为 d，而且 $d \gg d_z$，则电容器内部所产生的电场为均匀电场，电容量为

$$C = \varepsilon_0 \frac{S}{d} \tag{4-40}$$

当电容器中充满了极化率为 c 的均匀电介质后，束缚电荷(面密度为 s)所产生的附加电场与原电场方向相反，故合成电场强度 E 较 E_0 小，可以证明：

$$C = \varepsilon_r C_0 \tag{4-41}$$

显然，由于极板上电量不变，若两极板的电位差下降，故电容量增大。式中，ε_r 称为电介质的相对介电常数，是一个无纲量的量，对于不同的电介质，ε_r 值不同。因此，它是一个描述介质特性的物理量。若分别测量电容器在填充介质前、后的电容量，即可根据式(4-41)推算该介质的相对介电常数。

图 4-20、图 4-21 所示为电极在空气以及电极放入介质中测量电容的示意图，设电极间充满空气时，其分别电容量为 C_1，放入介质时的电容量为 C_2，考虑到边界效应和分布电容的影响，则有 $C_1=C_0+C_{边}+C_{分1}$，放入介质时，其电容量 $C_2=C_{串}+C_{边2}+C_{分2}$，其中，C_0 是电板间以空气为介质、电极板的面积为 S 计算出来的电容量，考虑到空气的相对介电常数近似为 1，则有

$$C_0 = \frac{\varepsilon_0 S}{D} \tag{4-42}$$

其中，$C_{边}$ 为样品面积以外电极间的电容量和边界电容之和，$C_{分}$ 为测量引线及测量系统等所引起的分布电容之和。

图 4-20　电极在空气中测量　　　　图 4-21　电极在介质中测量

电介质样品放入极板间时，样品面积比极板面积小，厚度也比极板的间距小，因此由样品面积内的介质层和空气层组成串联电容，$C_{串}$ 是放入介质后，电极间的空气层和介质层串联而成的电容量，根据电容串联的计算公式，显然有

$$C = \frac{\dfrac{\varepsilon_0 S}{D-t} \dfrac{\varepsilon_r \varepsilon_0 S}{t}}{\dfrac{\varepsilon_0 S}{D-t} + \dfrac{\varepsilon_r \varepsilon_0 S}{t}} = \frac{\varepsilon_r \varepsilon_0 S}{t + \varepsilon_r (D-t)} \tag{4-43}$$

当两测量电极间距 D 为定值时，系统状态保持不变，则可以近似认为

$$C_{边1}=C_{边2} \tag{4-44}$$

$$C_{分1}=C_{分2} \tag{4-45}$$

结合上面两个式子可以发现，

$$C_{串}=C_2-C_1+C_0 \tag{4-46}$$

所以固体电介质的介电常数为

$$\varepsilon_r = \frac{C_{串}t}{\varepsilon_0 S - C_{串}(D-t)} \tag{4-47}$$

因此，通过交流电桥测出 C_1 和 C_2，用测微器测出 D 和 t，用游标卡尺测出电极板的直径，就可以求出介质的相对介电系数[2]。该结果中不再包含分布电容和边缘电容，也就是说运用该方法消除了由分布电容和边缘效应引入的系统误差。

2. Q 表法测量材料的介电损耗角正切

通常测量材料介电常数和介质损耗角正切的方法有两种：交流电桥法和 Q 表测量法，其中 Q 表测量法在测量时由于操作与计算比较简便而被广泛应用[8]。Q 表的测量回路是一个简单的 R-L 回路，如图 4-22 所示。当回路两端加上电压 U 后，电容器 C 的两端电压为 U_c，调节电容器 C 使回路谐振，回路的品质因数 Q 就可以表示为

$$Q = U_c/U = \omega L/R \tag{4-48}$$

式中，L 为回路电感；R 为回路电阻；U_c 为电容器 C 两端电压；U 为回路两端电压。由式(4-48)可知，当输入电压 U 不变时，则 Q 与 U_c 成正比。因此在一定输入电压下，U_c 值可直接标示为 Q 值。Q 表即根据此原理来制造。

陶瓷介质损耗角正切及介电常数测试仪由稳压电源、高频信号发生器、定位电压表 CB_1、Q 值电压表 CB_2、宽频低阻分压器以及标准可调电容器等组成（图 4-23）。工作原理如下：高频信号发生器的输出信号通过低阻抗耦合线圈将信号馈送至宽频低阻抗分压器。输出信号幅度的调节是通过控制振荡器的帘栅极电压来实现的。当调节定位电压表 CB_1 指在定位线上时，R_i 两端得到约 10 mV 的电压(U_i)。当 U_i 调节在一定数值(10 mV)后，可以使测量 U_c 的电压表 CB_2 直接以 Q 值作为刻度，即可直接读出 Q 值，而不必计算。另外，电路中采用宽频低阻分压器的原因是：如果直接测量 U_i，必须增加大量电子组件才能测量出高频低电压信号，但成本较高。若使用宽频低阻分压器后则可用普通电压表达到同样的目的。

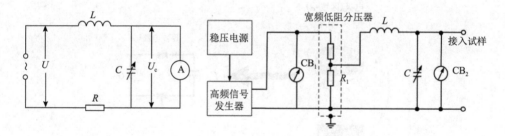

图 4-22　Q 表测量原理图　　　　　　　　　图 4-23　Q 表测量电路图

经推导，介电常数

$$\varepsilon = \frac{(C_1 - C_2)d}{\varPhi_2} \tag{4-49}$$

式中，C_1 为标准状态下的电容量；C_2 为样品测试的电容量；d 为试样的厚度，cm；$\varPhi_2$ 为试样的直径，cm。

（1）介质损耗角正切：

$$\tan\delta = \frac{C_1}{C_1 - C_2} \times \frac{Q_1 - Q_2}{Q_1 \times Q_2} \tag{4-50}$$

式中，Q_1 为标准状态下的 Q 值；Q_2 为样品测试的 Q 值。

（2）Q 值：

$$Q = \frac{1}{\tan\delta} = \frac{Q_1 \times Q_2}{Q_1 - Q_2} \times \frac{C_1 - C_2}{C_1} \tag{4-51}$$

3. 平行板电容法测量介电常数和介电损耗

平行板电容法在 ASTM D150 标准中又称为三端子法，其原理是通过在两个电极之间插入一个材料或液体薄片组成一个电容器，然后测量其电容（如图 4-24 所示），根据测量结果计算介电常数。在实际测量装置中，两个电极配备在夹持介电测量的测试夹具上。介电性能测量系统将测量电容（C）和损耗（D）的矢量分量，然后由软件程序计算出介电常数和损耗角正切。

$$\varepsilon_{\rm r} = \frac{t_{\rm m} \times C_{\rm p}}{A \times \varepsilon_0} = \frac{t_{\rm m} \times C_{\rm p}}{\pi\left(\dfrac{d}{2}\right)^2 \times \varepsilon_0} \tag{4-52}$$

式中，$t_{\rm m}$ 为待测试样厚度；$C_{\rm p}$ 为平行板电容；A 为待测试样截面积；d 为待测试样圆片直径；$\varepsilon_0 = 8.854 \times 10^{-12}$ F/m，真空中的介电常数。

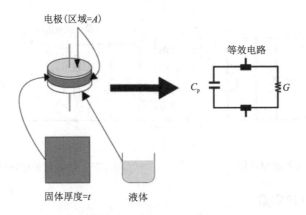

图 4-24　平行板电容法测量介电常数和介电损耗示意图

　　平行板电容法一般采用阻抗分析仪进行测试，如 Agilent 4294A 型阻抗分析仪（图 4-25）。阻抗分析仪能在阻抗范围和宽频率范围内进行精确测量，它利用物体具有不同的导电作用，在物体表面加一固定的低电平电流时，通过阻抗计算出物体的各种器件、设备参数和性能优劣。

图 4-25　Agilent 4294A 型阻抗分析仪

4.2.2.2　介电频谱与介电温谱

　　介电频谱是测量介电材料在不同频率下的介电特性，如电容、介电常数、介电损耗、阻抗和相位角等。不同仪器测量的频率范围不同，最小可到 0.1 Hz，最大可到几十个 GHz。

　　介电温谱测试系统是为了满足材料在高低温环境下的介电性能测量需求而设计的。它由硬件设备和测量软件组成，包括高低温测试平台、高低温测试夹具、阻抗分析仪和高低温介电测量系统软件四个组成部分。高低温测试平台为样品提供一个高温环境或低温环境；高低温测试夹具提供待测试样品的测试平台；阻抗分析仪则负责测试各组参数数据。最后，再通过测量软件将这些硬件设备的功能整合在一起，形成一套由实验方案设计到温度控制、参数测量、图形数据显示与数据分析于一体的介电温谱测量系统，图 4-26 是典型的 KNN-xBNZ 陶瓷介电温谱测试图。

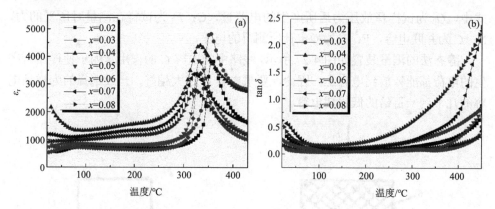

图 4-26　KNN-xBNZ 陶瓷在 10 kHz 频率下的介电常数（a）和介电损耗（b）随温度变化曲线

4.2.3　压电系数测试

压电陶瓷材料的压电参数的测量方法甚多，有电测法、声测法、力测法和光测法等，这些方法中以电测法的应用最为普遍。在利用电测法进行测试时，由于压力体对力学状态极为敏感，因此，按照被测样品所处的力学状态，又可划分为动态法、静态法和准静态法等。

压电陶瓷元件在极化后的初始阶段，压电性能要发生一些较明显的变化，随着极化后时间的延长，性能越稳定，而且变化量越来越小。所以，试样应存放一定时间后再进行电性能参数的测试，一般最好存放 10 天。

4.2.3.1　静态法

静态法是被测样品处于不发生交变形变的测试方法，主要用于测试压电常数，测试样品上加一定大小和方向的力，根据压电效应，样品将因形变而产生一定的电荷。在没有外电场作用、满足电学短路条件下，压电陶瓷试样沿极化方向受力时，其压电方程可简化为

$$D_3 = d_{33}T_{33} \tag{4-53}$$

式中，D_3 为电位移分量，C/m^2；d_{33} 为纵向压电应变常数，C/N 或 m/V；T_{33} 为纵向应力，N/m^2。

当试样受力面积与释放电荷面积相等并接在试样上的电容 C 远大于试样的自由电容 C 时，则式(4-53)又可写成如下形式：

$$d_{33} = Q_3 / F_3 = CV / F_3 \tag{4-54}$$

式中，Q_3 为试样释放压力后所产生的电荷量，C；F_3 为试样在测量时所受的力，N；C 为并联电容，F；V 为静电计所测得的电压，V。

静态法的测量装置如图 4-27 所示，线路中的电容 C 的作用是为了使样品所产生的电荷都能释放到电容上。因此，要求电容 C 越大越好，一般选择的为样品电容的几十到一百倍的低损耗电容。

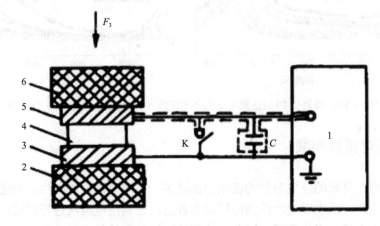

图 4-27　静态法测量压电常数装置图[9]

1—静电计；2，6—加压装置的绝缘座；3，5—加压装置的上下引出电极；4—试样；C—并联电容器；
K—短路开关；F_3—施加于试样的力

测量时，为了避免施加力 F_3 时，会有附加冲击力而引起测量误差，一般加压时会合上电键 K_1，使样品短路面清除加压所产生的电荷。去压时先打开电键 K_1，使样品上所产生的电荷全部释放到电容上，用静电计测其电压 V_3（单位为 V），用式(4-55)和式(4-56)求出：

$$Q_3 = (C_0 + C_1)V_3 \tag{4-55}$$

$$d_{33} = (\frac{C_0 + C_1}{F_3})V_3 \tag{4-56}$$

式中，C_0 为样品的静电容，F；C_1 为外加并联电容，F；V_3 为电压，V。

用静态法测量压电应变常数 d_{31} 的方法与测量压电应变常数 d_{33} 的方法基本相同，所不同的是，测量 d_{33} 时的作用力方向与样品的极化方向是相互平行的，而与电极面相互垂直。而在测量 d_{31} 时，作用力方向与极化方向互相垂直，而与电极面互相平行。

4.2.3.2　动态法

动态法是用交流信号激发样品，使之处于特定的振动模式，然后测定谐振及反谐振特征频率，并采用适当的计算便可获得压电参量的数值。压电陶瓷材料的大部分参数都可以通过测量频率 f_r 和 f_a 来确定。生产上都采用动态法中的传输法。利用检测仪测定样品的谐振频率 f_r 和反谐振频率 f_a，并按式(4-57)计算 K_P(平面机电耦合系数)。

$$\frac{1}{K_P^2} = \frac{a}{\dfrac{f_a - f_r}{f_r}} + b \tag{4-57}$$

式中，a 和 b 为与样品振动模式相关的系数。对于圆片径向振动，$a=0.395, b=0.574$。

利用动态法测量压电应变常数 d_{33}，采用长度纵向振动的样品。

测量步骤：

（1）测出样品的尺寸 L、厚度 t 和面积 A。

（2）测出样品的谐振频率 f_r 和反谐振频率 f_a。

（3）算出样品的机电耦合系数 K_{33} 和恒电场下的弹性柔性系数 S_{33}：

$$K_{33}^2 = 0.45\frac{f_r}{f_a - f_r} + 0.81 \tag{4-58}$$

$$S_{33}^E = \frac{1}{4l^2\rho f_a^2}\left(1 - K_{33}^2\right) \tag{4-59}$$

（4）测量出样品的自由电容 C，并计算出样品的自由介电常数：

$$\varepsilon_{33} = Ct/A \tag{4-60}$$

（5）得出 d_{33}

$$d_{33} = K_{33}\sqrt{\varepsilon_{33}S_{33}^E} \tag{4-61}$$

4.2.4　电滞回线测试

电滞回线为铁电材料提供矫顽场、饱和极化强度、剩余极化强度和电滞损耗的信息，这对于研究铁电材料动态应用(材料电疲劳)是极其重要的。测量电滞回线的方法主要是借助于 Sawyer-Tower 回路，其线路测试原理如图 4-28 所示。

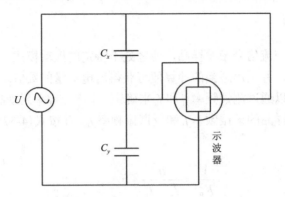

图 4-28　Sawyer-Tower 电桥原理示意图[9]

以电晶体做介质的电容 C_x 上的电压 U_x 是加在示波器的水平电极板上，与 C_x 串联一个恒定电容 C_y (即普通电容)，C_y 上的电压 U_y 加在示波器的垂直电极板上，很容易证明 U_y 与铁电体的极化强度 P 成正比，因而示波器显示的图像，纵坐标反映 P 的变化，而横坐标 U_x 与加在铁电体上外电场强度成正比，可以直接观测到 $P\text{-}E$ 的电滞回线。下面证明 U_y 和 P 的正比关系。

$$\frac{U_y}{U_x} = \frac{\dfrac{1}{\omega C_y}}{\dfrac{1}{\omega C_x}} = \frac{C_x}{C_y} \tag{4-62}$$

$$C_x = \varepsilon \frac{\varepsilon_0 S}{d} \tag{4-63}$$

式中，ω 为图中电源 U 的角频率。

$$U_y = \frac{C_x}{C_y} U_x = \frac{\varepsilon \varepsilon_0 S}{C_y} \frac{U_x}{d} = \frac{\varepsilon \varepsilon_0 S}{C_y} E \tag{4-64}$$

$$P = \varepsilon_0 (\varepsilon - 1) E \approx \varepsilon \varepsilon_0 E = \varepsilon_0 \chi E \tag{4-65}$$

$\varepsilon \gg 1$，故有 $P \approx \varepsilon \varepsilon_0 E = \varepsilon_0 \chi E$ 近似等式，代入式(4-64)

$$U_y = \frac{S}{C_y} P \tag{4-66}$$

式中，ε 为铁电体的介电常数；ε_0 为真空中的介电常数；S 为平板电容 C_x 的面积；d 为平行平板间距离。因 S 与 C_y 都是常数，故 U_y 与 P 成正比。

4.2.5　热释电系数测试

测量热释电系数的方法有多种，早期采用的方法是测量不同温度下的电滞回线中的自发极化强度 P_s，得出 P_s 与 T 的关系曲线，由曲线斜率求出热释电系数 P_i 的值，这种方法也称电反转法。自 20 世纪 70 年代以来，人们提出了静态法、等速加热法、电荷积分法、热动态电流法和介质加热法等多种测量热释电系数的基本方法。其中以电荷积分法较为简单、准确，且能满足零电场条件的测量。另一种测量方法是热动态电流法，采用调制热源技术，研究在特定温度条件下，被测量材料的动态热释电响应。该测试系统可测量在恒温条件下从铁电陶瓷到聚合物等多种材料的热释电电流响应，还可用于测量钽酸锂和铌酸锂多种几何形状样品的特性。本节主要介绍电荷积分法和热动态电流法的测量原理及其测量系统。

4.2.5.1　电荷积分法

当温度发生变化时，热释电材料的自发极化强度 P_s 随温度的变化率 $\dfrac{\mathrm{d}P_s}{\mathrm{d}T}$，一般称为热释电系数 P_i，即

$$P_i = \frac{\mathrm{d}P_s}{\mathrm{d}T} \tag{4-67}$$

随着温度的变化，样品电极上所引起的电荷为

$$\Delta Q_s = \int i_p \mathrm{d}t = \int (AP_i \frac{\mathrm{d}T}{\mathrm{d}t})\mathrm{d}t = \int_0^{\Delta T} AP_i \mathrm{d}T = AP_i \Delta T \tag{4-68}$$

$$i_p = AP_i \frac{\mathrm{d}T}{\mathrm{d}t} \tag{4-69}$$

可求出热释电系数：

$$P_i = \frac{\Delta Q_s}{A\Delta T} \tag{4-70}$$

式中，ΔT 为时间 Δt 内的温度变化；i_p 为热释电电流；A 为样品的电极面积。由式 (4-70) 可以看出，只要测出温度 ΔT 范围内的热释电电荷 ΔQ_s，即可确定热释电系数 P_i。电荷积分法的测量电路如图 4-29 所示。

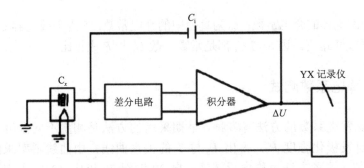

图 4-29　电荷积分法测试电路

图中 C_x 为待测样品，C_i 为经过校正的反馈电容，样品在加热过程中所产生的热释电电荷 ΔQ_s 将传输至反馈电容 C_i 上。由于积分器的输出电压 ΔU 为

$$\Delta U = \frac{\Delta Q_s}{C_f} = \frac{A P_i \Delta T}{C_f} \tag{4-71}$$

可得热释电系数：

$$P_i = \frac{C_f \Delta U}{A \Delta T} \tag{4-72}$$

将输出电压和热电偶的信号同时记录，可得输出电压与温度的关系曲线 $\Delta U(T)$，根据曲线斜率可以确定热释电系数 P_i 及其与温度的关系曲线 $P_i(T)$。为了减小运算放大器失调及漂移的影响，常常在运算放大器之前加一级差分电路，以提高积分器的输入阻抗及灵敏度。

4.2.5.2　热动态电流法

该方法是在测量过程中以极其缓慢的线性速率使样品加热或冷却，以实现块状样品温度随时间的变化为已知恒量。已知样品的面积为 A，测量直流热释电电流 i_p，由于 $\dfrac{dT}{dt}$ 可认为是常数，因而可直接计算热释电系数 P_i。根据

$$i_p = A \frac{dP_s}{dt} = A \frac{dP_s}{dT} \frac{dT}{dt} = A P_i \frac{dT}{dt} \tag{4-73}$$

其中，$P_i = \dfrac{dP_s}{dT}$ 为样品的极化强度。由于压电噪声源或热电噪声源的存在，要精确测定直流热释电电流往往是困难的。因此，在测量热释电材料特性时，一般采用锁定分析仪或数字信号处理技术直接提高信噪比。

1. 热释电电流测量

可用与样品光源斩波频率同步的锁定分析仪直接测量热释电电流。为此，可选用带 181 型电流预放大器的 5208 型锁定分析仪。由于 181 型放大器的增益高达 10^{-9}A/V，5208/181 型的组合设备具有高灵敏度和低噪声，整体分辨率可达 1 fA(10^{-15} A)，5208 型分析仪可用于分辨率为 1 μV 的情形。

由于样品光源被方波调制，处于中频带的热释电信号也应该是方波，5208 型分析仪只对调制信号的基波正弦分量有响应。因此，可使 5208 型分析仪读取由样品产生的峰值电流。方波可用傅里叶级数表示为

$$I(kt) = \frac{4}{\pi} I_0 \sum_{n=0}^{\infty} \frac{\sin(2n+1)kt}{2n+1} \tag{4-74}$$

由于只有基波分量可测量，故 5208 型分析仪指示的有效值与方波振幅 I_0 有关，且

$$I_0 = U_{5208} \frac{\pi}{4}(2\sqrt{2})A_i = U_{5208} \frac{\sqrt{2}}{2} \pi A_i \tag{4-75}$$

其中，U_{5208} 是 5208 型分析仪的测量电压，A_i 是 181 型放大器的增益，用这种方法确定的 I_0 与示波器显示值相比，误差<1%。5208 型分析仪的频率响应范围为 0.5 Hz~200 kHz，平均时间常数可达 30 s。

对于低频分析（<0.5 Hz），可使用 HP54201A 数字示波器，HP54201A 的显著特点是允许减小基本噪声并增强信号。另外，热释电信号具有周期性，示波器显示和取样在时间上与调制信号同步。

样品光源通过 50/120 μm 多模光纤（波长为 842 nm）对样品进行光照，来自光纤端部的光功率全部照射在样品上，而高发射率(η)接近于 1 的涂层实际上可使入射的功率基本上被样品吸收，因此，通过光功率计测量光纤的输出功率 P_0 后，根据式(4-75)可直接算出热释电电流响应：

$$R_i = \frac{I_0}{P_0} \tag{4-76}$$

其中，

$$I_0 \approx i_p \approx \frac{W \eta P_i A}{2\rho c \delta} \tag{4-77}$$

式中，W 为入射功率，η 为样品表面发射率，P_i 为热释电系数，ρ 为热释电材料的密度，c 为热释电材料的单位热容量，δ 为样品的厚度，A 为样品的电极面积。

2. 测量步骤

在样品的两面溅射金层，用银线在样品两面的电极上形成电接触，将样品与玻璃片装配在一起。样品安装方法如图 4-30 所示。照射样品的光由光纤通过隔板适配器插入样品温控室，并使样品通过玻璃片接收光的照射，同时确保样品处于一定的真空度下。入射至样品的光功率可在光纤末端测量，并减去玻璃片对光的衰减值。用插入损耗技术测出上述衰减值为-0.27 dB。将样品光照的另一面涂黑，并使其发射率接近 1。然后校正样品室内的样品夹具，使样品室达到合适的真空度（<1.33 Pa）。样品的温度可在 250～350 K 的范围内步进变化，在选定的温度点处可测量热释电电流 I_0，由式（4-76）和式（4-77）可计算热释电电流响应和热释电系数。表 4-7 给出 $T=292$ K 时，用 Byer-Roundy 方法（电荷积分法，P_{i1}）和 Chynoweth 方法（热动态电流法，P_{i2}）测量的热释电系数。由表 4-7 可以看出，用 Chynoweth 方法测量的结果与 Byer-Roundy 结果相比，存在一定的差别，主要原因是由于两者热辐射的方法和频率不同。在 Byer-Roundy 方法中，按预先确定的速度使样品均匀加热，以产生所需的温度变化，因为样品的两表面被均匀加热，被测量的电流是热释电系数和样品温度变化速率的函数。而在 Chynoweth 系统中，样品的温度保持恒定，且晶胞中出现了电矩，即发生了自发极化。

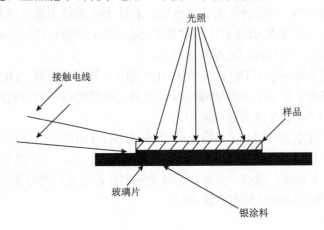

图 4-30　样品安装示意图

表 4-7　用 Byer-Roundy 和 Chynoweth 方法测量的热释电系数

样品	材料	$\delta/\mu m$	$P_{i1}/[\mu C/(m \cdot K)]$	$P_{i2}/[\mu C/(m \cdot K)]$
1	LiTaO$_3$	100	176	281.0
2	LiTaO$_3$	100	176	304.7
3	LiNbO$_3$	430	61	74.33
4	LiNbO$_3$	250	61	89.69

4.3　矿物材料电学性能应用

4.3.1　电容材料

非金属矿物应用于电容器，大体可分为 3 种情况：①作为活性材料用于电极；②作为模板制备电极材料；③作为载体材料用于复合电极。

1）电极活性材料

锂离子超级电容器是一种高比能量、高功率的新型电容器，其特点是正极(或负极)材料是有锂离子脱嵌功能的插层电极材料，而另一电极则是双电层储能材料。与锂离子电池类似，天然石墨可以用作锂离子超级电容器的负极材料。

通过往天然石墨上负载聚丙烯腈后再热处理得到硬碳涂层，提升了锂离子超级电容器的功率密度和循环性能，在 10000 次循环后容量保持率为 74.6%。此外，天然石墨也可用作锂离子超级电容器正极材料。以天然石墨为正极，锂化石墨为负极，构造了一种新型的锂离子超级电容器。在功率密度为 0.22～21.00 kW/kg 下，其能量密度为 167～233 W·h/kg，具有十分优异的电化学性能。

除天然石墨外，其他矿物也有少量用作超级电容器活性材料的报道。例如，铜蓝(CuS)和辉铜矿(Cu_2S)可作为超级电容器电极材料。将钛铁矿与金红石球磨成纳米颗粒后，也可作为超级电容器电极材料。对钛铁矿与金红石进行酸处理与热处理后，混合样品的电化学性能明显提升。

2）模板材料

蒙脱石、埃洛石、硅藻土等矿物具有特定纳米形貌，常用作模板合成具有特定形貌的碳、导电聚合物等电极材料。目前，已有多种矿物被用作模板来合成多孔碳材料，具体包括：天然沸石、凹凸棒石、硅藻土、纤蛇纹石、埃洛石、蒙脱石、高岭石及煅烧后的冰洲石等矿物。

模板法合成的多孔碳由于具有丰富的孔结构，而具有良好的电化学性能。在埃洛石上负载树脂后高温碳化，去除模板后，合成了介孔管状碳材料。在 6 mol/L 的 KOH 电解液中，电流密度 1 A/g 下比电容达到 232 F/g；在电流密度 5 A/g 下循环 5000 次，容量保留率为 95.3%。

3）电极载体材料

将活性材料负载在蒙脱石、埃洛石等矿物表面，可以控制活性材料的特定形貌，并且由于矿物结构的稳定性，避免活性材料团聚，可提升材料的比电容及循环稳定性等性能。负载的活性材料主要有碳材料、导电聚合物、金属氧化物、金属硫化物等。

例如，碳材料可与高岭土、埃洛石、蒙脱石、凹凸棒石等矿物复合后用于超级电容器电极。导电聚合物与蒙脱石、海泡石、埃洛石、凹凸棒石、导电云母等复合后可获得较高的电导率和比电容，性能得到了显著提升。

金属氧化物(或硫化物)电极具有很高的理论比电容，但实际中的比电容远低于理论比电容，可通过与凹凸棒石、埃洛石、硅藻土、蒙脱石等矿物复合以提升其电化学性能。

此外，矿物可同时与碳材料、导电聚合物及金属氧化物(硫化物)等材料复合，形成多元复合材料，往往具有更加优异的性能。

4.3.2　电磁屏蔽和吸收材料

对电磁波屏蔽材料的基本技术要求是，能对一定频率范围内的电磁波实现高效宽带吸收，材料要求轻薄。在这类材料研制中，吸收剂填料的设计制备和加工尤其关键。某些铁锰类矿物和过渡族元素氧化物在一定频段内具有适宜的电磁参数，经过特殊加工处理后，有可能成为吸收剂的重要原料。研究表明，用铁砂、稀土矿物或铁氧体矿物为原料制备吸收剂，在 $8 \sim 12 \, \mathrm{GHz}$ 频段内，该材料的吸收率能够达到 $10 \, \mathrm{dB}$，吸波频宽大于 $5 \, \mathrm{GHz}$，已经成功地用作某种国产飞机的吸波材料。

通过对天然矿物的微波电磁性能研究，可以筛选出具有良好电磁波吸收性能的材料，用于电磁波的防护方面，这是近十多年来矿物物理学发展起来的一个新领域。天然产物具有储量大、加工简单、价格低廉、使用方便的特点，是一种具有广阔应用前景的电磁波吸收材料。目前已经在微波介质材料和微波吸收材料方面取得了较好的成果。除了上述的矿物材料以外，铁氧体矿物因其特殊成分与结构，可掺杂在屏蔽材料中，如果将它的杂质和主要成分控制在适当的比例，它们在矿物微波电磁特征方面将成为一种优良的铁氧体材料，在微波技术应用方面前景广阔。

4.3.3　电绝缘材料

在无线电电子技术和电气工程中，需要大量具有较高电绝缘性能的材料。如电机、电车、无线电发射塔等的绝缘支撑材料，家用电器中的电热管、电熨斗、电饭煲的绝缘填料。虽然其中一部分可以使用有机材料，但无机矿物材料，尤其是硅酸盐，具有耐高温、抗老化、抗酸碱和化学稳定性好的优点，仍是当今电绝缘材料的重要组成部分。又如白云母，具有很高的透明度、弹性、韧性、化学稳定性，并具有优异的耐高压、耐热、耐火性和较好的电绝缘性，是制备电机、电子管和电容器的重要材料。再如滑石粉，在 1000℃以内具有较好的电绝缘性，常用于变压器、电机匝间涂料的填料。作为电热管用的电绝缘填料，目前常用的是电熔氧化镁，但在常温下极易吸潮发生水合反应，生成氢氧化镁，而使电绝缘性能大为降低，并且价格较贵。

以石英为原料制备的硅微粉由于高的电绝缘性和相对于树脂较高的导热、耐热、低膨胀、高耐温、低应力等一系列优异性能，是电工绝缘和大规模集成电路塑封料的首选填料。随着电力工业的发展和计算机大规模集成电路的广泛应用，尤其对作为塑封填料的硅微粉提出了更多的数量和更高的质量要求，不仅粒度细（粒径小于 1 μm）、纯度高（如铁含量小于 2 ppm），而且要求放射性元素（U、Th）含量低（小于 0.1 ppb），并且颗粒形状为球形（以增加其填充量和导热性）。要实现上述技术要求，首先应选择优质矿源，采用先进的无污染、超细磨、选矿浸出工艺和科学的球形颗粒制备方法。

4.3.4　光电材料

地球上生物因受到太阳光辐射作用而进化出结构精致的光合作用系统，太阳光辐射对地球表面广泛分布的无机矿物的影响与响应机制研究越来越受到重视。新发现的地表"矿物膜"转化太阳能系统，具有潜在的产氧固碳作用，体现出自然界中固有的矿物光电效应与非经典光合作用。地表"矿物膜"富含水钠锰矿、针铁矿、赤铁矿等天然半导体矿物，在日光辐射下具有稳定而灵敏的光电转换性能，产生矿物光电子能量；矿物拥有非经典光合作用的性能，自然界无机矿物转化太阳能系统类似生物光合作用吸收转化太阳能的产氧固碳系统，地表"矿物膜"光催化裂解水产氧作用及其转化大气和海洋二氧化碳为碳酸盐矿物作用，孕育出"矿物光合作用"；矿物具有促进生物光合作用的功能，生物光合作用中心 Mn_4CaO_5 在裂解水产氧过程中产生成分和结构类似水钠锰矿的锰簇化合物结构体，初步认为水钠锰矿可提高水的分解程度与光合作用效率，为进一步探索矿物促进生物光合作用机理提供了可能。

4.3.5　热释电材料

热释电晶体分为有线热释电体和铁电体两类，前者的自发极化方向不随外电场而改变，如 ZnO、CdS 和电气石等；后者的自发极化方向可随外加电场的反向而反向，如 $BaTiO_3$、$LiTaO_3$、TGS（硫酸三甘肽）等。在所有 32 个点群的晶体中，只有 10 个极性点群的晶体具有热释电效应。热释电晶体主要用于制作各类热释电红外探测器。热释电晶体是一类具有优良的热释电性能，并能制作实用的光辐射（或热辐射）测量器件的晶体材料。利用晶体的热释电效应，可以制造红外热释电探测器、红外热释电摄像管等。热释电晶体大多是一些铁电极性晶体，由于器件性能要求很薄的晶片，因而加工制作工艺较复杂。近年来曾发现一些铁电陶瓷和高电压下极化的铁电有机薄膜亦具有热释电性能，并被用以制作热释电器件。与这些材料相比，热释电晶体性能稳定可靠、探测灵敏度高。

1）夜视技术

在漫漫黑夜伸手不见五指的时候，人们多么希望有一双可以透视黑夜的眼睛，可以洞察万物；特别是巡逻边疆的战士，是如何急切地需求能洞察夜幕下可能发生的一切。在现代科技条件下，人们早就发展了高超的夜视技术，在夜视技术中扮演主角的，就是一种重要的功能晶体——热释电晶体。科学研究表明，一切发热的物体都会辐射出一种人眼看不见的波长大于 760 μm 的红外线。各种物体（包括人体）由于本身温度和发射红外线的本领不一样，实际发射的红外线波长和强度也不一样。在黑夜中，这样的红外线辐射已经勾画出夜幕掩盖下的生动世界。我们可以用热释电晶体成像管配以高超的电子、图像技术，在人们的眼前显现出周围的一切，为人们在夜幕中装上了明亮的眼睛。

2）保健材料

产生电荷的晶体也可能产生红外线，因此，有些热释电材料，如天然存在的矿物电气石晶体就是最早被人们发现的热释电晶体之一，就被作为能发射红外线的材料而广泛应用，成为有利于增进人类健康的一类保健产品的原料。由电气石添加的织物能有效地促进和改善微循环，目前国内外对此的需求日增。

利用晶体的热释电效应可以制作各种探测器件，除夜视外，还可做体温计、辐射测量计，红外热像仪可以做医疗诊断，导弹前面安装的红外制导装置成为导弹紧盯目标的"撒手锏"，热释电晶体的用途不可谓不广。

参 考 文 献

[1] 王树根. 矿物的电学性能及其在电工电子材料中的应用[J]. 中国矿业, 2005, 14(2): 11-14

[2] 吴雪梅, 诸葛兰剑, 吴兆丰, 等. 材料物理性能与检测[M]. 北京: 科学出版社, 2020

[3] 邱成军, 王元化, 曲伟. 材料物理性能[M]. 3 版. 哈尔滨: 哈尔滨工业大学出版社, 2009

[4] 龙毅, 李庆奎, 强文江. 材料物理性能[M]. 2 版. 长沙: 中南大学出版社, 2018

[5] 贾德昌, 宋桂明, 等. 无机非金属材料性能[M]. 北京: 科学出版社, 2008

[6] 李珍, 杨密纯. 材料性能检测实验指导讲义[M]. 武汉: 中国地质大学(武汉)出版社, 2005

[7] 宗祥福, 李川. 电子材料实验[M]. 上海: 复旦大学出版社, 2004

[8] 郑会保, 孙敏. 非金属材料性能检测[M]. 北京: 机械工业出版社, 2022

[9] 高智勇, 隋解和, 孟祥龙. 材料物理性能及其分析测试方法[M]. 2 版. 哈尔滨: 哈尔滨工业大学出版社, 2020

第5章 矿物材料的磁性能

5.1 矿物材料磁性能概述

5.1.1 磁性概述

材料磁性的本源是材料内部电子的循轨和自旋运动。物质的磁性就是由电子的这些运动产生的。由物理学可知，任一封闭的电流都具有磁矩，其方向与环形电流法线方向一致，大小为电流与封闭环形面积的乘积。

材料内部电子的循轨运动和自旋运动都可以看作是一个闭合的环形电流，因而必然会产生磁矩。由电子循轨运动产生的磁矩称为轨道磁矩，以 m_l 表示，m_l 为矢量，它垂直于电子运动的轨道平面，其大小为

$$m_l = \sqrt{l_i(l_i+1)}m_B \tag{5-1}$$

式中，l 为轨道角量子数，可取 $0,1,2,3,\cdots,n-1$，分别代表 s、p、d、f······层的电子态；m_B 为玻尔磁子，值为 $9.27\times10^{-24}A\cdot m^2$，是磁矩的最小单元。

电子自旋运动产生的磁矩称为自旋磁矩 m_S，其方向平行于自旋轴，大小为

$$m_S = 2\sqrt{S_i(S_i+1)}m_B \tag{5-2}$$

式中，S 为自旋量子数，其值为 1/2。

因此运动电子的磁矩一般是轨道磁矩和自旋磁矩的矢量和。原子核也有磁矩，不过它的磁矩很小，约为电子磁矩的 1/2000，一般忽略不计。原子、分子是否具有磁矩，取决于该原子、分子的结构。理论证明，当原子中的一个次电子层被排满时，这个电子层的磁矩总和为零，它对原子磁矩没有贡献。当原子中的电子层均被排满时，原子没有磁矩。只有原子中存在着未被排满的电子层时，由于未被排满的电子层电子磁矩之和不为零，原子才具有磁矩，这种磁矩称为原子的固有磁矩。例如，铁原子中共 26 个电子，电子层分布为 $1s^2 2s^2 2p^6 3s^2 3p^6 3d^6 4s^2$，可以看出，除 3d 次电子层外，各层均被电子填满，自旋磁矩被抵消。并且它们的自旋尽量在同方向上，根据洪德规则，电子在 3d 层中应尽可能填充到不同轨道，且这些电子的自旋方向平行(平行自旋)。因此，5 个轨道中有 4 个只有 1 个电子，因

此铁原子的固有磁矩是 4 个电子磁矩的总和,当原子结合成分子时,它们的外层电子磁矩要发生变化,所以分子磁矩并不是单个原子磁矩的总和。

·材料的磁化

铁使磁场强烈地增强,铜则使磁场减弱,而铝虽使磁场增强,但很微弱。也就是说,物质在磁场中由于受磁场的作用都呈现出一定的磁性,这种现象称为磁化。凡是能被磁场磁化的物质称为磁质或磁介质,实际上包括空气在内所有的物质都能被磁化,因此从广义上讲都属磁介质。

当磁介质在磁场强度为 H 的外加磁场中被磁化时,会使它所在空间的磁场发生变化,即产生一个附加磁场 H',这时,其所处的总磁场强度为两部分的矢量和,即

$$H_{总} = H + H' \tag{5-3}$$

磁场强度的单位是 A/m。通常,在无外加磁场时,材料中固有磁矩的矢量总和为零,宏观上材料不呈现出磁性。但当材料被磁化后,便会表现出一定的磁性,实际上,物体的磁化并未改变原子固有磁矩而是改变了它们的取向,因此,材料磁化的程度可用所有原子固有磁矩 m_i 矢量的总和 $\sum m_i$ 来表示,由于材料的磁矩和尺寸因素有关,为了便于比较材料磁化的强弱程度,一般用单位体积的磁矩 $\sum m_i$ 的大小表示,单位体积的磁矩称为磁化强度,用 M 表示,其单位为 A/m。它等于

$$M = \frac{1}{V} \sum m_i \tag{5-4}$$

当一个物体在外加磁场中被磁化时,物体所在空间的总磁场强度是外加磁场强度 H 和材料磁化强度 M 之和,前面所述的附加磁场强度 H 实际就等于磁化强度 M。磁化强度不仅与外加磁场强度有关,还与物质本身的磁化特性有关,即

$$M = \chi H \tag{5-5}$$

其中,χ 为磁化率,量纲为 1,其值可正、可负,它表征物质本身的磁化特性。

通过磁场中某点,垂直于磁场方向单位面积的磁力线数称为磁感应强度,用 B 表示,其单位为 T(特斯拉),它与磁场强度 H 的关系是:

$$B = \mu_0(H + M) \tag{5-6}$$

或

$$B = \mu_0(H + H') \tag{5-7}$$

式中,μ_0 为真空磁导率,它等于 $4\pi \times 10^{-7}$,单位为 H/m(亨/米)。

因此，可得

$$B = \mu_0(1 + \chi)\ H = \mu_0\mu_t H = \mu H \tag{5-8}$$

式中，μ_0 为相对磁导率；μ 为磁导率或导磁系数，单位与 μ_0 相同，它反映了磁感应强度 B 随外磁场 H 变化的速率。

5.1.2　磁畴理论

在铁磁性物质中，存在着许多微小自发磁化区域，称为"磁畴"。这种磁畴已被实验观察所证实。

根据交换能最低的原则，铁磁性物质相邻原子未抵消的自旋磁矩应同向排列，形成自发磁化。那么为何不是整块单晶体或每个晶粒形成一个大磁畴呢？这是由于磁畴的尺寸大小和其形状结构受多种能量因素制约的结果。

虽然交换能使铁磁物质中的磁矩同向排列形成一个磁畴，但同向排列的结果却形成了磁极，因而造成了很大的退磁能，如图 5-1(a) 所示，所谓的退磁能就是指由于铁磁体产生的外磁场和内磁场的方向相反，从而使铁磁体的磁性减弱，造成磁化能增加，这就必然要限制自旋磁矩的同向排列。若晶体分为两个反向磁化区(磁畴)，则可使退磁能大大降低，如图 5-1(b) 所示，当形成图所示的封闭磁畴时，可使退磁能降为零，于是，便出现了上下两个三角形的闭合磁畴，由于磁各向异性的作用，沿易磁化方向的磁畴较长，不易磁化方向的磁畴较短。闭合磁畴的出现，一方面使退磁能下降为零，另一方面由于闭合磁畴和基本磁畴的磁化方向不同，引起的磁致伸缩不同，因而产生了一定的磁致伸缩能。这部分能量不仅与磁畴的方向有关，而且和磁畴的尺寸有关，尺寸越大，磁致伸缩所引起的尺寸变化就越不容易相互补偿，磁弹性能(磁致伸缩能)就越高。因此，封闭式磁畴结构需要由较小的磁畴构成，弹性能才可能更低，如图 5-1 所示。

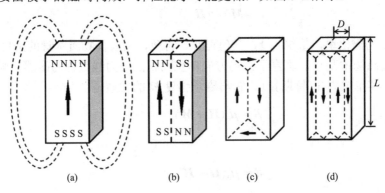

图 5-1　单晶体磁畴示意图

从这个角度出发，磁畴越小能量越低，但同时还要考虑磁畴壁的因素。当一个磁体中存在许多小磁畴时，相邻磁畴的交界处原子自旋磁矩应当如何排列呢？计算指出，相邻磁畴彼此之间不可能直接呈反向平行排列。因为，这样的排列方式交换能很高。可能的情况是在两相反磁畴之间形成一个过渡层，通常称为磁畴壁。畴壁内自旋磁矩的方向从一个磁畴逐渐过渡到另一个磁畴，如图 5-2 所示。这种情况交换能较低。但是，畴壁的自旋磁矩却偏离了晶体的易磁化方向，由此导致各向异性能增高。此外，还由于磁致伸缩的变化使弹性能升高，所以形成畴壁需要一定的能量。畴壁的总能量与磁畴壁的面积有关，畴壁面积越大，能量越高；而磁畴越小，磁畴壁面积就越大。当磁畴变小使磁致伸缩能减小的数量和畴壁形成所需要的能量相等时，即达到了能量最小的稳定闭合磁畴组态。

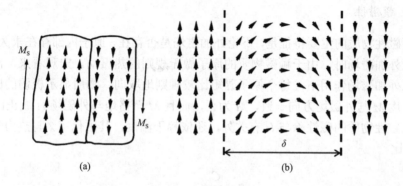

图 5-2　磁畴壁示意图

在没有外磁场时，通常磁畴呈细小扁平的薄片状或细长的核柱状。在多晶体中，一个晶粒内可有数个磁畴。在磁场的作用下，磁畴的大小和方向都可能发生变化。

5.1.3　磁性分类

根据磁性行为，可以将磁性的机制分为五类，即抗磁性、顺磁性、铁磁性、反铁磁性和亚铁磁性。铁磁性和亚铁磁性是磁性材料应用的物理基础，其主要特点是具有自发磁化、畴结构和磁滞行为。各类物质的 M-H 曲线示于图 5-3。

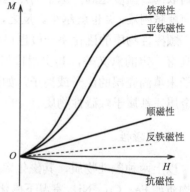

图 5-3　磁化强度 M 与外加磁场 H 的关系

1. 抗磁性

当磁化强度 M 为负时，固体表现为抗磁性。Bi、Cu、Ag、Au 等金属具有这种性质。在外磁场中，这类磁化了的介质内部 B 小于真空中的 B_0。抗磁性物质的原子(离子)的磁矩应为零，即不存在永久磁矩。当抗磁性物质放入外磁场中，外磁场使电子轨道改变，感生一个磁矩。按照楞次定律，其方向应与外磁场方向相反，表现为抗磁性。所以抗磁性来源于电子轨道状态的变化。抗磁性物质的抗磁性一般很微弱，磁化率 χ 一般约为-10^{-5}，为负值。陶瓷材料的大多数原子是抗磁性的。周期表中前 18 个元素主要表现为抗磁性。这些元素构成了陶瓷材料中几乎所有的阴离子，如 O^{2-}、F^-、Cl^-、S^{2-}、SO_4^{2-}、CO_3^{2-}、N^{3-}、OH^- 等。在这些阴离子中，电子填满壳层，自旋磁矩平衡。

2. 顺磁性

顺磁性物质的主要特征是，不论外加磁场是否存在，原子内部存在永久磁矩。但在无外加磁场时，由于顺磁物质的原子做无规则的热振动，宏观看来，没有磁性；在外加磁场作用下，每个原子磁矩比较规则地取向，物质显示极弱的磁性。磁化强度 M 与外磁场方向一致，M 为正，而且 M 严格地与外磁场 H 成正比。

顺磁性物质的磁性除与 H 有关外，还依赖于温度，其磁化率 χ 与热力学温度 T 成反比

$$\chi = \frac{C}{T} \tag{5-9}$$

式中，C 为居里常数，取决于顺磁物质的磁化强度和磁矩大小。显然，随着顺磁物质温度 T 的升高，磁化率 χ 迅速降低，这是因为热运动能量破坏了原子磁矩的规则取向。温度越高，原子的热运动能量越大，使原子磁矩沿外磁场方向的规则取向就越困难，χ 也就越小。反之，温度 T 越低，磁化率 χ 就越大。

顺磁性物质的磁化率一般也很小，室温下 χ 约为 10^{-5}，因此，除了对物质结构具有一定的意义外，其实用价值并不大。一般含有奇数个电子的原子或分子，电子未填满壳层的原子或离子，如过渡元素、稀土元素、钢系元素，还有铝、铂等金属，都属于顺磁性物质。

3. 铁磁性

以上两种磁性物质，其磁化率的绝对值都很小，因而都属弱磁物质。另有一类物质如 Fe、Co、Ni，室温下磁化率可达 10^3 数量级，属于强磁性物质。这类物质性称为铁磁性。

铁磁性物质和顺磁性物质的主要差异在于：即使在较弱的磁场内，前者也可得到极高的磁化强度，而且当外磁场移去后，仍可保留极强的磁性。

铁磁体的磁化率为正值，而且很大，但当外场增大时，由于磁化强度迅速达到饱和，其 χ 变小。

铁磁性物质所表现出的很强的磁性来源于其很强的内部交换场。由图 5-3 可知，铁磁性物质的交换积分为正值，而且较大，使得相邻原子的磁矩平行取向（相应于稳定状态），在物质内部形成许多小区域——磁畴。每个磁畴大约有 10^{15} 个原子。这些原子的磁矩沿同一方向排列，外斯假设晶体内部存在很强的称为"分子场"的内场，"分子场"足以使每个磁畴自动磁化达到饱和状态。这种自生的磁化强度叫作自发磁化强度。由于它的存在，铁磁物质能在弱磁场下强烈地磁化。因此自发磁化是铁磁物质的基本特征，也是铁磁物质和顺磁物质的区别所在。铁磁体的铁磁性只在某一温度下才表现出来，超过这一温度，由于物质内部热骚动破坏电子磁矩的平行取向，因而自发磁化强度为 0，铁磁性消失。这一温度称为居里点 T_c。在居里点以上，材料表现为强顺磁性，其磁化率与温度的关系服从居里-外斯定律

$$\chi = \frac{C}{T - T_c} \tag{5-10}$$

式中，C 为居里常数。当 $T \to T_c$ 时，χ 为极大值。

铁磁物质所表现的顺磁性和一般顺磁性在性质上是相同的，但在温度的起点上有所不同。铁磁物质的顺磁性是以居里温度为起点，而顺磁性物质是以 0 K 为起点。所以公式(5-10)只适用于温度 T 高于居里点 T_c 时的场合，而不适用于 $T < T_c$。

由此可见：物质是否具有铁磁性并非绝对，因为矛盾是可以相互转化的。如金属 Mn、As 以及 Sb 等虽然都不是铁磁性物质而呈顺磁性，但当它们形成合金时却又都具有铁磁性。因为原子间的距离已经改变，如 Mn 的晶格常数 $a = 0.258$ nm，而 MnAs、MnSb 的晶格常数却分别为 0.285 nm 和 0.289 nm。所以，晶体结构的改变可以使很多顺磁性材料转变为具有铁磁性。同样，在形成新化合物过程中，过渡元素金属离子的改变，也可使不少顺磁性离子(如 Cr^{6+} 等)转变成铁磁性。

4. 反铁磁性

反铁磁性是指由于交换作用为负值(图 5-3)，电子自旋反向平行排列。在同一子晶格中有自发磁化强度，电子磁矩是同向排列的；在不同子晶格中，电子磁矩反向排列。两个子晶格中自发磁化强度大小相同，方向相反，整个晶体 $M = 0$。

　　不论在什么温度下，都不能观察到反铁磁性物质的任何自发磁化现象，因此其宏观特性是顺磁性的，M 与 H 处于同一方向，磁化率 χ 为正值。温度很高时，χ 极小；温度降低，χ 逐渐增大。在一定温度 T_n 时，χ 达最大值 χ_n，称 T_n 为反铁磁性物质的居里点或奈尔点。对奈尔点存在 χ_n 的解释是：在极低温度下，由于相邻原子的自旋完全反向，其磁矩几乎完全抵消，故磁化率 χ 几乎接近于 0。当温度上升时，使自旋反向的作用减弱，χ 增加。当温度升至奈尔点时，热骚动的影响较大，此时反铁磁体与顺磁体有相同的磁化行为。

　　上述指出反铁磁体中相邻原子的磁矩反平行取向。根据中子衍射测出的 MnO 点阵中，Mn^{2+} 的自旋排列示于图 5-4。从图可以看出，在某一个 (111) 面上的离子有相同方向的自旋，而在相邻的 (111) 面上离子的自旋方向均与之相反。故对任一 Mn^{2+} 来说，所有相邻的 Mn^{2+} 均与它有相反的自旋方向。MnO 的结构属 NaCl 型，O^{2+} 在 Mn^{2+} 之间。因此，图中给出的元晶胞是按磁性来划分的，它比按结晶化学原则划分的元晶胞大 8 倍。

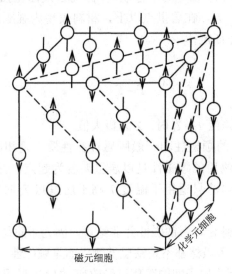

图 5-4　MnO 点阵中 Mn^{2+} 的自旋排列

　　按前所述，MnO 点阵中任一 Mn^{2+} 邻近两种 Mn^{2+}，其一为同一 (111) 面上具有平行自旋的 Mn^{2+}，另一为中间连接一个 O^{2-} 的反平行自旋的 Mn^{2+}。在反铁磁体中，具有反平行磁矩的相邻原子间的交换作用应占优势，但从图 5-4 中容易看出，这种离子间的距离比之平行自旋的离子间距离要大。根据前面的讨论，交换能的大小取决于物质的原(离)子间距离，相距远的交换力小。怎样克服这个矛盾，解释这种离子间所具有的较大的交换能呢?超交换理论或称间接交换理论可以提供适当的解释。根据此理论，能够通过邻近阳离子的激发态而完成间接交换作用，即经中间的激发态氧离子的传递交换作用，把相距很远无法发生直接交换作用的两个金属离子的自旋系统连接起来。在激发态下，O^{2-} 将一个 2p 电子给予相邻的 Mn^{2+} 而成为获得这个电子变成 Mn^+，此时它们的电子自旋排列如图 5-5 所示。

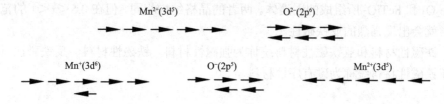

图 5-5　MnO 晶体中的自旋

由图 5-5 可知，O^- 自旋与左方 Mn^+ 自旋方向相同。当右方的 Mn^{2+} 的自旋与 O^- 的自旋方向相反时，系统有较低的能量。此时，左方的 Mn^+ 与右方的 Mn^{2+} 的自旋方向相反，激发态的出现是 O^{2-} 提供了一个 2p 电子导致的，而 p 电子的空间分布是 ∞ 型，故 M—O—M 间的夹角 $\varphi = 180°$ 时，间接交换作用最强，而 $\varphi = 90°$ 时的作用最弱。

5. 亚铁磁性

亚铁磁性实质上是两种次晶格上的反向磁矩未完全抵消的反铁磁性。这就是说，在没有外加磁场作用时，一个晶胞中仍具有未抵消的合成磁矩。亚铁磁性也称铁氧体磁性，具有这种特性的物质就称为亚铁磁性物质或铁氧体磁性材料。亚铁磁性与铁磁性相同之处在于具有强磁性，所以，有时也被统称为铁磁性物质；和铁磁性物质的不同点在于其磁性来自于两种方向相反、大小不等的磁矩之差。图 5-6 形象地表示在居里点或奈尔点以下时铁磁性、反铁磁性及亚铁磁性的自旋排列。

铁磁性　　　　　亚铁磁性　　　　　反铁磁性

图 5-6　铁磁性、亚铁磁性、反铁磁性的自旋排列

具有亚铁磁性的材料除铁氧体外，尚有周期表中 V A、VI A 族的一些元素与过渡金属的化合物（如 MnSb、MnAs 等），其磁化率可达 10^2 数量级。

亚铁磁性和反铁磁性有着密切的关系。从一种已知的反铁磁性结构出发，经过元素置换，可以配制成一种保持原来磁结构的平行排列，但两组次晶格的磁矩又不相等的亚铁磁性材料，如钛铁矿型氧化物 $Fe_{1+x}Ti_{1-x}O_3$ 就是由反铁磁性的 $\alpha\text{-}Fe_2O_3$ 和 $FeTiO_3$ 所组成的固溶体。两者的晶格结构相同，但在 $0.5 < x < 1$ 的范围内，就会出现强烈的亚铁磁性。

铁磁性材料和亚铁磁性材料统称为强磁性材料。铁磁性材料、反铁磁性材料与亚铁磁性材料统称为磁有序性材料。

5.1.4 磁化曲线与磁滞回线

铁磁金属的磁化曲线与顺磁性金属有很大不同，其磁化曲线比较复杂，并且还有不可逆磁化存在。铁磁金属的磁化曲线如图 5-7 所示，从图中曲线可以看出，曲线可分为 3 个部分；在微弱的磁场中，磁感应强度 B 随外磁场强度 H 的增大而缓慢地上升；当 H 继续增大，磁感应强度 B 与外磁场强度 H 之间近似呈直线关系，并且磁化是可逆的；在当 H 进一步增大时，磁感应强度 B 的增加又变得缓慢，最终达到饱和，相对应的磁感应强度称为饱和磁感应强度，用 B_s 表示。

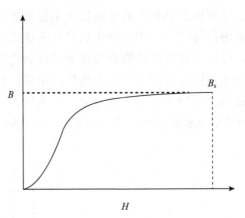

图 5-7　铁磁合金的磁化曲线

如图 5-8 所示，如将试样沿 Oab 曲线磁化到饱和磁化状态后，再逐渐减小磁场强度，则 B 将沿 bcd 曲线随之减小。当 $H=0$ 时，磁感应强度并不等于零，而是保留一定大小的数值，这就是铁磁金属的剩磁现象，去掉外加磁场后的磁感应强度称为剩余磁感应强度，用 B_r 表示，此时要使 B 值继续减小，则必须加一个反向磁场 $-H$，当 H 等于一定值 H_c 时，B 值才等于零。H_c 为去掉剩磁的临界外磁场，称为矫顽力。将反向磁场继续增大，B 将沿着 de 曲线变化为$-B$。随后，改为正向磁场，随着磁场强度的增大，B 沿 $efgb$ 曲线变化为$+B$，从图中可以看到，磁感应强度的变化总是落后于磁场强度的变化，这种现象称为磁滞效应，它是铁磁材料的重要特性之一。由于磁滞效应的存在，磁化一周得到一个闭合回线，称为磁滞回线。第二象限部分也称为退磁曲线。当铁磁材料处于交变磁场中时，将沿磁滞回线反复被磁化、去磁、反向磁化、反向去磁。在此过程中消耗额外的能量以热的形式从铁磁材料中释放，称为磁滞损耗，与磁滞回线所包围的面积成正比。

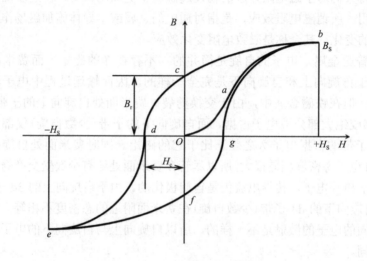

图 5-8　铁磁合金的磁滞回线

不同的磁性材料其磁化曲线与磁滞回线的形状有所不同，根据材料磁滞回线的形状，可将磁性材料分为软磁材料和硬磁材料。软磁材料的磁滞回线"瘦小"，具有高导磁与低 H_c 等特性。硬磁材料的磁滞回线"肥大"，具有高的 H_c、B_r 与 $(BH)_m$ 等特性。

5.2　矿物材料磁性能测试

5.2.1　巨磁电阻分析

自从巨磁电阻效应于 1988 年发现以来，巨磁电阻材料的开发和应用引起了广大科研人员的密切关注，带动其在物理学和材料学领域飞速发展。巨磁电阻效应可视为纳米电子学的一部分并逐渐开辟了全新的磁电子学领域。

1. 基本概念

随着金属多层膜和颗粒膜的巨磁电阻(GMR)及稀土氧化物的超巨磁电阻(CMR)的发现，以研究、利用和控制自旋极化的电子输运过程为核心的磁电子学得到很大的发展。同时用巨磁电阻材料构成磁电子学器件，在信息存储领域中获得很大的应用，如在1994年计算机硬盘中使用了巨磁电阻(GMR)效应的自旋阀结构的读出磁头，取得了 1 Gb/inch^2 的存储密度。由于 GMR 磁头在信息存储运用方面的巨大潜力，激发了人们对各种材料的磁电阻效应进行深入广泛研究的热情，使得人们对于磁电阻效应的物理起源有了更深的认识，促进了磁电阻效应的广泛应用。所谓磁电阻效应，是指对通电的金属或半导体施加磁场作用时会引起电阻值的变化，其全称是磁致电阻变化效应。

对于普通金属，电子的自旋是简并的，不存在净的磁矩，而费米面附近的态密度对于自旋向上和自旋向下是完全一样的，因而输运过程中电子流是自旋非极化的。但在铁磁金属中，由于交换劈裂，费米面处自旋向上的子带(多数自旋)将全部或绝大部分被电子占据，而自旋向下的子带(少数自旋)仅部分被电子占据，两子带的占据电子数之差正比于它的磁矩。同时费米面处自旋向上和自旋向下 3d 电子态密度相差很大，所以尽管在费米面处还有少数受交换劈裂影响较小的 s 电子和 p 电子，传导电流仍是自旋极化的。由于自旋向上的 3d 子带(多数自旋)与自旋向下的 d3 子带(少数自旋)在费米面附近的态密度不相等，它们对不同自旋取向的电子的散射是不一样的，所以自旋向上与自旋向下的电子的平均自由程也不同。

理论和实验证明，铁磁金属或合金的输运过程可分解为自旋向上和自旋向下两个几乎相互独立的电子导电通道，相互并联，这就是自旋相关散射的二流体模型。这种铁磁金属导电的理论是由 Mott 提出来的，直接从实验来验证是由 Gurney 在 1993 年通过设计新的自旋阀，得到不同的被探测层具有不同的输运性质，反映出这些被探测层对自旋向上和向下的电子具有不同的电导率，同时直接测量出自旋向上和向下的电子的平均自由程相差很大。

在通有电流的金属或半导体上施加磁场时，其电阻值将发生明显变化，这种现象称为磁致电阻效应，也称磁电阻效应(MR)。目前，已被研究的磁性材料的磁电阻效应可以大致分为：由磁场直接引起的磁性材料的正常磁电阻(OMR)、与技术磁化相联系的各向异性磁电阻(AMR)、掺杂稀土氧化物中超巨磁电阻(CMR)、磁性多层膜和颗粒膜中特有的巨磁电阻(GMR)以及隧道磁电阻(TMR)等。

2. 正常磁电阻(OMR)

对所有非磁性金属而言，由于在磁场中受到洛伦兹力的影响，传导电子在行进中会偏折，使得路径变成沿曲线前进，如此将使电子行进路径长度增加，使电子碰撞概率增大，进而增加材料的电阻。磁电阻效应最初于 1856 年由威廉·汤姆森，即后来的开尔文爵士发现，但是在一般材料中，电阻的变化通常小于 5%，这样的效应后来被称为"正常磁电阻(OMR)"。

3. 巨磁电阻(GMR)

所谓巨磁电阻效应，是指磁性材料的电阻率在有外磁场作用时较之无外磁场作用时存在巨大变化的现象。巨磁电阻是一种量子力学效应，它产生于层状的磁性薄膜结构。这种结构是由铁磁材料和非铁磁材料薄层交替叠合而成。当铁磁层的磁矩相互平行时，载流子与自旋有关的散射最小，材料有最小的电阻。当铁磁层的磁矩为反平行时，与自旋有关的散射最强，材料的电阻最大。

4. 超巨磁电阻(CMR)

超巨磁电阻效应(也称庞磁阻效应)存在于具有钙钛矿的陶瓷氧化物中。其磁电阻变化随着外加磁场变化而有数个数量级的变化。其产生的机制与巨磁电阻效应(GMR)不同，而且往往大上许多，所以被称为"超巨磁电阻"。如同巨磁电阻效应，超巨磁电阻材料亦被认为可应用于高容量磁性储存装置的读写头。不过，由于其相变温度较低，不像巨磁电阻材料可在室温下展现其特性，因此离实际应用尚需一些努力。

5. 各向异性磁电阻(AMR)

有些材料中磁阻的变化与磁场和电流间夹角有关，称为各向异性磁电阻效应。此原因与材料中 s 轨域电子与 d 轨域电子散射的各向异性有关。由于各向异性磁电阻的特性，可用来精确测量磁场。

6. 隧道磁电阻(TMR)

隧道磁电阻效应是指在铁磁绝缘体薄膜(约 1 nm)的铁磁材料中，其穿隧电阻大小随两边铁磁材料相对方向变化的效应。此效应首先于 1975 年由 Michel Julliere 在铁磁材料(Fe)与绝缘体材料(Ge)中发现；室温隧道磁电阻效应则于 1995 年由 Terunobu Miyazaki 与 Moodera 分别发现。此效应更是磁性随机存取内存(magnetic random access memory，MRAM)与硬盘中的磁性读写头(read sensors)的科学基础。

7. 金属颗粒膜巨磁电阻

颗粒膜是微颗粒镶嵌于薄膜中所构成的复合材料体系，原则上颗粒的组成与薄膜的组成在制备条件下应互不固溶，因此颗粒膜区别于合金、化合物，属于非均匀相组成的材料，兼具微颗粒与薄膜双重特性。设有 A、B 两种组元，两者互不固溶。当 A 组元浓度远小于 B 时，A 将以微颗粒的形式嵌于 B 组成的薄膜中，反之亦然。A、B 可以是金属、绝缘体、半导体、超导体，共计有十种可能的组合，每一种组合又可衍生出众多类型的颗粒膜，从而形成丰富多彩的研究内容。颗粒膜由于具有丰富的异相界面，对电子输运性质、磁、光特性有着显著的影响。

相对于其他巨磁电阻效应材料，颗粒膜的优势在于可以改变膜层的组成比例，易于控制颗粒尺寸、分布、形状等微结构，可以很方便地调节颗粒膜的声、光、电、磁等物理性质，且制备比多层膜容易、价廉，因此具有广泛的应用前景。目前颗粒膜已成为物理、化学性质可进行人工剪裁，具有可控自由度的人工功能材料。

磁性颗粒膜通常由铁磁元素及合金(Fe、Co、Ni 和 NiFe)等和与之在平衡态下不相固溶的基质元素构成，通过调节各组元的含量而互为颗粒和基质形成颗粒膜。一般分为磁性金属-非磁绝缘体(M-I)型和磁性金属-非磁金属合金型(M-M)两大类。

早在 20 世纪 70 年代，在金属-非磁绝缘体颗粒膜中，如 Ni-SiO$_2$ 及 Co-SiO$_2$，就已发现了负的磁电阻效应。但由于其在室温下磁电阻变化率较小(MR<1%)，并未引起足够的重视。在巨磁电阻效应发现以后，基于自旋相关隧道效应的原理，在铁磁金属隧道结(FM/I/FM)中可以获得较大的 MR 值，在 Fe/Al$_2$O$_3$/Fe 中测量到 MR 在室温下可达 18%，4.2 K 时达 30%。在铁磁金属-绝缘体颗粒膜体系中发现，材料在室温下具有 8%的磁电阻效应。由于该种颗粒膜作用机理为自旋极化隧道机制，故称其磁电阻为穿隧磁阻效应(tunneling magnetoresistance，TMR)。

另一类金属-非磁金属合金型(M-M)颗粒膜是由铁磁性金属(如 Co、Fe 等)以颗粒的形式分散地镶嵌于非互溶的非磁性金属(如 Ag、Cu 等)的母体中组成的。金属颗粒膜的巨磁电阻效应研究主要集中在两大材料系列：银系，如 Co-Ag、Fe-Ag、FeNi-Ag 等；铜系如 Co-Cu、Fe-Cu、FeCo-Cu 等。

金属颗粒膜巨磁电阻效应来源于自由传导电子在颗粒与母体之间的界面上及磁性颗粒内部的自旋相关散射。在铁磁颗粒尺寸及其间距小于电子平均自由程的条件下，颗粒膜就有可能呈现出 GMR 效应。

自旋极化(spin polarization)和自旋相关散射(spin-dependent scattering)是包括巨磁电阻效应在内的各种磁电阻效应的物理基础。

对于普通的非铁磁金属及合金，没有净的自发磁矩，传导电子的散射是自旋简并的 s 电子间的散射。参与输运过程的费米面附近的自旋向上和自旋向下的电子态密度相等，因此输运过程中的电子流是自旋非极化。

对于铁磁过渡金属，原子内层存在未填满的 d 电子，依据泡利不相容及洪德规则，内层的非闭环壳层尚有空余位置，s 带和 d 带是交叠在一起的。

当不考虑电子之间的交换作用，电子的自旋向上和向下的态密度数目相等，并不呈现铁磁性。当电子的波函数发生重叠时，由于泡利不相容原理和电子交换不变性，将引起静电作用能，导致在不同的自旋取向下具有不同的能态，从而产生交换作用。这类交换作用使 d 能带发生分裂，成为两个子带，并在能量上发生位移，变成非对称的形式。低能子带被自旋向上的 3d 电子填满或大部分填满，而高能量子带没有被自旋向下的 3d 电子填满。此时，自旋向上和自旋向下的电子数目不再相等，自旋简并的电子能带分裂成非对称的结构。交换作用能与动能的互相平衡，使系统不同自旋的子带发生交换劈裂，自旋向上的子带与自旋向下的子带发生相对位移，引起自发磁化。

这样一来系统的动能虽然增加了，但由于其 3d 电子在费米面附近具有非常大的态密度，动能的增加不大，而交换作用能却大大减小，因而系统的总能量有所下降。交换劈裂使自旋向上的子带(多数自旋)全部或绝大部分被电子占据，而自旋向下的子带(少数自旋)仅部分被电子占据。

自旋向下的电子在费米面附近比自旋向上的电子具有更大的态密度。根据电子输运理论，传导电子的散射概率正比于费米面附近的终态密度$[N(E_F)]$，因此自旋向下的电子具有更大的散射截面和电阻。

在铁磁金属中，s-d 散射是主要的散射机制，电流主要源于 s 电子的贡献，即 s 电子是主要的载流子。交换分裂效应的后果使自旋向上的子带(多数自旋)全部或大部分被电子占据，自旋向下的子带(少数自旋)只部分被占据，从而形成自旋极化的电子流或自旋流。

由此可见，这种能带分裂效应(splitting effect)一方面为铁磁金属具有净磁矩提供了能带解释，另一方面也是自旋极化和自旋相关散射的物理基础。

自旋极化率可以表示为

$$P = \frac{N\uparrow - N\downarrow}{N\uparrow + N\downarrow} = 2\alpha - 1 \tag{5-11}$$

$$\alpha = \frac{N\uparrow}{N\uparrow + N\downarrow} \tag{5-12}$$

$$1 - \alpha = \frac{N\downarrow}{N\uparrow + N\downarrow} \tag{5-13}$$

式中，$N\uparrow$、$N\downarrow$ 分别为自旋向上和自旋向下的载流子数目；α 和 $1-\alpha$ 分别表示自旋向上及向下的电子状态所占据的分数值。

在饱和磁场下，Fe、Co 和 Ni 的自旋极化度分别为 40%、34% 及 11%，而 α 值则分别为 0.7、0.67 及 0.555。

对于过渡族铁磁元素 Fe、Co、Ni 而言，Fe 在费米面附近自旋向上和自旋向下的电子态密度要更加接近一些。基于这种观点，预期 Co 和 Ni 要比 Fe 应具有更大的 GMR。这与实验观察结果相一致：在许多 Co 系多层膜上看到较强的磁电阻效应，相反，Fe 系只在 Fe/Cr 多层膜上发现了较大的磁电阻效应。一般认为 Cr 是非磁层的例外，在 Fe/Cr 界面，Cr 由于通过虚束缚态修正了 Fe 的不利能带结构，使自旋向上的电子形成更大的态密度。

8. 金属颗粒膜巨磁电阻效应的影响因素

由于颗粒膜结构的复杂性及颗粒是三维的，其巨磁电阻效应受到多种因素的影响，如铁磁颗粒尺寸、体积分数、退火温度、时间以及颗粒膜的结构等。

9. 铁磁颗粒尺寸对巨磁电阻效应的影响

由理论模型可以看到，颗粒膜中磁性粒子的尺寸与 GMR 之间存在着联系。控制磁性颗粒的尺寸，即比表面积，可以得到极大值。Rubin 经过理论推导发现，巨磁电阻效应随磁性颗粒直径减小而显著增加，近似呈反比例关系，即与颗粒比表面积成正比。Sheng 等[1]认为在界面处的原子数反比于半径，使自旋相关的界面散射与总散射的比率随晶粒尺寸的减小而增大；晶粒半径的减小，使得电流穿过它就比较容易，从而导致电子自旋相关散射的降低；两种效应的共同作用，将导致 GMR 有一峰值。这也在理论上证实了巨磁电阻效应主要来源于磁性颗粒的界面散射。

虽然颗粒尺寸较小时有利于提高巨磁电阻效应，但颗粒数量亦少，散射中心少而降低磁电阻效应。此外，磁性颗粒间距随浓度下降而增大，如果间距大于电子在介质中的平均自由程时亦将降低磁电阻效应。理论研究表明，当铁磁颗粒尺寸与电子平均自由程相当时，将会呈现巨磁电阻效应的极大值。研究发现，制备的 CuCo 颗粒膜中大部分 Co 颗粒尺寸处于小于 7 nm 范围内，即颗粒超顺磁性范围。退火使颗粒尺寸整体变大，颗粒尺寸分布趋势与退火前相比明显变宽，尺寸处于 14 nm$<$$d$$<$32 nm 范围内（即单畴粒子范围）的颗粒相对数目明显增多，使得 GMR 值显著上升。

Bernardi 等[2]发现退火处理可使 AuCo 颗粒膜中 Co 粒子尺寸明显增大，同时形成多磁畴结构，降低了 GMR 效应。Takashi 等[3]在研究 CoAg 颗粒膜时，发现膜层中晶粒尺寸分别为 Co 10 Å、Ag 5.0 Å 时，MR 值较低，磁性测量表明此时膜层主要为超顺磁性粒子。当膜层为 Co 10 Å、Ag 10 Å 时，膜层出现各向异性磁阻并且在低场 10 kOe 处趋近于饱和状态，表明膜层中出现了大量铁磁性粒子。而在膜层为 Co 2.5 Å、Ag 10 Å 时，MR 值达到最大值 12%。此时膜层由磁性粒子和超顺磁性粒子共同组成，其中磁性粒子对 MR 值有着重要的作用。Errahmani 等[4]发现在 $Cu_{80}Co_{20}$ 中，Co 粒子的尺寸为 2.9 nm 时，出现 GMR 最大值，这与其他人所观察到的结果不符。他认为试样中存在着富 Co 区域，随着退火温度的升高，Co 粒子在析出的同时尺寸也在变大，并超过超顺磁尺寸范围，表现出铁磁性。而在 Co 浓度较低的区域内，粒子尺寸没有变化，仍为超顺磁性粒子并对 GMR 有贡献。Honda 等[5]在研究 CoAg 颗粒膜时发现了超顺磁性粒子对提高 GMR 有利。

一般认为在相同磁场强度下，单畴颗粒转动磁化比超顺磁性粒子磁化相对容易，因此对巨磁电阻有重要作用的为单磁畴铁磁性粒子。而超顺磁性粒子生长团聚后，其磁矩也可以随着外场的作用而发生偏转，对 GMR 也有一定贡献。磁性粒子尺寸长大到多磁畴粒子形态时，减弱了单磁畴铁磁性粒子与超顺磁性粒子之间的相互作用，反而降低了 GMR 效应。

10. 铁磁颗粒浓度对巨磁电阻效应的影响

在金属颗粒膜中，由于巨磁电阻效应来源于传导电子的自旋相关散射，当铁磁性粒子的体积分数大约在 15%～25%范围内，低于形成网络状结构的逾渗阈值（约为 50%）时，会均匀地镶嵌在薄膜中，出现 GMR 最大值。

研究发现颗粒膜的 GMR 效应都具有如下特征：①当铁磁组元的体积分数很小时，GMR 效应随铁磁成分的体积分数增大而增大；②当铁磁组元的体积分数大约处于 15%～25%的范围时，巨磁电阻效应出现了峰值；③当巨磁电阻效应出现峰值后，铁磁成分的体积分数进一步增加，巨磁电阻效应下降得很快。

其原因在于当铁磁成分的体积分数很小时，虽然颗粒尺寸较小有利于提高 GMR 效应，但基体中作为磁散射中心的铁磁颗粒较少，从而降低了 GMR 效应。此外磁性颗粒间距随浓度下降而增大，如颗粒间距大于电子在基体的平均自由程也将降低 GMR 效应。因此，随着铁磁成分的体积分数增加，作为磁散射中心的铁磁颗粒增多，总的趋势是增强了 GMR 效应。

然而当铁磁成分的体积分数超过 15%～25%范围时，铁磁颗粒尺寸增大，一方面当铁磁颗粒尺寸超过电子的平均自由程时，将降低 GMR 效应；另一方面较大的颗粒形成了多磁畴结构，而多畴结构对 GMR 效应贡献很小。

另外，适当地提高铁磁组元的体积分数可以降低颗粒膜的 GMR 效应的饱和磁场。但是随颗粒浓度增加，GMR 效应会呈现出一个复杂的双峰现象，进而由

GMR 效应向各向异性巨磁电阻效应(AMR)过渡。当铁磁组元的体积分数超过逾渗阈值时，只有 AMR 效应。

李佐宜等[6]在自由电子模型和自旋相关散射理论的基础上，计算了金属颗粒膜体系的电子平均散射势，得到了巨磁电阻效应与磁性成分比例、颗粒尺寸的关系。磁电阻效应的模拟曲线表明，增加磁性成分比例和减小磁性颗粒尺寸可增强颗粒膜的巨磁电阻效应。Wang 等[7]绘制了室温下 Fe_xAg_{1-x} 样品的巨磁电阻随磁颗粒体积分数的实验曲线。当磁性组分 Fe 的浓度为 20%左右时，巨磁电阻效应出现最大值；随着铁磁浓度的提高，GMR 值迅速下降。

11. 铁磁颗粒形状对巨磁电阻效应的影响

颗粒形状对颗粒膜的 GMR 效应有着重要的影响。在理论研究条件下，为方便以及简化问题起见，均将铁磁粒子视为理想的球形，而实际上铁磁颗粒的形状并非完美的球形。通过 TEM 对颗粒膜进行观察，明场形貌可见晶粒的形状不规则，多数为长针状颗粒。假设颗粒呈扁球体，并引入了一个退磁因子，对颗粒膜 GMR 效应与颗粒形状关系进行了理论研究，发现当颗粒处于球状时，GMR效应最大。谢秉川[8]引入磁性颗粒形状因子 L_x，当 $L_x < 1/3$ 时，GMR 随 L_x 的增加而增大；当 $L_x = 1/3$ 时，即磁性颗粒为球形时，其 GMR 达到最大值；当 $L_x > 1/3$ 时，GMR 随 L_x 的增加而又开始逐渐地减小。其原因可以解释如下：由于球形颗粒表面积最小，因此电子受到的散射最弱，GMR 效应出现峰值，当颗粒远离球形时，表面积逐渐增大，此时电子受到的散射逐渐增强，故巨磁阻效应逐渐减小。Sang 等[9]利用铁磁共振技术对 CoAg 颗粒膜进行了研究，结果发现当 Co 颗粒为球状时，颗粒膜的 GMR 效应最显著。热处理过程中会出现 Co 颗粒的长大，并且由球形转化为平行于膜面的片状结构，此时 GMR 效应降低。Kataoka 等[10]研究了 CoCu 颗粒膜时效处理后的 GMR 效应，发现盘状的 Co 析出相有利于提高 GMR 效应。

12. 颗粒膜成分对巨磁电阻效应的影响

金属颗粒膜由非磁性基体中镶嵌的铁磁性颗粒组成。选择不同的基体金属及铁磁性颗粒对膜层的 GMR 也有一定的影响。非磁性基体金属，如 Ag 和 Cu 均为面心立方结构，晶格常数分别为 4.086 Å 和 3.61 Å，表面自由能分别为 1.30 eV、1.93 eV，与 Fe、Co、Ni 等铁族元素在平衡态不相固溶，因此易产生 GMR 效应。

向颗粒膜中加入第三种元素，形成三相合金，对其 GMR 有一定的影响。一方面加入的第三种元素可以作为磁性颗粒，提供新的散射中心，而且第三相元素的加入对颗粒膜的结晶过程、结构等因素也会产生一定的影响，进而改变

GMR 效应。另一方面，三元合金可以改变膜层中的结晶动力学及热力学过程，改变相平衡，影响颗粒膜的微观结构。因此第三种元素的加入对 GMR 有重要的影响。

有研究者发现，Fe 的加入可以抑制膜层中磁性粒子的长大，促进颗粒细化，进而提高 GMR 值。但同时由于第三相的加入使得膜层的混乱度和应力等增加，减弱了磁性颗粒的界面相关散射，降低了 GMR 值。两者综合的结果最终使膜层的 GMR 降低。而适量的 Ni 可以提高 CuCo 合金的 GMR 值。采用快淬法制备 CuCoNi 系列，发现 Ni 可以提高条带的磁性颗粒含量，进而改善样品的 GMR 效应。实验结果证明，适量加入 Ni 可以提高快淬条带 CuCo 的 GMR 值，但加入过量会有相反的作用。

非金属元素 B 加入 CuCo 合金中后，由于会形成 Co_2B 相，降低了膜层中磁性散射中心，进而使 GMR 效应下降。N 的加入将降低颗粒膜的 GMR 效应，但 GMR 效应的灵敏性却提高。其原因可能是形成的氢化物及随后的结构变化降低了颗粒膜的磁晶各向异性，从而降低了电子输送的自旋相关程度。Cr 的加入可以提高膜层 GMR 对温度的敏感性，这主要是 Cr 的加入造成膜层相变。

稀土元素包括重稀土和轻稀土元素，分别具有不同的原子磁矩，对颗粒膜 GMR 效应的影响不同。研究发现：稀土 Ce 可以提高 Co-Cu 膜的 GMR 效应。

13. 退火对巨磁电阻效应的影响

由于颗粒膜处于一种介稳态结构，退火可以改变颗粒膜中磁性颗粒的尺寸和结构，进而影响颗粒膜的巨磁电阻效应。

GMR 与退火温度之间的关系可解释如下：一方面，在基体中磁性颗粒随着退火温度升高而生长，而且颗粒膜特殊表面随之减少；另一方面，增加退火温度释放了膜层与基体之间的错位应力，减轻了颗粒的无序排列，减少了晶体缺陷。两者的结果是使电阻 R_0 比 ΔR 降低得更快，GMR 值因而升高。

许多研究者在研究不同组成及比例的颗粒膜时，均发现退火处理可以改善膜层的微观结构，提高颗粒膜的 GMR 效应。随着温度的继续升高，进一步的退火处理，将降低巨磁电阻效应，即经过更高的退火温度 GMR 将下降。由此可见，一定的退火处理可使样品处于良好微结构状态，出现 GMR 的最佳值。退火处理可以使膜层中晶粒活度提高，促进磁性颗粒析出及两相间扩散，提高两者界面粗糙度。如对多层膜进行热处理后，可以使其转变为颗粒膜结构材料。

不同的退火加热方式、不同的退火方法对颗粒膜的相分离也有重要的影响，进而影响着颗粒膜的 GMR 效应，而且最佳退火温度也随着膜层的性能有所变化。

采用 Joule 炉对 $Co_{15}Cu_{85}$ 进行热处理后，GMR 值较常规热处理有所提高。这主要是由于 Joule 炉具有较快的升温速率，促进 Co 的析出而抑制其生长。对 FeCo-Cu 颗粒膜采用两种退火方式：①连续逐步升温法(ICA)，试样在每个温度阶段停留同样的间隔时间；②累积等温退火法(ITA)，试样在固定的温度(合适的温度)内不同持续时间退火。研究发现两种退火方式具有不同的效果。其中 ITA 试样在完成第一次退火处理后，R_0 比 ΔR 变化较剧烈，GMR 升高得非常快，之后是平稳地上升。可以认为在 Cu 基体中 FeCo 相的沉积是在 ITA 处理的第一步产生。大量新生的铁磁性颗粒增加了膜层中的散射中心，促使 GMR 增大。同时晶体缺陷减少、错位应力释放及结构趋于有序带来的 ΔR 下降，均有利于 GMR 提高。在同样的磁性范围内，ITA 比 ICA 处理试样表现出较高的敏感度。在最佳温度范围内连续的等温退火处理可以促进磁性颗粒的沉积，并制约其过分长大。膜层中会出现更多的均匀的细小颗粒，有助于提高 GMR 效应。

14. 颗粒间相互作用对巨磁电阻的影响

按照唯象理论对颗粒膜进行理论拟合运算时，会发现颗粒膜的 GMR 效应与 $(M/M_s)^2$ 不成正比，两者在低磁场下偏离平方率，呈现出平坦的变化曲线。颗粒尺寸的不均匀可能为这种偏离的原因。实际的颗粒膜中既存在着颗粒尺寸的分布，也存在着颗粒之间的相互作用。

Allia[11]从理论上考虑了颗粒系统中的相互作用，比较了 RKKY 交换作用与磁偶极子相互作用，发现对于较小的磁性颗粒，以 RKKY 作用为主。RKKY 相互作用是一种间接交换作用，在这种作用下，局域化磁矩通过处于它们之间的传导电子的媒介作用耦合在一起。在金属颗粒膜中，当颗粒尺寸大于某一临界值时，磁偶极子相互作用占优。磁偶极子相互作用将会导致相邻磁性颗粒间的反平行排列，从而影响电子输送的自旋相关散射。考虑到颗粒间的相互作用，Gregg 对 Co-Ag 颗粒膜出现的平顶曲线解释如下：由于存在磁的相互作用，耦合区存在着净磁矩。低场时，试样的耦合区同时反转，与磁性颗粒的旋转一致。该旋转改变了 $(\cos f_i)$ (f_i 为第 i 个颗粒与磁场的夹角)，因而改变了 M/M_s。但实际上由于相互作用没有改变 $(\cos\theta_{ij})$ (θ_{ij} 为两个颗粒之间的夹角)，使 $\langle\cos\theta_{ij}\rangle \neq \langle\cos f_i\rangle$，因而偏离了平方率。高场时，外磁场支配着颗粒间的相互作用，使得颗粒间耦合减弱，最终导致了平方率关系。

除了以上影响因素以外，颗粒膜的制备参数还包括基体温度、缓冲层、溅射制备时的靶和衬底距离、溅射压等。研究发现当铁磁组元的分数小于 25%(原子分数)时，GMR 效应有着明显的不同。另外，研究发现溅射时增加溅射偏压，可以提高颗粒膜的 GMR 效应。Pb 作为缓冲层可以提高膜层的 GMR 效应。

5.2.2　穆斯堡尔谱分析

固体中低能量 γ 射线的反冲能 E_R 和多普勒加宽可以忽略不计，因而发射谱与吸收谱可以完全重叠，并且观测到接近自然线宽的共振吸收，这样就很容易实现谱线很锐的共振吸收。这种 γ 射线无反冲的发射和共振吸收现象就被称为穆斯堡尔效应。穆斯堡尔谱具有同质异能位移、四极分裂与核塞曼效应等 3 个主要参量，通过其可分析研究物质的电子自旋结构、氧化态、分子对称性、磁学性质、相转变、晶格振动等诸多微观性质。

穆斯堡尔谱仪主要包括：处于激发态的放射性穆斯堡尔核素，即穆斯堡尔母核——辐射源；驱动装置，它使辐射源在一定范围内获得多普勒速度和实现能量扫描；吸收体，即所研究的样品；γ 射线检测系统；记录装置，用以记录穆斯堡尔谱；数据分析系统，用以解析测得的穆斯堡尔谱。

辐射源，一般为 Fe 源（商业用途多为 Co/Rh 源），被安装在振动器的轴上，源与振动器以多普勒速度相对移动：

$$v=c\left(\varGamma_0/E_\gamma\right) \tag{5-14}$$

以 ^{57}Fe 为例，$\varGamma_0=4.7\times10^{-9}$ eV，$E_\gamma=14400$ eV，而 $v=0.096$ m/ms。磁性有序材料的穆斯堡尔谱的共振峰磁性分离，其多普勒速度持续在 ±10 m/ms 之间变化。固定在驱动装置上的 γ 射线辐射源，辐射出使用多普勒速度调制了的 γ 射线，相应能量的 γ 射线被吸收体吸收而发生共振，其余的 γ 射线穿过吸收体后到达检测器。被检测器检测的 γ 射线的电讯号经线性放大器放大后，进入记录装置而形成穆斯堡尔谱。一般采用与记录装置直接连接的计算机来采集穆斯堡尔数据，然后使用编制好的计算机程序对穆斯堡尔谱进行分析。除此之外，低温与高温装置、高压装置和外加磁场装置，也是很多穆斯堡尔实验中不可缺少的附属装置。

在穆斯堡尔光谱中，有 3 种可观察到的超精细相互作用：

（1）电单极相互作用——同质异能位移。如果把核电荷看作是一个点电荷的话，那么原子核与核外电子之间的库仑作用使该体系处于能量最低状态。然而，核电荷不是集中在一点上，而是分布在一定的体积之内。当 s 电子穿入原子核体积之内时，原子核的电荷和 s 电子之间的静电作用会使原子核能级形成一个微小的位移 δ。

（2）电四极相互作用——四级分裂。在讨论同质异能位移时，假设核电荷分布均匀而且球形对称。然而，对大多数核来说，核电荷分布偏离球形对称。穆斯堡尔原子的价电子及核周围的配体在原子核处形成确定的电场梯度，任何四极矩不为零的核能态都会在电场作用下发生能级的进一步分裂。这种由电四极矩作用而使谱线分裂的现象称为四极分裂。

（3）磁偶极相互作用——核塞曼效应。在原子核磁偶极矩与磁场之间，可观测的穆斯堡尔参数为磁分裂 ΔE_M。

穆斯堡尔谱学已广泛应用于与固态物质研究有关的物理、化学、冶金、地质、生物、考古等各领域。近年来，尤其在以下领域的应用研究更受到重视：核辐射的后效应和辐射加固、生物体系和模型化合物、地质学、矿物学、湖泊海洋地质和宇宙化学、表面和界面研究、催化研究、工业应用（如在冶金学、能源、激光退火、新材料探索方面）、新应用探索（如极化剂等）。

以下就穆斯堡尔谱在矿物材料方面的应用做简要介绍。

（1）穆斯堡尔谱可用于固体的相变研究，确定相变温度；对复杂物相可以进行定性或定量的相分析；对未知物相，可作为"指纹"技术进行鉴别，含有同一穆斯堡尔原子的不同物相，一般说来它们的谱不同，只要它们的超精细量中有一个显著不同，就可很容易地将它们区分开。当有了一系列已知物相的谱参数以后，就可以将穆斯堡尔谱作为"指纹"鉴定复合物中含有哪些物相，由它们各自的共振谱线的积分强度，可定量或半定量地确定它们在复合物相中的比例；单一物相在发生相变时，若其中含有穆斯堡尔原子，则穆斯堡尔参数在相变点将有不连续的变化，据此可确定相变温度。

穆斯堡尔谱方法在研究固态表面、界面、薄膜及超细小颗粒中发挥了重要作用，由谱中表面原子贡献的分量，可以获得表面原子的振动、表面原子的磁性等多方面的信息。

磁铁矿为一种反尖晶石结构化合物，其化学式为 $Fe_3[Fe_2Fe_3]O_4$，其中一半 Fe^{3+} 是四面体结构，另一半为八面体结构，而所有 Fe^{2+} 均为八面体结构，由于上述 3 种不同的铁离子，应该有 3 种不同的穆斯堡尔谱共振信号。然而，事实并非如此，在室温下，人们观察到两组重叠的六重结构。α-和 γ-Fe_2O_3 氧化物表现出磁共振六线谱，其内部磁场大小不同。α-、β-和 γ-FeOOH 可以通过温度下穆斯堡尔谱区分。然而，α-FeOOH（针铁矿）室温下表现出磁分离六线谱，β-和 γ-FeOOH 也有着同样的四极分裂，而在室温下却无法区分。在液氮温度下（80 K），β-FeOOH 磁性有序而且表现出典型的磁六线谱，然而 γ-FeOOH 仍表现出与其在 295 K 条件下相同的四极分裂。综上，穆斯堡尔谱可以区分这些腐蚀产物，即使是高度分散的颗粒（>10 nm），这些粉末在 X 射线衍射是不适用的，因此对于不同情况下产生的腐蚀产物，其鉴别方法的技术很重要。

（2）在矿物学和地质学中，穆斯堡尔谱学的典型应用是分析矿物中铁的氧化状态，在某些晶体结构中，例如尖晶石型的氧化物或者链状硅酸盐中，二价铁和三价铁可以按不同的比例占据一种点阵位置。

NiZn 尖晶石铁氧体，晶体结构为尖晶石(AB_2O_4)结构，每一个晶胞有 24 个阳离子和 32 个氧离子，其中包含 8 个尖晶石(AB_2O_4)分子、32 个氧离子做面心密堆积形成的四面体 A 位间隙及八面体 B 位间隙。每一个尖晶石单胞，只有 8 个 A 位，16 个 B 位能被金属离子填充，填充的离子构成 A、B 次晶格，分子式可以用 $(M_x^{2+}Fe_{1-x}^{3+})$ $[M_{1-x}^{2+}Fe_{1+x}^{3+}]O_4$ 表示。

亚铁磁性是没有被完全抵消的反铁磁性。尖晶石铁氧体的分子磁矩为 A、B 次晶格离子反平行耦合的净磁矩，为

$$M = M_B M_A \tag{5-15}$$

其中，M_B 为 B 次晶格的磁矩，M_A 为 A 次晶格的磁矩。

因此可以根据离子占位分析材料的磁性能大小。Zn^{2+}主要占 A 位，而 Ni^{2+}主要占据 B 位。从表 5-1 铁氧体的穆斯堡尔谱拟合参数中可知，B 位与 A 位的 I.S.(isomer shift，同质异能位移)的值不同，说明 Fe^{3+} s 电子层的电荷环境不同，则 Fe^{3+}既分布在 A 位，又分布在 B 位，因此 NiZn 铁氧体为混合型尖晶石铁氧体。对铁氧体穆斯堡尔谱拟合时，采用两套六线峰和一个双线峰。两套六线峰表示 A、B 位的铁磁相，出现顺磁双重峰是由于四面体 A 位 Zn^{2+}围绕 B 位的 Fe^{3+}，Zn^{2+}是没有磁性的。A 位与 B 位之间的超交换耦合减弱，造成 B 位 Fe^{3+}的磁性弛豫，故出现顺磁双重峰。由表 5-1 可知，A 位的 I.S.值小于 B 位，因为 A 位的 Fe—O 的键长小于 B 位的 Fe—O 键长，则 A 位形成共价键的趋势大于 B 位的，造成 A 位的电子云密度大于 B 位，所以 B 位的 I.S.值大于 A 位。吸收面积，表示为 Fe^{3+}分别在 A、B 位所占比例，参见表 5-1，$Ni_{0.4}Zn_{0.6}Fe_2O_4$ 的 A、B 位面积分别是 22.7%、67.2%，即 Fe^{3+}在 A、B 位的比例。当加入 0.15 mol/L 的 Mn^{2+}时，A、B 位面积变为 28.5%、59.2%，A 位面积上升，而 B 位下降，说明 Mn^{2+}占据了 B 位，导致 B 位的 Fe^{3+}迁移到 A 位，造成 A 位面积上升。$Ni_{0.4}Zn_{0.6}Fe_2O_4$ 材料中，A、B 位超精细磁场 B_{hf} 分别为 28.5 T、41.3 T，当加入 Mn^{2+}时，A、B 位超精细磁场 B_{hf} 分别为 35.5 T、41.8 T。由此可知，B 位超精细磁场 B_{hf} 不会因为 Mn^{2+}的加入有较大变化，而 A 位超精细磁场 B_{hf} 会随着 Mn^{2+}的加入，不断变大。

表 5-1　铁氧体的穆斯堡尔谱拟合参数

样品	位点	B_{hf}/T	ISO/(mm/s)	Q_S/(mm/s)	面积/%
	B	41.3	0.23	−0.006	67.2
$Ni_{0.4}Zn_{0.6}Fe_2O_4$	A	28.5	0.16	0.01	22.7
	doublt		0.23	1.37	10

续表

样品	位点	B_{hf}/T	ISO/(mm/s)	Q_S/(mm/s)	面积/%
	B	41.8	−0.28	0.007	59.2
Mn-Ni$_{0.4}$Zn$_{0.6}$Fe$_2$O$_4$	A	35.5	−0.23	0.07	28.5
	doublt		−0.24	1.15	12.2

由马歇尔方程可以看出，平均超精细磁场的值与饱和磁化强度有线性关系。

$$H_{B_{hf}} = AM_S \tag{5-16}$$

那么当 A 位的饱和磁化强度随着 Mn^{2+}的加入而增大、B 位减小时，根据尖晶石铁氧体的饱和磁化强度的变化规律，其饱和磁化强度的值会减小。

5.2.3　振动样品磁强计

振动样品磁强计(VSM)是基于电磁感应原理制成的具有相当高灵敏度的磁性测量仪器，是测量材料宏观磁性的主要仪器。振动样品磁强计适用于各种磁性材料：磁性粉末、超导材料、磁性薄膜、各向异性材料、磁记录材料、块状材料、单晶和液体等材料的测量。可完成磁滞回线、起始磁化曲线、退磁曲线及温度特性曲线、等温剩磁曲线和直流退磁曲线的测量，具有测量简单、快速和界面友好等特点。

（1）1959 年，美国 S. Foner 制成了实用的振动样品磁强计。近 30 年以来以感应法为基础的抛移法有了很大发展，使样品和测量线圈做周期性的相对运动，从而获取信号，因此产生了各种类型的磁强计：振动样品磁强计、振动线圈磁强计、旋转样品磁强计等。其中对振动样品磁强计的研究受到人们的广泛重视。

根据样品振动振幅大小和对感应信号的处理方式不同，振动样品磁强计又可分为两种：一种是使样品在均匀磁场中做小幅度等幅振动(微振动)，振动方向一般垂直于磁场，感应信号一般不需要进行积分处理，直接与被测样品磁矩成正比，多用于一般电磁铁产生磁场下进行物质磁测量，此方式应用最广，发展最快；另一种是使样品在磁场中做大幅度等幅振动，振动方向与磁场方向平行，感应信号需经积分之后才与被测样品磁矩成正比，多用于在产生强磁场的超导螺线管中进行物质磁性测量。

（2）振动样品磁强计是基于电磁感应原理制成的具有相当高灵敏度的磁性测量仪器。测量磁矩灵敏度可以从磁场中的零场到磁铁可达到的最大场范围内。

（3）由于振动样品磁强计具有很多优异特性而被磁学研究者采用。又经许多研究者改进，使振动样品磁强计成为检测物质内禀磁特性的标准通用设备。

物质内禀磁特性主要指物质的磁化强度，即体积磁化强度 M——单位体积内的磁矩，质量磁化强度 σ——单位质量内的磁矩。

（4）振动样品磁强计的结构由以下几部分组成：振动系统、电磁铁、电磁铁控制装置、温度控制装置、高斯计、稳压电源、循环水制冷系统。振动系统是振动样品磁强计的重要组成部分。

为使样品在磁场中做等幅强迫振动，需要由振动系统推动。系统应保证频率和振幅稳定。显然适当提高频率和增大振幅对获取信号有利，但为防止在样品中出现涡流效应和样品过分位移，频率和振幅多数设计在 200 Hz 和 1 mm 以下。低频小幅振动一般采用两种方式产生：一种是用电动机带动机械结构转动；另一种是采用扬声器结构用电信号推动。前者带动负载能力强并且容易保证振幅和频率稳定；后者结构轻便，改变频率和振幅容易，外控方便，受控后也可以保证频率和振幅稳定。

该仪器应该仅探测由样品磁性产生的单一固定的频率信号，一切因素产生的相同频率的伪信号必须设法消除，这是提高仪器灵敏度的关键因素。因为振动头是一个强信号源，且频率与探测信号频率一致，故探头与探测线圈要保持较远距离用振动杆传递振动。为了防止产生感应信号，又在振动头上加屏蔽罩。为了确保测量精度、避免振动杆的横向振动，在振动管外面加黄铜保护管，其中部和下部用聚四氟乙烯垫圈支撑，既消除了横向振动，又不影响振动效果。

（5）振动样品磁强计的工作原理。

由于样品很小，当被磁化后，在远处可将其视为磁偶极子。如将样品按一定方向振动，就等同于磁偶极场在振动，这样放置在样品附近的检测线圈内就有磁通量的变化，会产生感生电动势。将此电压放大并记录，再通过电压-磁矩的已知关系，即可求出被试样品的体积磁化强度或质量磁化强度。

其工作原理如下：信号发生器产生的功率信号回到振动子上，使振动子驱动振动杆做周期性运动，从而带动黏附在振动杆下端的样品做同频同相位振动，扫描电源供电磁铁产生可变磁化外场 H 而使样品磁化，从而在检测线圈中产生感应信号，此信号经检测并放大后，反馈给 X-Y 记录仪的 Y 轴。而测量磁场用的特斯拉计的输出则反馈给 X 轴。这样，当扫描电源变化一个周期后，记录仪将扫描出 J-H 回线。

5.3 矿物材料磁性能应用

5.3.1 磁性载体技术

纳米磁性矿物材料不仅具有纳米微粒的量子尺寸效应和表面效应，还具有超顺磁性。纳米磁性粒子 Fe_3O_4 最常用，其制备简单、稳定性好、对生物毒害作用小，是化学、环境、材料等领域的研究热点。如在污水处理方面，由于矿物材料在水中的悬浮性和分散性，使其难以快速分离回收。近年来，磁性载体技术越来越受到研究者的关注。已有国内外学者用共沉淀法将磁性氧化铁颗粒与具有强吸附性能的材料结合，改性后的磁性吸附剂不仅具备基体的吸附性能，还可以在外加磁场的作用下将投入的吸附剂与作用体系迅速地分离。

作为磁性载体的矿物材料主要有以下几种。

1. 凹凸棒石

凹凸棒石的分子式为 $Mg_5[Si_4O_{10}]_2(OH)_2 \cdot 8H_2O$，属于单斜晶系，空间群为 $C2/m$(No.12)；a=13.24 Å，b=17.89 Å，c=5.21 Å，$\alpha=\gamma=90°$，$\beta=74.8°$，Z=2。晶体结构如图 5-9 所示，顶氧相对的硅氧四面体夹一个镁氧八面体，构成沿 c 轴无限延伸的 TOT 型"I 束"，其宽度约为 18 Å。相邻的 TOT 型"I 束"是上下错开的，并在惰性氧相对的位置形成沿 c 轴贯通的宽大通道，约为 3.7 Å×6.4 Å，通道中填充有水分子。[SiO₄]四面体共角顶构成六元环状分布在同一高度，[Mg(O,OH)₆]八面体共棱连接成层，所以凹凸棒石兼具链状和层状两种结构的特点。凹凸棒石又被称为坡缕石，国内在文献和研讨会上常常混用。凹凸棒石具有一定的阳离子交换性能，但比蒙脱石的低；具有强大的吸附功能，这因为晶体结构中宽大的通道大大增大了凹凸棒石的比表面积。

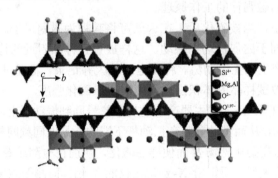

图 5-9　凹凸棒石晶体结构

2. 海泡石

海泡石的分子式为 $Mg_8[Si_6O_{15}]_2(OH)_4 \cdot 12H_2O$，属于斜方晶系，空间群为 $Pncn$(No.52)；a=13.40 Å，b=36.80 Å，c=5.28 Å，$\alpha=\gamma=\beta=90°$，Z=2。晶体结构与凹凸棒石的结构基本相似，不同之处在于：成分上，海泡石的 Mg 和 H_2O 含量比凹凸棒石更高；在结构上，海泡石的 TOT 型"I 束"宽度更大，约为 27 Å，贯通

性通道的横截面积也比凹凸棒石的大，大约为 3.7 Å×10.6 Å。其吸附性、阳离子交换性能都与凹凸棒石相似。

3. 蒙脱石

蒙脱石的分子式为 $(Al, Mg)_2[(Si, Al)_4O_{10}](OH)_2(Ca, Na)_{0.33}(H_2O)_4$，属于三斜晶系(也有部分单斜晶系)，空间群为 $P1(No.1)$；a=5.18 Å，b=8.98 Å，c=15.00 Å，α=90°，β=90°，γ=90°，Z=2。晶体结构如图 5-10 所示，两层硅氧四面体夹一层铝氧八面体组成 TOT 型结构，TOT 结构层中部分 Si^{4+} 被 Al^{3+} 替代，出现剩余的负电荷，因此在层间出现相应数量的 Ca^{2+} 和 Na^+ 等阳离子来平衡这些负电荷。蒙脱石的层间域较大，除了 Ca^{2+} 和 Na^+ 等这些可交换的阳离子以外，还有层间水分子的存在。因此，c 轴方向上可以随着含水量的不同，发生不同的膨胀和变化，变化范围在 9.6～21.4 Å 之间。按照层间离子种类的不同，蒙脱石可以分为钠基蒙脱石、钙基蒙脱石等，具有很强的吸附性能和阳离子交换性能。

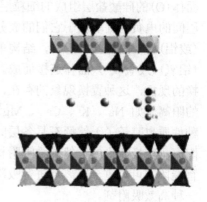

图 5-10　蒙脱石晶体结构

4. 高岭土

高岭土是一种 1:1 型阳离子黏土矿物，为含水铝硅酸盐体系，主要成分是 Al_2O_3 和 SiO_2，理想的化学分子式可写为 $Al_2Si_2O_5(OH)_4(Al_2O_3·2SiO_2·2H_2O)$。其晶体结构单元层是由−Si−O 四面体层和−Al−(O,OH) 八面体层构成，通过共享氧原子，四面体和八面体之间形成了极其有序的准二维片层结构，使高岭土的比表面积较大。由于高岭土片层具有负电性，水中带正电荷的离子和微粒便向高岭土迁移吸附，对重金属离子具有良好的吸附性能。特殊的晶体结构赋予高岭土较强的吸附性、可塑性和离子交换等性能。

5. 层状双金属氢氧化物

层状双金属氢氧化物(layered double hydroxide, LDH) 是一类阴离子型黏土矿物，又称水滑石。其典型组成为：$Mg_6Al_2(OH)_{16}CO_3·4H_2O$。由 MgO_6 八面体共用棱形成单元层，位于板层上的 Mg^{2+} 被 Al^{3+} 同晶取代而使得层板带正电荷，与层间的可交换的 CO_3^{2-} 达到平衡，最终呈电中性。水滑石类化合物是近年来发展迅速、应用广泛的一类阴离子型层状材料，主要包括水滑石、类水滑石及插层水滑石。

该类化合物均由带正电荷的复合金属氧化物层和层间填充带负电荷的平衡阴离子所构成。因其合成工艺简单、成本低廉、可重复利用，加上本身特殊的层状结构、大比表面积，在环境污染治理中显示出良好的应用前景。结构决定性质，LDH 具有碱性、热稳定性、记忆效应等多种性质。

6. 蛭石

天然蛭石是黏土矿物的一种，黏土矿物的矿物层结构是基于四面体(T)与八面体(O)的硅酸盐层组成的细粒层，这就可能会形成 1∶1 或者 2∶1 的层状结构，层间的电负性则取决于它们的成分组成以及比例。而蛭石是一种 2∶1 型层状镁(或铝)的硅酸盐黏土矿物，结构单元层是由两个表面硅氧四面体和一个中央镁或(铝氧)(或氢氧)八面体连接而成。天然蛭石形成的过程中，内部结构存在同晶置换的现象，这种置换现象的存在，使其内部晶层间产生永久性的负电荷，可交换的阳离子如 Na^+、K^+、Ca^{2+}、Mg^{2+} 可以对蛭石内部的永久性负电荷进行平衡，这种性质也赋予了天然蛭石具备层间离子的可交换性，使蛭石成为一种具有较强的阳离子交换能力的天然矿物吸附材料。另外，层状蛭石矿物表面拥有大量的羟基官能团，可对重金属离子进行吸附。因此，蛭石对于含重金属离子废水来说，是一种高效吸附剂。

蛭石原土比重大多在 640～1040，密度大约在 50～250 kg/m^3，这赋予了蛭石矿物较高的比表面积，具有较高的表面负荷。类似于其他黏土矿物，蛭石表面有着独特的表面性质，这类性质保证了蛭石具有良好的吸附效果。

蛭石具有一定的热稳定性，能够耐 600℃ 以上的高温，在高温下其表面和内部结构不会被破坏。另外，蛭石几乎不溶于有机溶剂，具有较强的化学稳定性。离子交换性是蛭石原土最重要的结构特性，交换性阳离子可与层间的阳离子进行交换，通过离子交换，使得天然蛭石矿物对众多污染物的吸附性能得到进一步的提升。

纳米磁性颗粒的制备有以下几种方法：

（1）沉淀法。共沉淀法是向含 Fe^{3+} 和 Fe^{2+} 的混合溶液中滴加 NaOH 溶液，至溶液 pH =12.0，制得平均粒径为 20.9 nm 的强磁性 Fe_3O_4；氧化沉淀法是在碱性条件下向 $Fe(OH)_2$ 溶液中通入空气或其他氧化剂，使部分 Fe^{2+} 氧化成 Fe^{3+}。

（2）水热/溶剂热法。在高温高压的条件下，在反应釜中通过对水溶液或溶剂加热，促进反应的发生，其中高温利于高磁性能的材料合成，高压利于高纯度的产物生成。采用水热法能制得不同结构的 α-Fe_3O_4。Sreeja 等[12]改进了传统的水热法，采用微波照射的方式，缩短反应时间，不足半小时即可制备出 α-Fe_3O_4。

（3）微乳液法。利用两种互不相溶的溶剂在表面活性剂作用下形成乳液，在微泡中经成核、聚结、团聚、热处理后得纳米粒子。Olga 等[13]用微乳液法制得粒径分布为(3.4±0.7) nm 的 Fe_2O_3，其晶型良好且具有超顺磁性。

磁性粒子的均匀涂覆，直接影响了纳米材料性能的优劣。在一维或二维非磁性纳米粒子表面包覆、组装磁性纳米粒子主要有以下几种方法：

（1）共沉淀法是将含有 Fe^{2+} 和 Fe^{3+} 的可溶性盐(铁的氯化物、硫酸盐、硝酸盐等)以一定的比例配制成溶液，然后在一定的温度下加沉淀剂(氢氧化钠/钾、氨水等)使其形成氢氧化物胶体析出，胶体脱水就得到 Fe_3O_4 纳米粒子的方法。反应涉及的化学反应为

$$Fe^{2+} + 2Fe^{3+} + 8OH^- \longrightarrow Fe_3O_4 \left(沉淀\right) + 4H_2O$$

化学共沉淀法是一种比较成熟的 Fe_3O_4 纳米粒子的制备方法，在磁性纳米粒子制备初期，将非磁性纳米粒子与铁盐混合均匀，即可制备负载有磁性四氧化三铁的复合材料。

（2）溶胶-凝胶法就是将反应物分散或溶解在溶剂中，混合液经过反应和陈化从而形成凝胶，凝胶经过干燥和煅烧，最终固化制备出分子大小或纳米结构的材料。

（3）溶剂热法就是在密闭体系中，以非水溶媒为溶剂，在一定的温度下，原始混合物进行反应的一种合成方法。

（4）自组装是指基本结构单元(分子、纳米材料、微米或更大尺度的物质)自发形成有序结构的一种技术，在自组装的过程中，基本结构单元在基于非共价键的相互作用下自发地组织或聚集为一个稳定、具有一定规则几何外观的结构。利用自组装给非磁性材料包覆一层磁性粒子，通常需要先合成磁性纳米粒子，然后分别对磁性粒子和非磁性的待包覆材料进行改性，以获得磁性粒子与非磁性材料之间基于非共价键的相互作用。

5.3.2 磁固相萃取技术

5.3.2.1 磁性固相萃取技术概述

磁固相萃取是以磁性材料作为吸附剂的一种分散固相萃取技术，它是将目标分析物吸附到分散的磁性吸附剂表面，在外部磁场的作用下，将目标分析物和吸附剂从样品基质中分离开来。

表面能存在于所有固体物质中，且随着表面积的增大而增加，实质上是由于表面不饱和价键所致，固体表面存在各向异性。随着固体表面能下降，其稳定性增加。当某些物质与固体表面碰撞时，受到这些不平衡力吸引而停留在固体表面，这就是吸附。

这里的固体称为吸附剂，被固体吸附的物质称为吸附质，吸附的结果是吸附质在吸附剂上的浓集，吸附剂的表面能降低。

吸附法是利用多孔性物质作为吸附剂，以吸附剂表面吸附废水中的某种污染物的方法。吸附处理具有适用性广、处理效果好、可回收有用物料、吸附剂可重复利用等特点，但对进水预处理要求高，运行费用高。

5.3.2.2　吸附原理

吸附法处理废水时，吸附过程发生在液-固两相界面上，是水、吸附质和固体颗粒三者相互作用的结果。吸附质与固体颗粒间的亲和力是引起吸附的主要原因。影响吸附的主要因素有吸附质溶解度的大小，溶解度越大，则吸附可能性越小；反之，吸附质越容易被吸附。其次，是吸附质与吸附剂之间的静电引力、范德瓦耳斯力或化学键力所引起的分子间作用力。由于这三种不同的力，可形成三种不同形式的吸附，即交换吸附、物理吸附和化学吸附。

交换吸附指吸附质的离子由于静电引力作用聚集在吸附剂表面的带电点上，并置换出原先固着在这些带电点上的其他离子。离子所带电荷越多，吸附越强；电荷相同时，其水化半径越小，越易被吸附。

物理吸附指吸附质与吸附剂之间由于分子间力(范德瓦耳斯力和氢键)而产生的吸附。由于分子间力存在任何物质间，故吸附没有选择性，且吸附强度随吸附质性质不同差异很大，范德瓦耳斯力小，其吸附的牢固程度不如化学吸附，过程放热约 42 kJ/mol 或更少，高温将使吸附质克服分子间力而脱附，所以物理吸附主要发生在低温状态下，可以是单分子层或多分子层吸附。吸附作用的大小是物理吸附影响的主要因素，除与吸附质的性质、比表面积的大小和细孔分布有关，还与吸附质的性质、浓度和温度有关。

化学吸附指吸附质与吸附剂发生化学反应，形成牢固的吸附化学键和表面络合物，吸附质分子不能在表面自由移动。吸附时放热量较大，为 84~420 kJ/mol，且有选择性，即一种吸附剂只对某种、某类或特定几种物质有吸附作用，一般为单分子层吸附。通常需要一定活化能，在低温时，吸附速度较小。这种吸附与吸附剂的表面化学性质和吸附质的化学性质有着密切的关系。被吸附的物质往往需要在很高的温度下才能被解吸，且所释放出的物质已经起了化学变化，不再具有原来的形状，所以化学吸附是不可逆的。

物理吸附后再生容易，且能回收吸附质。化学吸附因结合牢固，再生较困难，利用化学吸附处理毒性很强的污染物更安全。在实际吸附过程中，物理吸附和化学吸附在一定条件下也是可以相互转化的。同一物质，可能在较低温度下进行物理吸附，在较高温度下往往是化学吸附，有时可能同时发生两种吸附。

5.3.2.3　磁固相萃取的方法及特点

磁固相萃取 (magnetic SPE，MSPE) 技术是将传统的固相萃取 (solid-phase extraction, SPE) 技术与磁性功能材料相结合而发展出的一种新型的样品预处理手段。这一方法以磁性粒子作为吸附剂，磁性粒子不需要被填充到固相萃取柱中。磁性粒子能够在样品溶液中完全分散并吸附分析物通过施加外部磁铁，可以立即从液相中将磁性粒子分离和收集，从而大大简化了萃取过程，提高了提取效率。Fe_3O_4 功能化的纳米材料具有较强的磁性，易被外磁场分离，免除了复杂的离心和过滤操作，以其作为固相萃取吸附剂的磁固相萃取技术近年来得到了迅速发展和广泛应用。与传统的 SPE 相比，MSPE 具备以下几个优点：萃取操作简单，避免了烦琐的过柱操作；磁性吸附剂易于合成或购买，可以回收进行重复利用，大幅节约了分析成本，降低了污染；不仅可以对溶液中的化合物进行萃取，也可以对悬浮液中的目标化合物进行萃取，有效地扩大了样品的应用范围；由于样品中大多数的杂质均为反磁性物质，因此可以有效地降低杂质对分析过程的干扰；无毒、无污染，环境友好，避免使用大量溶剂，成本低廉；可根据不同的实验目的进行灵活的功能化等。

由于 MSPE 法具有许多优点，已经被越来越多地应用于食品、环境以及生物等领域复杂样品的预处理过程中，取得了很好的应用效果。随着 MSPE 的发展，研制高选择性和高吸附效率的新型吸附剂、拓宽样品应用的范围、优化在线联用技术、发展自动化或高通量的萃取装置，以及提高分析方法的灵敏度、准确性和重现性等已经成为 MSPE 今后主要的发展方向和研究目标。随着该技术的不断发展和完善，其在样品预处理领域将会发挥越来越重要的作用。

5.3.2.4　磁改性矿物材料用于重金属处理

人类社会的进步和工业化进程的发展造成生态和环境被严重破坏。矿山的开发、电镀、金属冶炼、金属加工、印染、皮革工业、化学合成、化石燃料燃烧、农药施用和生活垃圾等，这些进程都会向大气、土壤和水环境中排放大量的重金属，进而影响人体健康。重金属污染是最常见的一种环境污染问题。重金属可以通过土壤、矿物质和岩石等的地壳运动或者人类的活动进入水体，进入水体的重金属离子会随着水的流动，发生各种物理化学反应后得到迁移和转化，进入生物的食物链。进入到食物链中的重金属离子不能被生物降解，并且它们在生物体内可以通过食物链进行生物累积从而通过生物扩大毒性，最终对水生生物的生长以及动物和人类的健康造成一系列有害的影响。重金属离子在农业、生活以及科技领域中应用量的增加导致重金属离子与人类或者其他生活接触的机会越来越多。据环境保护部于 2015 年发布的《水污染防治行动计划》，我国水质面临的问题如下：

（1）水环境质量差。目前，我国的工业和农业发展引起的污水排放量与日俱增，其中重金属、化学需氧量以及氨氮排放量大大超过了环境容量。全国地表水中，9.2%为劣于 V 类水质，24.6%的重点湖泊呈现富营养化状态。饮用水污染问题时有发生，全国范围内的 4778 个地下水水质监测点中，水质较差的比例占有 43.9%，极差的比例为 15.7%。全国 9 个重要海湾中，有 6 个水质为差或极差。

（2）水资源保障能力比较脆弱。截至 2015 年，我国人口达到 13.64 亿，而总的淡水资源为 28000 亿立方米，人均水资源达不到世界平均水资源的四分之一，如此看来，我国面临着人均水资源量少并且时空分布严重不均的现状。如今对于辽河、黄河、海河的水资源利用率分别达到了 76%、82%、106%，已大大超过国际公认的 40%的开发警戒线，属于严重挤占了生态流量，因此导致水环境自净能力的锐减。

（3）水生态受损严重。自然界中，湖泊、湿地等生态空间逐渐减少，并且海域、长江、湖泊等水质越来越差，生物多样性逐渐降低。

（4）水环境隐患居多。全国近 80%的化工工厂设置在江河沿岸或者人口密集区等区域。近年来突发环境污染事件频频发生，1995 年以来，全国共发生 1.1 万起突发的重大水环境事件，涉及水污染事件占有很大部分，已经严重影响了人民群众的生产生活。

近年来，部分天然矿物材料由于具有良好的吸附性能，在磁改性后，兼具吸附性能良好及易实现磁分离等优点。Katayoon 等[14]采用化学共沉淀法成功制备了磁性蒙脱石纳米复合物，并对 Pb^{2+}、Cu^{2+} 和 Ni^{2+} 进行了吸附实验研究。相比于原膨润土，磁性膨润土对 Pb^{2+}、Cu^{2+} 和 Ni^{2+} 的吸附效果很好，可在 2 min 内迅速达到吸附平衡，吸附量分别为 263.15 mg/g、70.92 mg/g 和 65.78 mg/g，吸附选择性顺序为 Pb^{2+} > Cu^{2+} > Ni^{2+}，吸附机理主要是通过原膨润土的阳离子交换性和纳米磁性颗粒物较大的比表面积。Huang 等[15]合成了含丙烯酸/L-半胱氨酸的水凝胶聚合物和载有 Fe_3O_4 纳米颗粒物功能化磁性水凝胶，研究了它们对 Pb^{2+}、Cd^{2+}、Ni^{2+} 和 Cu^{2+} 的吸附。

Eren 等[16]成功合成了铁氧化物包裹的海泡石，并对天然海泡石和铁氧化物包裹海泡石进行了吸附 Pb^{2+} 的对比实验。结果表明铁氧化物包裹的海泡石比原海泡石的吸附效果好，常温下最大吸附量由原来的 51.36 mg/g 升高为 75.79 mg/g。

Xie 等[17]用有机累托石作为载体，合成了一种新型的磁性壳聚糖/有机累托石复合物微球体 CS/χOREC-Fe₃O₄ 吸附剂。实验比较了单独的壳聚糖、磁性有机累托石和所合成的 CS/χOREC-Fe₃O₄ 对 Cu^{2+} 和 Cd^{2+} 吸附效果。结果表明，在去除重金属离子 Cu^{2+} 和 Cd^{2+} 中，CS/χOREC-Fe₃O₄ 的吸附效果最佳，并且对 Cu^{2+} 的亲和

性高于 Cd^{2+}，这可能是 Cu^{2+} 与水合氨分子之间比较高的稳定常数所致。XPS 分析表明，吸附机理可能是金属离子和吸附剂表面的—NH_2 之间发生的物理吸附和化学吸附的共同作用。

Liu[18]用共沉淀的方法制备了凹凸棒石/Fe_3O_4 复合材料，在磁力搅拌条件下（温度为 90℃），用氯化铁预处理的凹凸棒石在氯化亚铁存在的条件下滴加氨水，就可以得到表面吸附许多四氧化三铁的凹凸棒石，随着四氧化三铁量的增加，样品比表面积随之减少，饱和磁化强度逐渐增加。

Wang 等[19]用该材料制备了多刺激响应有机-无机杂化水凝胶，凹凸棒石-四氧化三铁很好地分散在水凝胶基底中，体现出了很好的超顺磁性能，并且该水凝胶在去离子水中达到溶胀平衡以后，在交变磁场下还可以继续溶胀。

Wang 等[20]用热溶剂法制备了念珠状的凹凸棒石-四氧化三铁复合材料，用天然壳聚糖作为"双面胶"，可以很容易地将金纳米粒子黏附在凹凸棒石-四氧化三铁棒状复合材料表面，而且分散均匀。该材料不仅具有很高的催化活性，可以快速将刚果红溶液催化脱色，而且具有很强的磁性，可以通过磁分离进行样品的回收和利用。

Yu 等[21]采用化学共沉淀法合成了一种磁性四氧化三铁/海泡石复合材料，纳米四氧化三铁以不均匀颗粒状粒子在海泡石表面随机附着；此外，该材料还被用作从水溶液中去除 $Eu(Ⅲ)$ 的吸附剂。Fayazi 等[22]用简易水热法制备的四氧化三铁/海泡石去除 Pb^{2+}。Akkari 等[23]采用共沉淀法将四氧化三铁附着在海泡石表面，然后合成三元复合材料氧化锌-四氧化三铁-海泡石，该材料同时具有磁性和光催化活性。

5.3.3 磁分离技术

5.3.3.1 磁分离的概述

磁分离是在不均匀磁场中利用物质之间的磁性差异而使不同物质实现分离的一种方法。磁分离既简单又方便，不会产生额外污染，广泛用于黑色金属物料的分选、有色金属和稀有金属物料的精选、重介质选矿中磁性介质的回收和净化、非金属物料中含铁杂质的脱除、来料中铁物的排除与污水处理等方面。

5.3.3.2 磁分离技术的应用

1. 铁元素富集

我国铁矿资源丰富，目前保有的探明储量已达 500 亿吨，居世界前列，但贫矿占 90%左右，富矿仅占 10%左右，而富矿中又有 5%左右因含有有害杂质不能直接冶炼，因此铁矿石中有 90%以上需要分选富集。磁分离是处理含铁元素物料富集的主要分选方法。铁矿石经选矿后，提高了品位，降低了二氧化硅和有害杂质的含量，有益于冶炼过程。

许多有色金属和稀有金属物质具有不同的磁性。当用重选和浮选不能得到最终精矿时，可用磁分离结合其他方法进行分选。

2. 磁性重介质回收

在重介质选煤或选矿时，多采用磁铁矿粉或硅铁作为加重质，由于作为重介质的悬浮液要循环利用，需要用磁分离法回收和净化加重质。

3. 除铁杂质

非金属物料中一般都含有有害的铁杂质，磁分离就成为非金属分选中重要的作业之一。例如，当高岭土中含铁高时，高岭土的白度、耐火度和绝缘性降低，严重影响制品质量。一般地，铁杂质除去 1%～2%，白度可提高 2～4 个单位。

4. 废水处理

有两种技术可以用于废水处理，一是加磁沉淀技术，将磁性种子加入到一定条件下调整过的浆体中，使它选择性地黏附在目的物上的过程，称为磁种处理。该方法目前多用在废水的处理方面，例如，市政废水和江河水中的杂质不是磁性固体物，通过向污水中投加相应的混凝剂和磁种，使污染物絮凝并与磁种结合，利用磁种的重力作用使絮凝物高效沉淀，之后磁过滤。

二是超磁分离技术，它不同于加磁沉淀技术依靠重力分离悬浮物，而是采用稀土永磁技术，变被动沉淀为主动的吸附打捞，使分离效率提高：经磁种接种处理后具有磁性的废水絮团流经稀土磁盘，借助稀土磁盘的磁力将污水中的磁性悬浮物质吸着在缓慢转动的磁盘上，随着磁盘的转动，将泥渣带出水面，从而达到去除水中污染物的目的。

5. 固体废弃物回收利用

利用磁分离技术回收的固体废料主要包括工业废渣、废机动车辆、废电子电器产品、城市垃圾及其焚烧渣等。冶金工业产生的高炉渣、钢渣等冶炼渣是工业废渣的重要来源。在黑色金属废渣中含有各种有用元素如 Fe、Mn、V、Cr 等金属元素和 Si 等非金属元素，可以利用筛分、磁分离、自磨等工艺分选出铁来，剩余物料可以进行不同处理。废旧汽车经过拆卸和剪碎作业后，采用筛分、磁分离、水洗等作业，从中回收钢铁、塑料、橡胶、玻璃、铝等有用物料，其中铝的回收需要用到涡流分选机。相近的工艺也可用到废旧家电以及废旧线路板的回收处理中。

6. 废气处理

炼钢厂生产过程中会产生大量含铁粉尘的烟道气，粉煤发电厂的飞灰中含有一定数量的金属，二者中的铁可用磁分离法回收。含铁粉尘的钢厂烟道气在排入大气前，经旋风除尘器后，低流废弃，顶流进入磁滤器分离，净化气体进入大气，分出磁性粉尘周期性排出。氧气顶吹转炉粉尘磁化率较高，对于转炉粉尘中的 0.15 μm 上的粉尘，磁过滤效率可达到 90%，1 μm 以上的可达到 100%，磁过滤除尘效率极高。煤灰中金属含量较低，但煤灰量极大，回收煤灰中金属可采用磁分离的方法，将煤灰分为磁性部分和非磁性部分。对煤灰的磁分离可以采用干式永磁辊式磁分离设备。

7. 纳米磁分离

纳米技术是 20 世纪 80 年代发展起来的一门多学科交叉融合的技术科学，随着纳米技术的发展，磁性纳米粒子开始走进科研人员的视野。磁性纳米粒子（MNPs）是指含有磁性金属或金属氧化物的超细粉末且具有磁响应性的纳米级粒子，具有独特的超顺磁性能。磁分离技术（MS）正是借助了磁性纳米粒子的超顺磁性，通过对磁性纳米物质的表面修饰，使纳米粒子既具有功能化基团，又具有磁性。通过功能化基团与目标物质之间的特异相互作用，以及外加磁场作用，实现对靶向目标物质的快速分离。

在实际磁场影响下，磁流体中的纳米磁性物质易受到流体剪切的影响，流体的磁性大小取决于剪切速度，磁性分离能把磁流体按平均粒径分成粗细两部分。流变学研究表明，分离过程中大物质的磁黏性行为影响显著，且大物质向强磁场方向扩散，而纳米级别的小物质影响甚微，从而有可能实现纳米物质的磁分离。

8. 永磁分离技术

人类早在三千多年前就已经认识了磁性材料，但永磁材料的应用和研究的时间并不长。磁性材料由于分类标准和依据重点不同，有着不同的分类方法。在现代科技和工业应用中则往往根据永磁材料的材质来分类，例如：铸造永磁材料，如 Al-Ni 系和 Al-Ni-Co 系永磁材料；铁氧体永磁材料；稀土永磁材料；其他永磁材料，如可加工 Fe-Cr-Co、Fe-Co-V 和 Mn-Al-C 等永磁材料。

20 世纪 30 年代，AlNiCo 永磁合金的发现是永磁材料发展史上一个重要里程碑，70 年代以前其一直处于永磁材料的领先地位。但由于该合金含有昂贵的战略物资 Ni 和 Co，特别是 70 年代发生的 Co 危机及 60 年代末和 70 年代初高性能稀土永磁材料的发现，使其应用受到很大冲击。如 1972 年，AlNiCo 永磁体占磁体工业的 40%，而 1982 年则降至 7%。

由于 AlNiCo 的居里温度高达 890℃，具有非常高的温度稳定性，应用在仪器仪表、电机电器、电声电讯、磁传动装置及航空航天器件等对温度稳定性要求高的领域内，在目前和将来相当长的一段时间里还不会被其他永磁材料完全取代。

永磁铁氧体材料是继铝镍钴系硬磁金属材料后出现的第二种主要的硬磁材料，它是以 $BaFe_{12}O_{19}$ 相、$SrFe_{12}O_{19}$ 相和它们的固溶体为基础的永磁材料。它的出现不仅节约了镍、钴等大量战略物资，而且为硬磁材料在高频段，如电视机的部件、微波器件以及其他国防器件等的应用开辟了新的途径。

稀土永磁材料是 20 世纪 50 年代末 60 年代初逐渐发展起来的，是将钐、钕混合稀土金属与过渡金属（如钴、铁等）组成的合金，用粉末冶金方法压型烧结，经磁场充磁后制得的一种磁性材料。其主要分为稀土钴永磁材料、稀土钕永磁材料、稀土铁氮（Re-Fe-N 系）或稀土铁碳（Re-Fe-C 系）永磁材料三类。1968 年，Buschow[24]制备出了 $(BH)_{max}$ 高达 147.3 kJ/m³(18.5 MGOe) 的 $SmCo_5$ 磁体，创造出了当时的奇迹，宣布了第一代稀土永磁材料 $SmCo_5$ 的产生。$SmCo_5$ 烧结磁体的磁能积一般在 16～28 MGOe 之间。到 1972 年以后，$(BH)_{max}$ 高达 240 kJ/m³(30 MGOe) 的第二代稀土永磁合金 Re、Co 型化合物在日本问世。在已实际应用的稀土永磁材料中 2∶17 型 SmCo 磁体具有优异的磁性能、良好的热稳定性，居里温度 820℃，工作温度 350℃，在空气中化学稳定性较好；去磁曲线是一条曲线，内禀矫顽力在极大磁场下可基本保持不变，磁体具有可逆性；磁体具有较好的力学特性，在振动冲击等机械负荷下，磁性能比较稳定等优点。由于 2∶17 型 SmCo 永磁体具有上述优异性能，已在微波通信技术、航空航天、国防工业、交通运输、农业机械、高速驱动和自动化等领域得到广泛应用。可以说它能应用于任何需要用到永磁体的领域。

人们还未来得及对 2∶17 型 SmCo 永磁体的性能及工艺进行更深一步的研究，在 1983 年，Sagawa[25]和 Croat[26]就先后用粉末冶金以及快淬的方法得到 $Nd_2Fe_{14}B$ 永磁体，宣告了第三代永磁体的诞生，掀起了全球范围内 NdFeB 系稀土永磁合金的研究热潮。这在永磁材料发展史上是又一个非常重要的里程碑。$Nd_2Fe_{14}B$ 具有高磁能积，被誉为一代"磁王"。

1988 年，Coehoorn 等[27]在研究 $Nd_4Fe_{77}B_{19}$ 合金时，首次报道了纳米复合稀土

永磁合金，同时发现了剩磁增强效应。这类材料同时含有纳米级尺寸的硬磁相和软磁相，其矫顽力机制完全不同于前几类稀土永磁材料，而是依赖于硬磁相和软磁相的交换耦合作用。现在人们正在着手研究更新一代的复相纳米永磁合金交换弹性耦合合金。对于这种由复合相构成的纳米复合磁体，当磁性相分别是稀土系磁性化合物和 Fe 时，其 $(BH)_{max}$ 的理论值高达 $1000\ kJ/m^3$（126 MGOe），相当于现用磁性最强的稀土 NdFeB 磁体的两倍。

9. 电磁技术

目前相对于强磁性物质的磁性和磁场的相互作用已有较为完整的理论。铁磁性物质在弱磁场磁分离设备中选别，可获得较为稳定的高品质产品。但是由于弱磁性物质的磁性要比强磁性物质的磁性小 1～3 个数量级，它们的强度与磁化强度成正比，其磁化系数为一个常数，目前的条件达不到饱和值，分离的难度也比较大。

研究工作者对细粒弱磁性物质的分离理论进行了大量的探索研究工作，例如细粒弱磁性物质分离磁场特性：磁场强度、磁场梯度的大小、方向、分布，分离磁力的强弱，磁力的作用距离以及磁场的集合形状，包括处理能力等。

为了更好地分离弱磁性物质，常常需要采用很强的磁场强度，比弱磁场分离器高 1～2 个数量级。但目前永磁材料还无法提供这样的磁场强度和磁场力。强磁场磁分离设备毫无例外地采用电磁式、永磁与电磁混合式磁场和闭合磁系。

10. 超导磁分离技术

非磁性以及弱磁性物质在普通磁场下受到的磁力较小，分离效果不甚理想，这类物质的磁分离只有在高梯度、高场强的磁场下才有其实际应用价值；而提高磁场强度一般需要通过改进磁体结构或者更新磁体材料的方法实现。超导体在某一临界温度下电阻即为零，具有完全的导电性，导电性能大大提高，可以传输大电流，从而得到很高的磁场强度。超导体在超导磁分离技术中的应用和发展进一步改进了对非磁性物质的磁分离效果。在实际磁选工作中，往往可以通过提高磁选设备的磁场强度和磁场梯度等参数来提高磁性颗粒物所受的磁力，从而提高分选效果。此外，通过物理化学方法改变被分选物的磁性，如磁种分选法，也可以提高分选效果。

超导磁分离技术先在污水中加入磁种，磁种与污水中的污染物结合并在絮凝剂的作用下体积增大，形成以磁种为核的浆团。其中部分大颗粒团会直接沉淀，其余废液通过超导高梯度磁分离设备中的超导磁体，强磁场产生的磁力将这些浆团吸附到多重金属筛网，通过筛网的连续更换流程达到连续净化污水的目的。超导磁分离法与传统的化学法、生物法以及普通电磁体磁分离相比，具有投资小、占地少、耗电量小等优点。对于污水处理来说，是一种极具潜在应用前景的技术。

参 考 文 献

[1] Sheng L, Gu R Y, Xing D Y, et al. Giant magnetoresistance in magnetic granular systems[J]. Journal of Applied Physics, 1996, 79: 6255-6258

[2] Bernardi J, Hutten A, Thomas G. Electron microscopy of giant magnetoresistive granular AuCo alloys[J]. Journal of Magnetism and Magnetic Materials, 1996, 157/158: 153-155

[3] Sugiyama T, Nittono O. Structure and giant magnetoresistance of CoAg granular alloy film fabricated by a multilayering method[J]. Thin Solid Films, 1998, 334: 206-208

[4] Errahmani H, Berrada A, Colis S, et al. Structural and magnetic studies of CoCu granular alloy obtained by ion implantation of Co into Cu matrix[J]. Nuclear Instrument and Methods in Physics Research B, 2001, 178: 69-73

[5] Honda S, Okada T, Nawate M. Size effect on giant magnetoresistance of Co-Ag films[J]. Journal of Magnetism and Magnetic Materials, 1997, 165: 326-329

[6] 李佐宜, 彭子龙, 郑远开. 金属颗粒膜巨磁电阻效应的影响因素[J]. 物理学报, 1998, 47(6): 100-1017

[7] Wang J Q, Xiao G. Finite-size effect and its temperature dependence of giant magnetoresistance in magnetic granular materials[J]. Physical Review B, 1994, B49(6): 3982-3985

[8] 谢秉川. 颗粒膜中的巨磁阻效应[J]. 广西师院学报(自然然科学版), 1999, 16 (4): 25-30

[9] Sang H, Xu N, Du Y W, et al. Giant magnetoresistance and microstructures in CoAg granular films fabricated using ion-beam Co-sputtering technique[J]. Physical Review B, 1996, 53(22): 15023-15026

[10] Kataoka N, Kim I J, Takedah, et al. Giant magnetoresistance of Cu-Co-X alloys produced by liquid quenching[J]. Materials Science and Engineer, 1994, A181/A182: 888-891

[11] Allia P, Knobel M, Tiberto P, et al. Magnetic properties and giant magnetoresistance of melt-spin granular $Cu_{100-x}Co_x$ alloys [J]. Physical Review B, 1995, 52(21): 15398-15411

[12] Sreeja V, Joy P A. Microwave-hydrothermal synthesis of γ-Fe_2O_3 nanoparticles and their magnetic properties [J]. Materials Research Bulletin, 2007, 42 (8): 1570-1576

[13] Olga P, Anna B, Vyacheslav M, et al. Magnetic polymer beads: Recent trends and developments in synthetic design and applications[J]. European Polymer Journal, 2011, 47 (4): 542-559

[14] Katayoon K, Ahmad M, Kamyar S, et al. Size-controlled synthesis of Fe_3O_4 magnetic nanoparticles in the layers of montmorillonite[J]. Journal of Nanomaterials, 2014, 2014 : 739485

[15] Huang Q Y, Wang S Z. Synthesis of Fe_3O_4/PAM superparamagnetic nano-hydrogels in water-in-oil emulsion[J]. Journal of Dispersion Science and Technology, 2018, 40(10): 1379-1384

[16] Eren E, Gumus H. Characterization of the structural properties and Pb(II) adsorption behavior

of iron oxide coated sepiolite[J]. Desalination, 2011, 273 (2-3): 276-284

[17] Xie M J, Zeng L X, Zhang Q Y, et al. Synthesis and adsorption behavior of magnetic microspheres based on chitosan/organic rectorite for low-concentration heavy metal removal[J]. Journal of Alloys and Compounds, 2015, 647 : 892-905

[18] Liu Y S, Liu P, Su Z X, et al. Attapulgite-Fe$_3$O$_4$ magnetic nanoparticles via co-precipitation technique[J]. Applied Surface Science, 2008, 255 (5): 2020-2025

[19] Mu B, Wang A Q. One-pot fabrication of multifunctional superparamagnetic attapulgite/Fe$_3$O$_4$/ polyaniline nanocomposites served as an adsorbent and catalyst support[J]. Journal of Materials Chemistry A, 2015, 3 (1): 281-289

[20] Wang W B, Wang F F, Kang Y R, et al. Facile self-assembly of Au nanoparticles on a magnetic attapulgite/Fe$_3$O$_4$ composite for fast catalytic decoloration of dye[J]. RSC Advances, 2013, 3 (29): 11515-11520

[21] Yu S M, Liu X G, Xu G J, et al. Magnetic Fe$_3$O$_4$/sepiolite composite synthesized by chemical co-precipitation method for efficient removal of Eu(Ⅲ)[J]. Desalination and Water Treatment, 2015: 1-12

[22] Fayazi M, Afzali D, Ghanei-Motlagh R, et al. Synthesis of novel sepiolite-iron oxide-manganese dioxide nanocomposite and application for lead(Ⅱ) removal from aqueous solutions[J]. Environmental Science and Pollution Research, 2019, 26 (18): 18893-18903

[23] Akkari M, Aranda P, Mayoral A, et al. Sepiolite nanoplatform for the simultaneous assembly of magnetite and zinc oxide nanoparticles as photocatalyst for improving removal of organic pollutants[J]. Journal of Hazardous Materials, 2017, 340: 281-290

[24] Westendorp F F, Buschow K H J. Permanent magnets with energy products of 20 million gauss oersteds[J]. Solid State Communications, 1969, 7 : 639-640

[25] Yamamoto H, Matsuura Y, Fujimura S, et al. Magnetocrystalline anisotropy of R$_2$Fe$_{14}$B tetragonal compounds[J]. Applied Physics Letters, 1984, 45 (10): 1141-1143

[26] Croat J J. Permanent magnet properties of rapidly quenched rare earth-iron alloys[J]. IEEE Transactions on Magnetics, 1982, 18 (6): 1442-1447

[27] Coehoorn R, Mooij D B D, Waard C D. Meltspun permanent magnet materials containing Fe$_3$B as the main phase[J]. Journal of Magnetism and Magnetic Materials, 1989, 80: 101-104

第6章 矿物材料的光学性能

6.1 矿物材料光学性能概述

人们对材料的光学性能以及在材料中发生的光学现象的研究和应用已经有很长的历史。在经典光学发展时期，固体介质对光的折射、反射和吸收以及利用固体的色散进行分光，利用固体的双折射来产生和检测偏振光等，都是固体光学的重要内容。

麦克斯韦电磁理论的建立为光即电磁波这一经典理论奠定了基础。不同的固体有不同的光学性能，可用光学常数来加以定量描述。19 世纪末 20 世纪初，人们对固体由原子和电子组成的认识逐步加深。随着固体电子论的发展，提出了一些模型，把固体的宏观光学性能与微观结构联系起来。但是在量子理论建立之前，这些模型本质上仍是经典模型。量子力学建立后，随着固体能带论和格波理论的发展，人们对固体的认识，特别是对固体微观结构的认识有了新的发展，逐步建立起了近代固体物理学。同样，也发展了固体光学性能和光学过程的量子理论，使各种类型的光跃迁得到研究。

研究矿物材料的光学性能，不仅对基础研究有用，而且还具有重大的应用意义。矿物材料在光通信技术、光电子技术、激光技术、光信息处理技术、显示技术等方面有愈来愈多的应用。当光通过矿物材料时，会发生透射、折射、反射、色散、吸收、散射等现象，不同的矿物材料具有不同的光学性能。

本章首先探讨光通过介质的现象，从光的反射、折射、色散、吸收、散射和透射等性能来探讨矿物材料的光学性能，并从电子能带结构出发，揭示它们在光的作用下表现出不同光学性能的本质，对矿物材料的颜色、透光性、半透明性和不透明性及其他光学性能做简要介绍。再者，详细介绍矿物材料的光学性能的检测方法，如透过率和雾度、紫外-可见漫反射光谱、红外吸收率、拉曼光谱、消光系数及发光光谱测定等，最后还将介绍矿物材料光学性能的应用。

6.1.1 光通过介质的现象

6.1.1.1 光的反射与折射

光从一种均匀物质射向另一种均匀物质时，会在它们的分界面上改变传播方向，如图 6-1 所示。如果不考虑吸收、散射等其他形式能量的损耗，则入射光的能量只能分配给反射线和折射线，其总能量保持不变。从图中可以看到，入射线与法线的夹角 θ_1 称为入射角；反射线与法线的夹角 θ_1' 称为反射角；入射线从介质 1 进入介质 2 后发生折射，折射线与法线的夹角 θ_2 称为折射角。根据反射定律，入射线、反射线和法线在同一平面内（即入射面）；入射线和反射线分别处在法线的两侧；入射角与反射角相等，即 $\theta = \theta_1'$。根据折射定律，折射线位于入射面内，并分别处在法线的两侧。对单色光而言，入射角的正弦与折射角的正弦比为常数，n_{21} 第二介质相对于第一介质的相对折射率，与光波的波长和界面两侧介质的性质有关。若第一介质为真空，第二介质的折射率为 n，由于真空内光波的折射率等于 1，那么，此时的折射定律可写成

$$\sin \theta_1 = n_2 \sin \theta_2 \tag{6-1}$$

式中，n_2 为第二介质相对于真空的相对折射率，又称第二介质的绝对折射率。

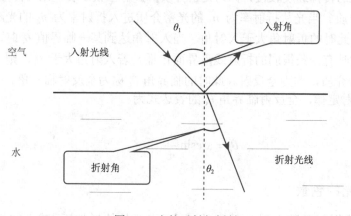

图 6-1　光的反射与折射

这样，某介质的折射率也是该介质对真空的相对折射率。由此，折射定律可写成

$$n_{21} = \frac{\sin \theta_1}{\sin \theta_2} = \frac{n_2}{n_1} = \frac{v_1}{v_2} \tag{6-2}$$

式中，n_1 为第一介质的折射率；n_2 为第二介质的折射率；v_1 为光波在第一介质内的运动速度；v_2 为光波在第二介质内的运动速度。

介质的折射率是永远大于 1 的正数。例如，空气的折射率 $n=1.0003$，水的折射率 $n=1.3333$，氯化钠的折射率 $n=1.5300$，玻璃的折射率 $n=1.5\sim1.9$ 等。不同结构介质的折射率不同。表 6-1 给出了一些透明材料在不同单色光下的折射率数据。

表 6-1　透明材料在不同单色光下的折射率

材料	不同单色光的波长 λ/nm					
	紫(410)	蓝(470)	绿色(550)	黄(580)	橙(610)	红(660)
冕牌玻璃	1.5380	1.5310	1.5260	1.5225	1.5216	1.5200
轻火石玻璃	1.6040	1.5960	1.5910	1.5875	1.5867	1.5850
重火石玻璃	1.6980	1.6836	1.6738	1.6670	1.6650	1.6620
石英	1.5570	1.5510	1.5468	1.5438	1.5432	1.5420
金刚石	2.4580	2.4439	2.4260	2.4172	2.4150	2.4100
冰	1.3170	1.3136	1.3110	1.3087	1.3080	1.3060
钛酸锶	2.6310	2.5106	2.4360	2.4170	2.3977	2.3740

材料的折射率反映了光在该材料中传播速度的快慢。两种介质相比，折射率较大者，光的传播速度较慢，称为光密介质；折射率较小者，光的传播速度较快，称为光疏介质。当光从折射率为 n_1 的光密介质进入折射率为 n_2 的光疏介质，即 $n_1 > n_2$ 时，此时的折射角大于入射角。当入射角达到某一临界值 θ_c 时，折射角等于 90°，此时有一条很弱的折射线沿界面传播。若入射角大于 θ_c，则入射光能全部回到光密介质，称为全反射。此时的临界角 θ_c 称为全反射临界角。

根据折射定律，全反射临界角 θ_c 的表达式为

$$\theta_c = \arcsin \frac{n_2}{n_1} \qquad (6\text{-}3)$$

6.1.1.2　光的色散

材料的折射率随入射光频率的减小(或波长的增加)而减小的性质称为色散。例如，一束阳光通过三棱镜，可观察到白光分解为彩色的光带，这就是色散现象。光色散的本质是光的折射。色散现象说明光在介质中的折射率会随着光频率(或波长)的变化而变化。

在给定入射光波长的情况下，可用介质的折射率随波长的变化率来表示材料的色散率，即满足

$$色散率 = \frac{\mathrm{d}n}{\mathrm{d}\lambda} \qquad (6\text{-}4)$$

式中，n 为折射率；λ 为波长。

图 6-2 给出了几种常用光学材料的色散曲线。由曲线可以看到，色散曲线满足以下规律：同一材料，波长越短，折射率越大，色散率越大；不同材料，同一

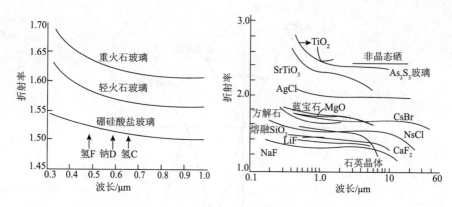

图 6-2　几种常用光学材料的色散曲线[1]

波长，折射率越大，则色散率越大；不同材料的色散曲线没有简单的数量关系。

判断光学玻璃色散的方法不一定要测色散曲线，可采用固定波长下的折射率来表达，即色散系数为

$$\gamma = \frac{n_D - 1}{n_F - n_C} \tag{6-5}$$

式中，色散系数 γ 也称为阿贝数；n_D、n_F 和 n_C 分别为以钠的 D 谱线 (589.3nm)、氢的 F 谱线 (486.1 nm) 和 C 谱线 (656.3 nm) 为光源测得的折射率。

阿贝数是光学色差的度量，表示透明物质色散能力的反比例系数。阿贝数越小，色散现象越明显。阿贝数是德国物理学家阿贝发明的物理量，也称色散系数，是表示透明介质的光线色散能力的指数。一般来说，介质的折射率越大，色散越严重，阿贝数越小；反之，介质的折射率越小，色散越轻微，阿贝数越大。阿贝数常用于镜片行业，是镜片的选购参考因素之一。目前，眼用的光学镜片材料阿贝数一般在 30～60。供人佩戴的镜片阿贝数不应该低于 30，否则明显的色散现象会让佩戴者视觉模糊，进而可能产生不适现象。另外，还把 $n_F - n_C$ 的关系称为平均色散，也就是光学介质对于氢 F 谱线与氢 C 谱线的折射率之差。由于色散现象的存在，利用光学玻璃制成的单片透镜往往成像不够清晰。在自然光通过时，像的周围往往环绕一圈色斑。克服的方法是用不同牌号的光学玻璃，分别磨成凸透镜和凹透镜，组成复合镜头，也就是消色差镜头，从而消除色差。

6.1.1.3　反射系数和透射系数

当光线由介质 1 入射到介质 2 时，光在介质面上分成了反射光和折射光，如图 6-3 所示。

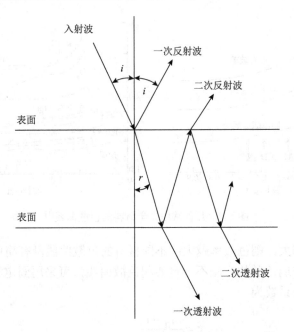

图 6-3 光通过透明介质分界面时的反射和透射[2]

这种反射和折射，可以连续发生。例如，当光线从空气进入介质时，一部分反射出来了，另一部分折射进入介质。当遇到另一界面时，又有一部分发生反射，另一部分折射进入空气。由于发生反射，使得透过的光的强度减弱，设入射光的总能量流为 W，则

$$W = W' + W'' \tag{6-6}$$

式中，W、W'、W'' 分别为单位时间通过单位面积的入射光、反射光和折射光的能量流。当光线垂直入射时，

$$\frac{W'}{W} = \left(\frac{n_{21} - 1}{n_{21} + 1} \right)^2 = R \tag{6-7}$$

式中，R 为反射系数；n_{21} 为介质 2 对于介质 1 的相对折射率。由此可见，在光波垂直入射条件下，材料表面的反射率取决于材料的相对折射率 n_{21}。

由式(6-7)可知，

$$\frac{W''}{W} = 1 - \frac{W'}{W} = 1 - R \tag{6-8}$$

式中，$1-R$ 称为透射系数。

如果介质 1 为空气，可以认为 $n_1=1$，则 $n_{21}=n_2$；如果 n_1 和 n_2 相差很大，那么界面反射损失就严重；如果 $n_1=n_2$，则 $R=0$，即在光线垂直入射时，几乎没有反射损失。

光通过的界面越多，界面反射就越严重。例如，一块折射率 $n=1.5$ 的玻璃，反射系数为 $R=0.04$，透过部分为 $1-R=0.96$。如果透射光又从另一界面射入空气，即透过两个界面，此时透过部分为 $(1-R)^2=0.922$。如果连续透过 x 块平板玻璃，则透过部分应为 $(1-R)^{2x}$。所以，由许多块玻璃组成的透镜系统，反射损失就很可观。为了减小这种界面损失，常常采用折射率和玻璃相近的胶将它们粘起来，这样，除了最外和最内的表面是玻璃和空气的相对折射率外，内部各界面都是玻璃和胶，它们之间的相对折射率较小，从而大大减小了界面的反射损失。

通常来说，光线在临界面上的反射率与材料的物理性能、光线的波长以及入射角的大小相关。例如，海水对于短波辐射的反射率仅为 5%左右，即海水可以吸收太阳热辐射能量的 95%；而白色冰雪的反射率高达 30%～80%，二者相差 6～16 倍。透明材料，如镜面的反射率为 100%，透明材料的反射率与光的入射角有关，入射角越大，反射率越大。

6.1.1.4　吸收与散射

1. 光的吸收

当光束通过介质时，一部分光的能量被材料吸收，其强度减弱，即为光吸收。假设强度为 I_0 的平行光束通过厚度为 L_0 的均匀介质，如图 6-4 所示，入射光强减少量 $\mathrm{d}I/I$ 应与吸收层的厚度 $\mathrm{d}l$ 成正比，即

$$\frac{\mathrm{d}I}{I} = -\alpha\mathrm{d}l \tag{6-9}$$

式中，负号表示光强随着 L 的增加而减弱；α 为吸收系数，即光通过单位距离时能量损失的比例系数，其单位为 cm^{-1}，它取决于介质材料的性质和光的波长。对一定波长的光波而言，吸收系数是和介质的性质有关的常数。对式(6-9)积分得

$$I = I_0\mathrm{e}^{-\alpha l} \tag{6-10}$$

此式称为朗伯特(Lambert)定律。它表明，在介质中光强随传播距离呈指数式衰减。α 越大，材料越厚，光就被吸收得越多，因而透过后的光强度就越小。不同材料的 α 有很大差别，例如，空气的 $\alpha \approx 10^{-5}\ \mathrm{cm}^{-1}$；玻璃的 $\alpha=10^{-2}\ \mathrm{cm}^{-1}$；而金属的 α 在 $10^4\ \mathrm{cm}^{-1}$ 以上。

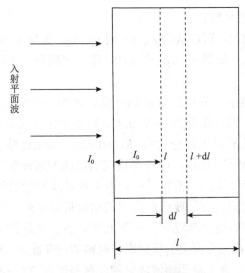

图 6-4　光吸收示意图[3]

2. 光的散射

　　材料中若有光学性能不均匀的结构，例如含有小颗粒的透明介质、光学性能不同的晶界相、气孔或其他夹杂物，都会引起一部分光束偏离原来的传播方向而向四面八方弥散开来，这种现象称为光的散射。产生散射的原因是光波遇到不均匀结构产生的次级波，与主波方向不一致，与主波合成出现干涉现象，使光偏离原来方向，从而引起散射。光的散射导致原来传播方向上光强减弱。对于相分布均匀的材料，其散射减弱规律与吸收规律具有相同形式

$$I = I_0 e^{-Sl} \tag{6-11}$$

式中，I_0 为光的原始强度；S 为散射系数。散射系数与散射质点的大小数量以及散射质点与基体的相对折射率等因素有关。图 6-5 显示了散射质点尺寸对散射系数的影响，可见其并非单调关系，当光的波长约等于散射质点的直径时，出现散射峰值。

　　图 6-5 中所用入射光为 Na_D 谱线（$\lambda=0.589\,\mu m$），介质为玻璃，其中含有 1%（体积分数）的 TiO_2 作为散射质点，两者的相对折射率 $n_{21}=1.8$。散射最强时，质点的直径约为

$$d_{max} = \frac{4.1\lambda}{2\pi(n-1)} = 0.48\,\mu m \tag{6-12}$$

显然，光的波长不同时，散射系数达到最大时的质点直径也有所变化。

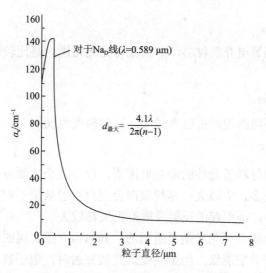

图 6-5 质点尺寸对散射系数的影响[4]

6.1.2 透光性

6.1.2.1 透光性概述

透光性是一个综合指标，即光能通过介质材料后剩余光能所占的百分比。综合考虑反射、吸收、散射后(图 6-6)，有

$$I = I_0 \left(1 - m\right)^2 \mathrm{e}^{-(\alpha + S)x} \tag{6-13}$$

由式(6-13)可见，影响介质透光性的光学参数主要有反射系数 m、吸收系数 α 和散射系数 S。

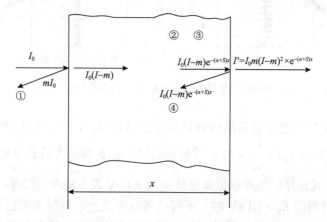

图 6-6 光透过介质时的反射、散射与吸收损失[4]

1）吸收系数 α

对陶瓷、玻璃等电介质材料，α 值在可见光范围内是比较低的，故吸收损失较小。

2）反射系数 m

材料对周围环境的相对折射率越大，反射损失也就越大。

3）散射系数 S

这是影响矿物材料透光性的最主要因素，以下几个方面可影响散射系数，即宏观及显微缺陷越多，S 越大；晶粒取向会使双折射效果不同，影响散射系数；气孔的折射率很小，故引起的反射及散射损失都较大。

一般来说，金属对可见光是不透明的，其原因在于金属的电子能带结构中费米能级以上存在许多空能级，当金属受到光线照射时，电子容易吸收入射光子的能量而被激发到费米能级以上空能级上，如图 6-7 所示。研究表明，只要金属箔的厚度达到 0.1 μm，便可以吸收全部入射的光子。因此，只有厚度小于 0.1 μm 的金属箔才能透过可见光。由于费米能级以上有许多空能级，因而各种不同频率的可见光都能被吸收。事实上，金属对所有的低频电磁波（从无线电波到紫外光）都是不透明的。只有对高频电磁波，如 X 射线和 γ 射线才是透明的。

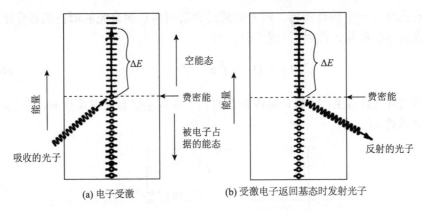

(a) 电子受激　　　　　　　　(b) 受激电子返回基态时发射光子

图 6-7　金属吸收光子后电子能态的变化[5]

非金属材料的电子能带结构特征是存在禁带（E_g），欲产生光子吸收（即不透明）的条件是 $h\nu > E_g$ 或 $\dfrac{hc}{\lambda} > E_g$。可见光的最小波长和最大波长分别为 0.4 μm 和 0.7 μm，由上式计算的临界禁带宽度分别为 3.1 eV 及 1.8 eV，则有：

（1）当材料的 $E_g > 3.1$ eV 时，不可能吸收可见光，材料是无色透明的；

（2）对 $E_g < 1.8$ eV 的半导体材料，所有可见光都可以通过激发价带电子向导

带转移而吸收，因而是不透明的；

（3）对于 E_g 介于 1.8～3.1 eV 的非金属材料，可部分吸收可见光，故是带色半透明的。

利用光的透射可以制备得到透明陶瓷，如美国开发出一种氧氮化铝（AlON）陶瓷粉末，经过高温高压制成透明装甲材料，这种材料具有优异的防弹性、耐冲击性和耐久性。想要制备透明陶瓷，需要满足晶粒尽量细小，尺寸接近均一，晶粒内无气泡，晶界处无玻璃相、气孔、杂质，材料具有高密度，尽可能接近理论密度这几个条件。

6.1.2.2　影响材料透光性的因素

材料透光性主要受材料的吸收系数、反射系数和散射系数影响。吸收系数与材料的性质密切相关，在金属中，因为价带与导带是重叠的，它们之间没有禁带，所以不管入射光子的能量是多大（即不管什么频率的光），电子都可以吸收它而跃迁到一个新的能态上去。因此，对于各种光，金属都能吸收，所以金属是不透明的。理论上说，金属吸收了可见光的全部光子，金属应呈黑色。但实际上我们看到的铝是银白色的，纯铜是紫红色的，金子是黄色的，等等，这是因为当金属中的电子吸收了光子的能量跃迁到导带中高能级时，它们处于不稳定状态，立刻又回落到能量较低的稳定态，同时发射出与入射光子相同波长的光子束，这就是反射光。大部分金属反射光的能力都很强，反射率在 0.90～0.95。金属本身的颜色是由反射光的波长决定的。陶瓷、玻璃、矿物材料等电介质材料，在可见光范围内吸收系数较低，吸收系数在影响透光性的因素中不占主要地位。反射损失与相对折射率有关，材料对周围环境的相对折射率大，反射损失也大，反射损失也与表面粗糙度有关。散射系数对材料的透光性影响最大。除纯晶体和玻璃体具有良好的透光性外，多晶多相材料内含杂质、气孔、晶界、微裂纹等缺陷，大多数看上去是不透明的。这主要是由散射引起的，所以散射系数是影响其透光性的主要因素。影响材料透光性的结构因素有以下三方面。

1）材料的宏观及显微缺陷

材料中的缺陷与主晶相不同，于是与主晶相之间具有相对折射率，此值越大，反射系数越大，散射因子也越大，散射系数越大。

2）晶粒排列方向的影响

如果材料不是各向同性的立方晶体或玻璃态，则存在双折射问题，与晶轴成不同角度的方向上的折射率均不相同，因此，由多晶材料组成的无机材料，晶粒与晶粒之间结晶的取向不一致，这样，由于双折射造成相邻晶粒之间的折射率也不同，引起晶界处的反射及散射损失。图 6-8 所示为一个典型不同晶粒取向的双折射引起的晶界损失。

　　图 6-8 中两个相邻晶粒的光轴互相垂直。设光线沿左晶粒的光轴方向射入，则在左晶粒中只存在常光折射率 n_o。右晶粒的光轴垂直于左晶粒的光轴，也就垂直于晶界处的入射光。由于此晶体有双折射现象，因而不但有常光折射率 n_o，还有非常光折射率 n_e，左晶粒的 n_o 与右晶粒的 n_e 相对折射率为 $n_o/n_e=1$，$m=0$，无反射损失；但左晶粒的 n_o 与右晶粒的 n_e 则形成相对折射率 $n_o/n_e\neq1$，导致反射和散射损失，即引起相当可观的晶界散射损失。n_o 与 n_e 相差较小，则反射和散射损失也相对较小；n_o 与 n_e 相差大，则反射和散射损失也大。

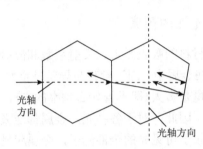

光轴方向　　　　　　　　光轴方向

图 6-8　双折射晶体在晶粒界面产生连续的反射和折射[6]

　　例如，α-Al$_2$O$_3$ 晶体的 n_o 和 n_e 分别为 1.760 和 1.768，假设相邻晶粒的光轴互相垂直，则晶界面的反射系数：

$$m=\left(\frac{n_{21}-1}{n_{21}+1}\right)^2=\left(\frac{1.768/1.760-1}{1.768/1.760+1}\right)^2=5.14\times10^{-6} \tag{6-14}$$

　　从式(6-14)可知，m 较小，透光率 I/I_0 较大。表明 n_o 与 n_e 相差较小时，反射和散射损失也相对较小，所以 Al$_2$O$_3$ 陶瓷可用来制作透明灯管。而金红石晶体的 n_o 和 n_e 分别为 2.854 和 2.567，同理可求得其反射系数 $m=2.8\times10^{-3}$，m 较大，透光率 I/I_0 较小。表明 n_o 与 n_e 相差较大时，反射和散射损失也相对较大，故金红石晶体不透光，对于 MgO、Y$_2$O$_3$ 等立方晶系材料，由于没有双折射现象，故本身透明度较高，所以影响多晶无机材料透光率的主要因素就是晶体的双折射。

　　3）气孔引起的散射损失

　　存在于晶粒之间的以及晶界玻璃相内的气孔、孔洞，从光学上讲构成了第二相，其折射率 n_1 可视为 1，与基体材料的 n_2 相差较大，所以相对折射率 $n_{21}\approx n_2$ 也较大。由此引起的反射损失、散射损失远较杂质、不等向晶粒排列等因素引起的损失大。

6.1.2.3　提高材料透光性的措施

1）提高原材料纯度

在矿物材料中杂质形成的异相，其折射率与基体不同，等于在基体中形成分散的散射中心，使散射系数 S 提高。杂质的颗粒大小影响到 S 的数值，尤其当其尺度与光的波长相近时，S 达到峰值。所以杂质浓度以及与基体之间的相对折射率都会影响到散射系数的大小。从材料的吸收损失角度考虑，不但对基体材料，而且对杂质的成分也要求其在使用光的波段范围内，吸收系数 α 不得出现峰值。这是因为不同波长的光，对材料及杂质的 α 值均有显著影响。特别是在紫外波段，吸收率有一峰值，如前面所述，要求材料及杂质具有尽可能大的禁带宽度 E_g，这样可使吸收峰处的光的波长尽可能短一些，因而不受吸收影响的光的频带宽度可放宽。

2）掺加外加剂

掺加外加剂的目的是降低材料的气孔率，特别是降低材料烧成时的闭孔。表面看起来，掺加主成分以外的其他成分，虽然掺量很少，但也会显著影响材料的透光率，因为这些杂质质点会大幅度地提高散射损失。但是，正如前面分析的那样，影响材料透光性的主要因素是材料中所含的气孔。气孔由于相对折射率的关系，其影响程度远大于杂质等其他结构因素。此处所说的掺加外加剂，目的是降低材料的气孔率，特别是降低材料烧成时的闭孔（大尺寸的闭孔称为孔洞），这是提高透光率的有力措施。例如，通过在 Al_2O_3 中加入适量 MgO，在烧结过程中可阻碍 Al_2O_3 晶粒的长大；另一方面可使气泡有充分的时间逸出，从而使透明度增大。Al_2O_3 中 MgO 的适宜掺入量是 0.05%～0.5%。值得注意的是，外加剂本身也是杂质，掺多了也会影响透光性。

3）工艺措施

一方面，工艺上需要在矿物材料中排除气孔，例如，采取热压法要比普通烧结法更便于排除气孔，因而是获得透明陶瓷较为有效的工艺，热等静压法效果更好；另一方面，需使晶粒定向排列，采用热锻法使矿物材料织构化，从而改善其性能。这种方法就是在热压时采用较高的温度和较大的压力，使坯体产生较大的塑性变形。由于大压力下的流动变形，晶粒定向排列，结果大多数晶粒的光轴趋于平行。这样在同一个方向上，晶粒之间的折射率就变得一致，从而减少了界面反射。用热锻法制得的 Al_2O_3 陶瓷是相当透明的。

6.1.3　界面反射与表面光泽

大多数材料的表面并不是完全光滑的，因此，在表面上产生大量各个方向的漫反射，随着表面粗糙度的增大，镜面反射量逐渐减少，漫反射量增大，如图 6-9 所示。镜面反射的反射光线具有较强的方向性，因而有较亮的光泽。

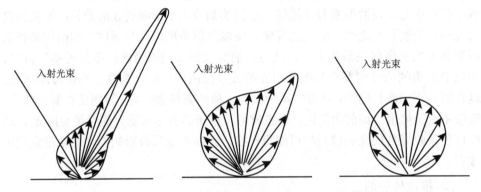

图 6-9　粗糙度增加的镜反射、漫反射能量图[7]

很难给表面光泽一个精确的定义，但表面光泽与镜面反射影像的清晰度和完整性有最密切的关系，即与镜面反射光带的窄(狭)度和强度有关，而这些因素主要由折射率和表面光滑度决定。为了获得很好的表面光泽，既要表面材料的折射率高，又要形成尽可能光滑的表面。表面要获得高光泽，往往使用基质含铅的釉或搪瓷烧成到足够高的温度，使釉铺展以形成一个完整而光滑的表面。而减小表面光泽可采用低折射率材料或增加表面粗糙度，后者如研磨喷砂，对原来光滑的表面进行化学腐蚀，或由悬浮液、溶液或气相在表面沉积一层细颗粒材料。

6.1.4　不透明性与半透明性

有许多材料本来是透明的电介质，也可以被制成半透明或不透明的。其基本原理是设法使光线在材料内部发生多次反射(包括漫反射)和折射，致使透射光线变得十分弥散，当散射作用非常强烈，以致几乎没有光线透过时，材料看起来就不透明了。引起内部散射的原因是多方面的。一般来说，由折射率各向异性的微晶组成的多晶样品是半透明或不透明的。在这类材料中微晶无序取向，因而光线在相邻微晶界面上必然发生反射和折射。光线经过无数的反射和折射变得十分弥散。同理，当光线通过分散得很细的两相体系时，也因两相的折射率不同而发生散射。陶瓷材料如果是单晶体，一般是透明的，但大多数陶瓷材料是多晶体的多相体系, 由晶相、玻璃相和气相(气孔)组成。因此, 陶瓷材料多是半透明或不透明。特别强调的是, 乳白玻璃、釉、搪瓷、瓷器等, 它们的外观和用途很大程度上取决于它们对光的反射和透射性。

乳白玻璃和半透明釉, 都要求具有半透明性。入射光中漫透射的分数对于材料的半透明性起决定性作用。对于乳白玻璃, 最好是具有明显的散射而吸收最小, 从而得到最大的漫透射。最好的方法是在这种玻璃中掺入与基体材料折射率相近的 NaF 和 CaF_2, 这两种乳化剂主要起矿化作用, 促使其他晶体从熔体中析出。例如, 含氟的乳白玻璃中析出的主要晶相是方石英, 有时也会有失透石 ($Na_2O·3CaO·6SiO_2$) 和硅灰石, 这些细小的颗粒析晶起乳化作用。有时为了使散射相的尺寸得以控制, 在使用氟化物的同时, 在组成中应提高 Al_2O_3 的含量, 目的是提高熔体的高温黏度, 在析晶过程中生成大量的晶核, 从而获得良好的乳浊效果。

单相氧化物陶瓷的半透明性是它的质量标志。由于这类陶瓷中存在的气孔往往具有固定的尺寸, 因而半透明性几乎只取决于气孔的含量。一些重要的艺术瓷, 如骨灰瓷和硬瓷, 半透明性是主要的鉴定指标。通常构成瓷体的相为折射率接近 1.5 的玻璃、莫来石和石英, 莫来石在陶瓷基体内对于散射和降低半透明性起决定性作用。因此, 提高半透明性的主要方法是增加玻璃含量, 减少莫来石含量, 提高长石对黏土的比例。为获得致密的半透明陶瓷, 必须采取以下措施: ①完全排除黏土颗粒间的孔隙形成的细孔, 才能得到半透明的瓷体, 为此要保证足够高的烧成温度; ②提高制品中长石或熔块含量, 促进形成大量玻璃相; ③调整瓷体中各相的折射率, 使之相互匹配, 如改变瓷体中玻璃相的折射率使之接近莫来石的折射率。骨灰瓷就是利用含有的折射率平均为 1.56 的液相, 使之几乎等于所出现的晶粒的折射率, 并结合降低气孔含量, 使骨灰瓷具有很好的半透明性。

6.1.5 颜色

研究物质的吸收特性时发现, 任何物质都只对特定的波长范围表现为透明, 而对另一些波长范围则不透明。从图 6-10 中可知, 在电磁波谱的可见光区, 金属和半导体的吸收系数都很大。但是电介质材料, 包括玻璃、陶瓷等大部分无机材料在这个波谱区内都有良好的透过性, 也就是说吸收系数很小。这是因为电介质材料的价电子所处的能带是填满了的, 已通过吸收光子而自由运动, 而光子的能量又不足以使价电子跃迁到导带, 所以在一定的波长范围内, 吸收系数很小。

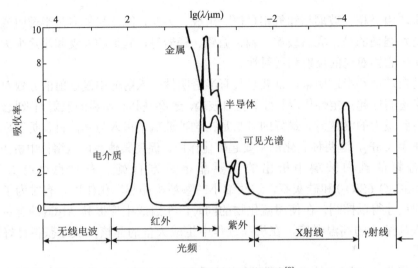

图 6-10　各种材料的吸收曲线[8]

　　但是，在紫外区出现了紫外吸收端，这是因为波长越短，光子能量越大。当光子能量达到电介质禁带宽度时，电子就会吸收光子能量从满带跃迁到导带，此时吸收系数将骤然增大。这里需指出的是，图 6-10 中电介质在红外区的吸收峰产生的原因与可见光和紫外端吸收产生的原因不同，这是由离子的弹性振动与光子辐射发生谐振消耗能量所致，即声子吸收。材料发生振动的固有频率由离子间结合力决定。为了有较宽的透明频率范围，必须使吸收峰远离可见光区，因此希望材料最好有高的电子能隙值、弱的原子间结合力以及大的离子质量。要使谐振点的波长尽可能远离可见光区，即吸收峰处的频率尽可能小，需选择较小的材料热振动频率。

　　吸收还可分为选择吸收和均匀吸收。例如，石英晶体在整个可见光波段都很透明，且吸收系数几乎不变，这种现象称为"一般吸收"。但是，在 3.5~5.0 μm 的红外区，石英晶体表现为强烈吸收，且吸收率随波长改变而发生剧烈变化，这种同一物质对某一种波长的吸收系数可以非常大，而对另一种波长的吸收系数可以非常小的现象称为"选择吸收"。任何物质都有这两种形式的吸收，只是出现的波长范围不同而已。透明材料的选择吸收使其呈现不同的颜色。如果介质在可见光范围对各种波长的吸收程度相同，则称为均匀吸收。在此情况下，随着吸收程度的增加，颜色从灰变黑。将能发射连续光谱的白光源(如卤钨灯)所发的光经过分光仪器(如单色仪、分光光度计等)分解出单色光束，并使之相继通过待测材料，可以测量吸收系数与波长的关系，得到吸收光谱。

　　由图 6-11 可见，金刚石和石英这两种电介质材料的吸收区都出现在紫外和红外波长范围。它们在整个可见光区，甚至扩展到近红外和近紫外都是透明的，是优良的可见光区透光材料。

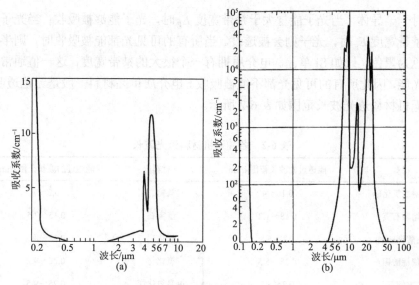

图 6-11 金刚石和石英的吸收光谱[8]
(a) 金刚石从紫外到远红外之间的吸收光谱的大致轮廓；(b) 石英在紫外至远红外区的吸收光谱

电子受激跃迁造成吸收，但当从激发态回到低能态时，又会重新发射出光子，其波长并不一定与吸收光的波长相同。因此，透射光的波长分布是非吸收光波和重新发射的光波的混合波，透明材料的颜色是由混合波的颜色决定的。例如，蓝宝石是 Al_2O_3 单晶，如图 6-12 所示，透射波在整个可见光范围内，光的波长分布均匀，因此呈无色。红宝石是在 Al_2O_3 单晶中加入少量 Cr_2O_3，因此在 Al_2O_3 禁带中引进了 Cr^{3+} 杂质能级，对波长约为 0.4 μm 的蓝紫色光和波长约为 0.6 μm 的黄绿色光有强烈的选择性吸收，因此非吸收光和重新发射的光波决定了其呈红色。

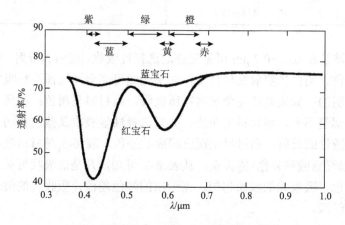

图 6-12 蓝宝石和红宝石的透射率[9]

对于半导体,当光子能量大于禁带宽度 E_g 时,光子能够被吸收;当光子能量小于禁带宽度 E_g 时,光子则会被透过。当所有的可见光都能被吸收时,则半导体的颜色为黑色,比如 Si 单晶。电介质拥有一个很大的禁带宽度,这一值通常大于可见光能,因此所有的可见光都不能被吸收。电介质单晶材料一般是无色透明的。各种无机材料透光波长范围如表 6-2 所示。

表 6-2　各种无机材料透光波长

材料	能透过的波长范围 $\lambda/\mu m$	材料	能透过的波长范围 $\lambda/\mu m$
熔融二氧化硅	0.16～4	三氧化二铝	0.2～7
熔融石英	0.18～1.2	蓝宝石	0.15～7.5
铝酸钙玻璃	0.4～5.5	氟化铝	0.12～8.5
偏铌酸锂	0.35～5.5	氧化钇	0.26～9.2
方解石	0.2～5.5	单晶氧化镁	0.25～9.5
二氧化钛	0.43～6.2	多晶氧化镁	0.3～9.5
钛酸锶	0.39～6.8	硅	1.2～15
多晶氟化镁	0.15～9.6	氟化铅	0.29～15
多晶氟化钙	0.13～11.8	硫化镉	0.55～16
单晶氟化钙	0.13～12	硒化锌	0.48～22
氟化钡-氟化钙	0.75～12	锗	1.8～23
三硫化砷玻璃	0.6～13	碘化钠	0.25～25
硫化锌	0.6～14.5	氯化钠	0.2～25
氟化钠	0.14～15	氯化钾	0.21～25
氟化钡	0.13～15		

材料对波长在 0.4～0.7 μm 可见光波的选择性吸收、透射和反射,使得材料呈现出各种颜色。当白光照射在材料上,如果光线可完全通过而不被吸收,则这种材料就是透明的;如果光线完全被材料所吸收,则材料呈黑色;如果对所有波长的吸收程度都差不多,则材料呈灰色;如果选择性地吸收某些波长的光,而让其他波长的光透过或反射,则材料呈现出相应的颜色。表 6-3 是材料吸收光的波长与所呈现的颜色(或称补色)的关系。从表 6-3 可知,凡是能吸收可见光的材料,都能显出颜色。吸收光的波长越短,显示出的颜色越浅;吸收光的波长越长,显示出的颜色越深。

表 6-3 吸收波长、颜色及其补色

吸收光			观察到颜色	吸收光			观察到颜色
波长/nm	波数/cm^{-1}	颜色		波长/nm	波数/cm^{-1}	颜色	
400	25000	紫	绿黄	530	18900	黄绿	紫
425	23500	深蓝	黄	550	18500	橙黄	深蓝
450	22200	蓝	橙	590	16900	橙	蓝
490	20400	蓝绿	红	640	15000	红	蓝绿
510	19600	绿	玫瑰	730	13800	玫瑰	绿

6.1.6 其他光学现象

6.1.6.1 电光效应

在外加电场作用下，介质折射率发生变化的现象称为电光效应(electrooptical effect)。设外加电场为 E，介质折射率 n 和 E 的关系一般可以展开为级数形式

$$n = n' + aE + bE^2 + \cdots \tag{6-15}$$

式中，n' 为无外加电场时介质的折射率；a、b 为常数。aE 为一次项，由此项引起的折射率变化称为一次电光效应，也称泡克耳斯(Pockels)效应；由二次项 bE^2 引起的折射率变化称为二次电光效应，也称克尔(Kerr)效应。

一次电光效应发生在不具有中心对称的一类晶体中，如水晶和铁酸钡等。它们本是具有圆球(光各向同性)折射率体，在电场作用下产生了双折射，折射率体成为旋转椭球体，即成为单轴晶体。同样，单轴晶体加上电场后，将旋转椭球体的光折射率体变为三轴椭球光折射率体。对于电光晶体，由电场诱发的双折射的折射率差为

$$\Delta n = n_o - n_e = n_o^3 \gamma E \tag{6-16}$$

式中，n_o 为常光折射率；n_e 为非常光折射率；γ 为介质电光系数。

二次电光效应可能存在于任何物质中，它们不具有一次电光效应，只具有二次电光效应。由于二次电光效应诱发的双折射的折射率差为

$$\Delta n = n_o - n_e = k \lambda E^2 \tag{6-17}$$

式中，k 为电光克尔常数；λ 为入射光波长。

产生电光效应的实质是，在外场作用下，构成物质的分子产生极化，使分子的固有电矩发生变化，从而介质的折射率也就起了变化。

电光材料最重要的用途是做光调制器，如图 6-13 所示。电光晶体材料放置在两片正交偏振片之间，在偏振片的前面插入一片 $\lambda/4$ 波片。当激光束通过时，加在晶体上的交变电压使晶体折射率变化，通过晶体的 o 光和 e 光产生相位差，引起出射光强度变化。o 光和 e 光之间产生的相位差 $\Delta\varphi$ 和光程差 Γ 分别为

$$\Delta\varphi = \frac{2\pi}{\lambda}(n_o - n_e)L = \frac{2\pi}{\lambda}n_o^3\gamma EL = \frac{2\pi}{\lambda}n_o^3\gamma V \tag{6-18}$$

$$\Gamma = \Delta nL = n_o^3\gamma EL = n_o^3\gamma V \tag{6-19}$$

式中，V 为加在晶体光轴方向的电压。

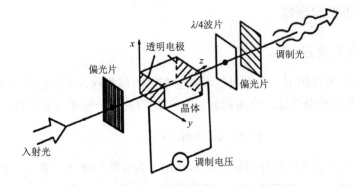

图 6-13　电光晶体的光调制方式示意图

作为优良的电光材料，应该具有大的电光系数、高的折射率、低的半波电压，此外还要求介电常数小以减少高频损耗、在使用的光波段透光性好、温度稳定性和化学稳定性好等性能。表 6-4 列出了常见电光晶体的结构、分子式以及性能参数。

表 6-4　主要电光晶体及其性质

晶体种类		居里点/K	折射率 n_o	介电常数	半波电压/V
KDP 型晶体	KDP（KH_2PO_4）	123	1.51	21.0	7650
	AKP（$NH_4H_2PO_4$）	148	1.53	15.0	9600
	KDP（KD_2PO_4）	222	1.51	—	3400
	KDA（KH_2AsO_4）	97	1.57	21.0	6200
	ADA（$NH_4H_2AsO_4$）	216	—	14.0	13000
	RDA（RbH_2PO_4）	110	1.56	—	7300
立方系钙钛矿型晶体	$KTa_xNb_{1-x}O_3$（KTN）	≈283	2.29	≈10^4	380
	$BaTiO_3$	393	2.40		310
	$SrTiO_3$	33	2.38		
	$Pb_3MgNb_2O_9$	265	2.56	≈10^4	1250

续表

晶体种类		居里点/K	折射率 n_0	介电常数	半波电压/V
铁电性钙钛矿型晶体	$KTa_xNb_{1-x}O_3$ (KTN)	≈ 283	2.32		≈ 90
	$BaTiO_3$	393	2.39		481
	$LiNbO_3$ (LN)	1483	2.29		2940
	$LiTaO_3$ (LT)	933	2.18		2840
闪锌矿型晶体	ZnS		2.36	8.3	10400
	ZnSe		2.66	9.1	7800
	ZnTe		3.10	10.1	2200
	GaAs		3.60	11.2	≈ 5600
	CuCl		2.00	7.5	6200
	Se		2.80	8.0	19300

6.1.6.2 磁光效应

光与磁场中的物质，或光与铁磁性物质(具有自发磁化)之间相互作用所产生的各种光学现象统称为磁光效应。磁光效应的结果导致入射光经过材料时会发生某些性质(如旋光性、折射性、偏振性等)的变化，磁光效应共有以下几种。

1. 磁致旋光效应

在强磁场作用下，许多非旋光性物质会显示出旋光性，这种现象称为法拉第效应(Faraday effect)，或称为磁致旋光效应。法拉第效应是光与原子磁矩相互作用而产生的现象。当 $Y_3Fe_5O_{12}$ 等一些透明物质透过直线偏振光时，若同时施加与入射光平行的磁场，如图 6-14 所示，透射光将在其偏振面上旋转一定的角度。对铁磁性材料而言，法拉第旋转角 θ_F 由式(6-20)表示

$$\theta_F = FL\frac{M}{M_0} \qquad (6\text{-}20)$$

式中，F 为法拉第旋转系数(°/cm)；L 为材料长度(cm)；M_0 为饱和磁化强度(T)；M 为沿入射光方向的磁化强度(T)。

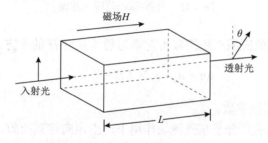

图 6-14 法拉第效应示意图

对于所有透明物质来说，都会产生法拉第效应，不过现在已知的法拉第旋转系数大的磁性体主要是稀土石榴石系物质，表 6-5 给出了典型石榴石系晶体的法拉第效应参数。

表 6-5　稀土-铁石榴单晶的法拉第效应参数

	法拉第旋转系数 $F/[°/cm]$	$\dfrac{\|F\|}{\alpha}/(°)$	波长/μm
$Y_3Fe_5O_{12}$ (YIG)	600	8	0.8
	250	3000	1.15
$(Gd_{1.8}Bi_{1.2})Fe_5O_{12}$	−11000	150	0.78
$(GdBi)_3(FeAlGa_5)O_{12}$	−1530	1177	1.3
	−7500	100	0.8
$(Yb_{0.3}Tb_{1.7}Bi)Fe_5O_{12}$	−1800	486	1.3
	−1200	667	1.55

注：α 为吸收系数。

2. 磁致双折射效应

光在透明介质中传播时，若在垂直于光的传播方向上加一外磁场，则介质表现出单轴晶体的性质，光轴沿磁场方向，主折射率之差正比于磁感应强度的平方。此效应也称磁致双折射，又称科顿-穆顿效应（Cotton-Mouton effect），如图 6-15 所示。

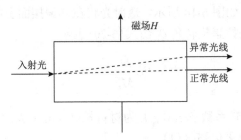

图 6-15　科顿-穆顿效应示意图

由磁致双折射效应所产生的双折射率与磁场强度 H 的平方成正比，即

$$\Delta n = n_o - n_e = KH^2 \tag{6-21}$$

式中，K 为科顿-穆顿常数。

磁致双折射效应是分子在外磁场作用下产生定向排列所致，这种效应仅在少数纯液体中表现得较明显，而在一般固体中是不明显的。

3. 克尔效应

线偏振光入射到磁介质表面时其反射光的偏振面发生偏转，这种现象称为克尔效应(Kerr effect)。按磁化强度和入射面的相对取向来区分，还可分成极向、横向和纵向三类克尔效应。极向和纵向克尔磁光偏转都正比于磁化强度，偏振面的旋转方向与磁化强度方向有关。

4. 光磁效应

物质受到光照后磁性能(磁化率、磁晶各向异性、磁滞回线等)发生变化的现象称为光磁效应。产生光磁效应的原因是光使电子在二价和三价铁离子间发生转移从而产生磁性变化。

5. 塞曼效应

对发光物质施加磁场，光谱发生分裂的现象称为塞曼效应。从应用角度看，还属于有待开发的领域。

磁光效应，特别是法拉第效应，已被用来制作各种磁光调制器，如图 6-16 所示。其原理是用调制信号去控制磁场强度的变化，从而使介质中通过的光的偏振面发生相应的周期性变化，再经检偏器，转化成光强度的变化，这就实现了光的强度调制。

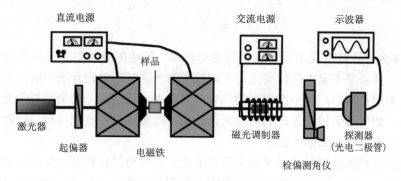

图 6-16　磁光调制示意图

6.1.6.3　光弹效应

对材料施加机械应力而引起材料折射率变化的现象称为光弹效应(photo elastic effect)，机械应力对材料产生的应变导致晶格内部的改变，并同时改变了弱连接的电子轨道形状的大小，因此引起材料极化率和折射率的改变。材料应变 ε 与折射率的关系如下：

$$\Delta\left(\frac{1}{n^2}\right) = \frac{1}{n_2^2} - \frac{1}{n_1^2} = P\varepsilon \qquad (6\text{-}22)$$

式中，n_1、n_2 分别为加应力前、后材料的折射率；P 为光弹系数。

光弹系数 P 依赖于材料所受的压力，因为压力增加，原子堆积更紧密，引起密度和折射率增大。另一方面，材料被压缩时，电子结合得也更紧密，其结果使得材料的极化率和折射率减小。由此可见，材料在受机械力作用时，会对材料的折射率产生两个相互抵消的影响效果，而且两者处于同一数量级。因此，有些氧化物(如 Al_2O_3)的折射率随压力增大而增大；而有些氧化物的折射率随压力增大而减小；甚至有些氧化物的折射率不随压力而改变。

如果材料受单向的压缩和拉伸，则在材料内部发生轴向的各向异性，这样的材料在光学性质上和单轴晶体类似，可产生双折射现象。

在工程上，可利用光弹效应来分析复杂形状构件的应力分布状况。此外，光弹效应在声光器件、光开关、光调制器等方面也有重要应用。

6.1.6.4　非线性光学效应

在激光技术出现以前，描述普通光学现象的重要公式常表现出数学上的线性特点，在解释介质的折射、散射和双折射等现象时，均假定介质的电极化强度 P 与入射光波中的电场 E 成简单的线性关系，即

$$P = \varepsilon_0 \chi E \qquad (6\text{-}23)$$

式中，χ 为介质的极化率。由此可以得出，单一频率的光入射到非吸收的透明介质中时，其频率不发生任何变化；不同频率的光同时入射到介质中时，各光波之间不发生相互耦合，也不产生新的频率；当两束光相遇时，如果是相干光，则产生干涉，如果是非相干光，则只有光强叠加，即服从线性叠加原理。因此，上述这些特性称为线性光学性能。

我们已经知道材料的各种光学现象本质上是光与材料相互作用的结果。在光波较弱时，表征材料光学性质的许多物理量都与光波电场无关，光波通过材料时其频率不会改变，不同频率的光波传播时互不干扰。但在强光场或其他外加场的扰动下，材料原子或分子内电子的运动除了围绕其平衡位置产生微小的线性振动外，还会受到偏离线性的附加扰动，此时材料的电容率往往变为时间或空间的函数，材料的极化响应与光波电场不再保持简单的线性关系，这种非线性极化将引起材料光学性质的变化，导致不同频率光波之间的能量耦合，从而使入射光波的频率、振幅、偏振及传播方向发生改变，即产生非线性光学效应。在光电子技术中广泛利用这种非线性光学效应来实现对光波的控制。

非线性光学材料的发展与激光技术密切相关。1960 年，Maiman 成功制出了世界上第一台红宝石激光器。1961 年，Franken 首次将激光束射入石英晶体（α-SiO$_2$），发现了两束出射光，一束为原来入射的红宝石激光，波长为 694.3 nm，而另一束为新产生的紫外光，波长为 347.2 nm，频率恰好为红宝石激光频率的 2 倍。这是国际上首次发现的"激光倍频"现象，标志着非线性光学的诞生。

光波在介质中传播，介质极化强度 P 是光波电场强度 E 的函数。在一般情况下，将 P 近似展开为 E 的幂级数，即

$$P = \varepsilon_0 \left(\chi_1 E + \chi_2 E^2 + \chi_3 E^3 + \cdots \right) \tag{6-24}$$

假设一足够强的激光作用于非线性光学材料上，其电场 $E=E_0\sin\omega t$，从方程得

$$\begin{aligned} P &= \varepsilon_0 \left(\chi_1 E \sin \omega t + \chi_2 E^2 \sin^2 \omega t + \chi_3 E^3 \sin^3 \omega t + \cdots \right) \\ &= \varepsilon_0 \chi_1 E \sin \omega t + \frac{1}{2} \varepsilon_0 \chi_2 E^2 \left(1 - \cos 2\omega t \right) + \frac{1}{4} \varepsilon_0 \chi_3 E^3 \left(3 \sin \omega t - \sin 3\omega t \right) + \cdots \end{aligned} \tag{6-25}$$

式中，$\chi_1 \varepsilon_0 E \sin \omega t$ 一项代表一般线性电介质的极化反应；第二项中 $-\frac{1}{2} \varepsilon_0 \chi_2 E^2 \cos 2\omega t$ 分量正是入射波频率二倍的电场的极化变化，说明强激光作用于光学材料产生了二次谐波（SHG）现象。如果考虑晶体的各向同性和光子与晶体间的耦合作用，则晶体的电极化强度 P 的 3 个分量为 P_1、P_2、P_3，电场 E 的三个分量为 E_1、E_2、E_3，写成通式，则式（6-25）可改写为

$$P_i = \sum_i \chi_{ij}^{(1)} E_j + \sum_{i,j} \chi_{ijk}^{(2)} E_j E_k + \sum_{i,j,k} \chi_{ijkl}^{(3)} E_j E_k E_l + \cdots \tag{6-26}$$

式中，$\chi_{ij}^{(1)}$ 是线性极化系数（或称线性极化率），$\chi_{ijk}^{(2)}$、$\chi_{ijkl}^{(3)}$ $\cdots$ 分别为二阶、三阶等非线性极化系数，χ 是张量，各项系数的数值逐项下降 7～8 个数量级，ω_1、ω_2、ω_3 $\cdots$ 为不同光频电场的角频率。从上式可见，极化强度 P 可以分成两部分，第一项为线性极化，第二项以后分别为二阶、三阶……高阶非线性极化。通常把以非线性极化观点解释的一大类新效应称为"非线性光学效应"。在强光光学范围内，光波在介质中传播时不再服从独立传播原理，两束光相遇也不再满足线性叠加原理，而要发生强的相互作用，并由此使光波的频率发生变化。

当 $\omega_3=\omega_1+\omega_2$ 时，所产生的二次谐波为和频，和频产生的二次谐波频率大于基频光波频率（波长变短），这种过程称为上转换。采用上转换方法可将红外光转换成可见光（图 6-17）。上转换的特殊情况是 $\omega_1=\omega_2=\omega$，则 $\omega_1+\omega_2=2\omega$，光波非线性参量相互作用结果是产生倍频（波长为入射光的一半），若 $\omega_2=2\omega_1$，则 $\omega_3=3\omega_1$，结果产生基频光 3 倍数的激光。同样也可产生基频的 4 倍、5 倍等激光。

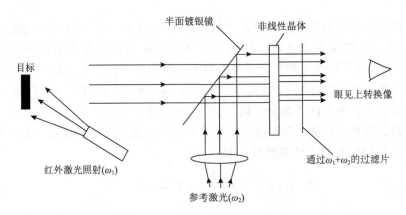

图 6-17　红外光转换成可见光示意图

而当 $\omega_3=\omega_1-\omega_2$ 时，所产生的二次谐波为差频，差频产生的谐波频率小于基频光波频率(波长变长)，从可见光或近红外激光可获得红外、远红外乃至亚毫米波的激光，这种过程称为下转换。其特殊情况是，当 $\omega_1=\omega_2$ 时，$\omega_3=\omega_1-\omega_2=0$，激光通过晶体产生直流电极化，称为光整流。

6.2　矿物材料光学性能测试

6.2.1　透光率和雾度测定

6.2.1.1　透光率和雾度

各种材料在某些应用场合，都会有一定的透光性要求。材料品种繁生，既有透明、半透明材料，也有不透明材料。常用透光率和雾度两个参数表征材料的透光性能。高度透明的材料，在置于试样一侧的被观察物体与另一侧的观察者的眼睛之间的连线上，光线的折射率是恒定的。当材料内部含有细小的填料颗粒，或存在细小的气泡，或试样各处密度不均等，就会出现不同折射率的界面，此时光就会散射，宏观上表现出雾状模糊现象。因此，透明性良好的材料应兼备透光率高和雾度小的特点。材料的透光率和雾度受其结构、结晶度、添加剂及填料、密度等多种因素的影响。

材料的透光率定义为透过试样的光通量与入射光的光通量之比，通常是指标准"C"光源的一束平行光垂直照射薄膜、片状、板状透明或半透明材料，透过材料的光通量 T_2 与照射到透明材料入射光通量 T_1 之比的百分率表示，计算公式为

$$T_t = \frac{T_2}{T_1} \times 100\% \qquad (6-27)$$

式中，T_t 为透光率，数值以%表示；T_2 为通过试样的总透射光通量；T_1 为入射光通量。

雾度又称浊度，表示透明或半透明材料不清晰的程度，是材料内部或表面由于光散射造成的云雾状或混浊的外观，以散射光通量与透过材料的光通量之比的百分率表示。用标准"C"光源的一束平行光垂直照射到透明或半透明薄膜、片材、板材上，由于材料内部和表面造成散射，使部分平行光偏离入射方向大于 2.5°的散射光通量 T_d 与透过材料的光通量 T_2 之比的百分率，即

$$H = \frac{T_d}{T_2} \times 100\% \qquad (6-28)$$

式中，H 为雾度，数值以%表示；T_d 为试样的散射光通量；T_2 为通过试样的总透射光通量。

透光率和雾度是透明材料两项十分重要的光学性能指标，如航空玻璃要求透光率大于 90%，雾度小于 2%。一般来说，透光率高的材料，雾度值低，反之亦然，但不完全如此。有些材料透光率高，雾度值却很大，如毛玻璃。所以透光率与雾度值是两个独立的指标。

6.2.1.2 测试原理

测试时，无入射光时，接受光通量为 0，当无试样时，入射光全部透过，接受的光通量为 100，即为 T_1；此时再用光陷阱将平行光吸收掉，接受的光通量为仪器的散射光通量 T_3；然后放置试样，仪器接受透过的光通量为 T_2；此时若将平行光用光陷阱吸收掉，则仪器接受的光通量为试样与仪器的散射光通量之和 T_4。根据测得的 T_1、T_2、T_3、T_4 的值可计算透光率和雾度值。积分球式透光率和雾度仪结构如图 6-18 所示，测试读数步骤如表 6-6 所示。

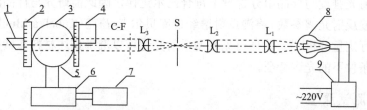

1—陷阱；2—标准版；3—积分球；4—试样架；5—光电池；6—控制线路；7—检流计；
8—光源；9—稳压器；L_1、L_2、L_3—透镜；S—光孔；C-F—滤光镜

图 6-18 积分球式透光率和雾度仪结构图

表 6-6　透光率测试的读数步骤

序号	试样是否在位置上	光陷阱是否在位置上	标准反射板是否在位置上	得到的参数量
1	不在	不在	在	入射光通量 T_1
2	在	不在	在	通过试样的总透射光通量 T_2
3	不在	在	不在	仪器的散射光通量 T_3
4	在	在	不在	仪器和试样的散射光通量 T_4

注：反复读取 T_1、T_2、T_3、T_4 的值，直至数据均匀。

透光率 T_t 按式(6-27)计算，雾度值 H 按式(6-29)计算

$$H(\%) = \left(\frac{T_4}{T_2} - \frac{T_3}{T_1} \right) \times 100 \tag{6-29}$$

6.2.2　矿物材料紫外可见漫反射光谱测定

6.2.2.1　紫外可见漫反射光谱

若有一束光从自由空间投向固体表面时，则光和物质相互作用包括反射、吸收、透射、散射等，其中光的反射还可以分为镜面反射与漫反射。因为镜面反射光没有进入样品和颗粒的内部，未与样品内部发生作用，因此它没有负载样品的结构和组成的信息，不能用于样品的定性和定量分析。而漫反射光是进入样品内部后，经过多次反射、折射、散射、吸收后返回表面的光。漫反射光是分析光与样品内部分子发生了相互作用后的光，因此负载了样品结构和组成信息。透射光虽然也负载了样品的结构和组成信息，但与常用的分光光度法中的透射测量法不同，固体样品的透射光受样品厚度的影响很大，透射光无法准确对样品进行定性和定量研究。

漫反射光的强度决定于样品对光的吸收，以及由样品的物理状态所决定的散射。漫反射光强度与样品组分含量不符合比尔定律，因此需研究与样品浓度呈线性关系的漫反射光谱参数。将漫反射谱经过库贝尔卡-芒克(Kubelka-Munk)方程校正后可进行定量分析[10]。紫外可见光漫反射光谱可以准确描述材料在紫外光和可见光照射条件下的光谱特征。

6.2.2.2　测试原理

Kubelka-Munk 方程式描述了一束单色光入射到一种既能吸收光又能反射光的物体上的光学关系(漫反射定律)：

$$F\left(R_{\infty}\right) = K / S = \frac{\left(1 - R_{\infty}\right)^{2}}{2R_{\infty}} \tag{6-30}$$

式中，K 为吸收系数；S 为散射系数；R_{∞}表示无限厚样品的反射系数 R 的极限值；$F(R_{\infty})$为减免函数或 Kubelka-Munk 函数，其值依赖于波长。要注意的是：实验中实际测定的不是绝对反射率 R_{∞}，而是以白色标准物质为参比（假设其不吸收光，反射率为 1），即相对一个标准样品的相对反射率 R'_{∞}。一般参比物质要求在 200 nm～3 μm 波长范围内反射率为 100%，常用 MgO、BaSO$_4$、MgSO$_4$ 等，其反射率 R_{∞}定义为 1（大约为 0.98～0.99）。MgO 机械性能不如 BaSO$_4$，现在多用 BaSO$_4$ 作标准。漫反射光谱可以有多种曲线形式表示，将式(6-30)取对数，得

$$\lg F\left(R_{\infty}\right) = \lg K - \lg S = \lg \frac{\left(1 - R_{\infty}\right)^{2}}{2R_{\infty}} \tag{6-31}$$

式(6-30)公式变形，得

$$R_{\infty} = I + \frac{K}{S} - \left[\frac{K^{2}}{S^{2}} + \frac{2K}{S}\right]^{\frac{1}{2}} \tag{6-32}$$

紫外可见漫反射光谱的测试方法是积分球法，如图 6-19 所示，光源发出的光经过处理进入样品，通过一个内壁涂有 MgO（或 BaSO$_4$、MgCO$_3$ 等）的积分球，把样品表面的反射光收集起来再投射到接收器（光电倍增管或光电池）上，产生电信号，并以波长的函数在记录仪上记录下来，就成了一条光谱曲线。

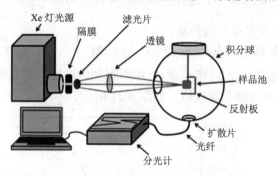

图 6-19　积分球法测试光路图

积分球又称光通球，是一个中空的完整球壳，其结构如图 6-20 所示，其典型功能就是收集光。积分球内壁涂白色漫反射层，且球内壁各点漫反射均匀。光源在球壁上任意一点上产生的光照度是由多次反射光产生的光照度叠加而成的。

积分球的目的就是为了收集所有的漫反射光，而通过积分球来测漫反射光谱

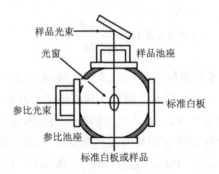

图 6-20　积分球内部结构示意图

的原理在于，由于样品对紫外可见光的吸收比参比要强，因此通过积分球收集到的漫反射光的信号要弱一些，这种信号差异可以转化为紫外可见漫反射光谱。

利用固体样品的紫外可见漫反射光谱可以计算半导体的禁带宽度，这主要是利用基于 Tauc、Davis 和 Mott 等提出的公式，简称 Tauc plot.，即

$$\left(ah\gamma\right)^{1/n} = C\left(h\gamma - E_{\mathrm{g}}\right) \tag{6-33}$$

式中，a 为吸光指数，h 为普朗克常数，γ 为频率，C 为常数，E_{g} 为半导体禁带宽度。指数 n 与半导体类型直接相关，直接带隙半导体 $n=1/2$，间接带隙半导体 $n=2$。以一种直接带隙半导体为例：

（1）计算：利用紫外可见漫反射光谱数据分别求 $\left(ah\gamma\right)^{1/n}$ 和 $h\gamma$。其中 $n=1/2$，$h\gamma = \dfrac{hc}{\lambda}$（$h$=6.63×10^{-8} ms^{-1}，$\lambda$ 为光的波长，可得到 $h\gamma = \dfrac{1240}{\lambda}$。可以用 Excel 或者 Origin 进行计算，注意单位的换算。

（2）作图：在 Origin 中以 $\left(ah\gamma\right)^{1/n}$ 对 $h\gamma$ 作图。

（3）直线外延求取 E_{g}：将步骤（2）中所得到的图形中的直线部分外推至横坐标轴（$y=0$），交点即为禁带宽度值，如图 6-21 所示。

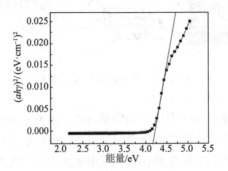

图 6-21　直接带隙半导体矿物禁带宽度计算图

6.2.3　消光系数检测

消光材料的消光特性用消光系数表征，消光系数是表征消光材料衰减光波能力的参数，是消光材料最重要的一个性能指标。根据波盖耳定律，辐射在介质中光的传输是按指数规律衰减的，即

$$I = I_0 e^{-\alpha C L} \tag{6-34}$$

式中，I_0 是输入能量，I 是输出能量，L 为光通过消光材料的距离，C 为消光材料的质量浓度，α 为消光材料的消光系数。由于消光材料主要用于红外波段，为了简化测量，一般使用激光器测量。测试系统包括烟幕箱、激光器、能量功率计，消光系数也可用辐射计、热像仪等仪器进行测试。需对测试的消光系数进行归一化处理，求出单位距离和单位质量浓度的消光系数来评价消光材料的消光性能。消光系数测试系统如图 6-22 所示。

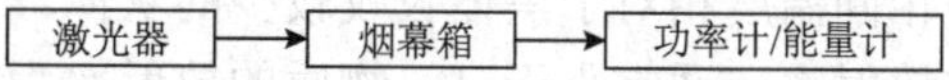

$$\boxed{激光器} \longrightarrow \boxed{烟幕箱} \longrightarrow \boxed{功率计/能量计}$$

图 6-22　消光系数测试布置示意图

将激光器与功率计/能量计分别置于烟幕箱的两侧，调整激光器的方向，使入射光斑照在功率计/能量计的探测元件上，测试前应将功率计/能量计指示归零；开动激光器，测试无消光材料时的能量 I_0；抛撒质量为 m 的消光材料，使其均匀散布在烟幕箱中，测量不同时刻功率计/能量计的读数 $I(t)$；重复以上操作 n 次，按下式计算消光材料的消光系数：

$$\alpha(t) = \frac{\ln I_0 - \ln I(t)}{CL} \tag{6-35}$$

$$C = m / V \tag{6-36}$$

式中，$a(t)$ 为对应 t 时刻单位距离、单位质量浓度的消光系数，m^2/g；I_0 为无消光材料时接受的光辐射能量(功率)值，J；$I(t)$ 为对应 t 时刻透过消光材料时接受的光辐射能量(功率)值，J；C 为消光材料的质量浓度，g/m^3；m 为抛撒消光材料的质量，g；V 为烟幕箱体积，m^3；L 为光波通过消光材料的长度(即烟幕箱的长度)，m。

按式(6-37)计算消光材料的平均消光系数 α：

$$\alpha = \frac{\sum\limits_{1}^{5}\sum\limits_{1}^{n}\alpha(t)}{5n} \tag{6-37}$$

6.2.4 红外发射率检测

所有的物体都有热能，拥有热能的物体，只要是绝对零度(–273 K)以上的物体，都会放射红外线。也就是说，物体的内能与分子的热能产生振动，形成电子的振动产生电磁波，向外部放射。放射出的电磁波中，波长比可见光长的红光，即称为红外线。一般而言，红外线为红光最外侧波长 0.77～1000 μm 之范围，是人眼无法看见的光线。物体放射电磁波的能量与温度的关系满足史蒂芬波兹曼法则：

$$W = \sigma T^4 \tag{6-38}$$

式中，W 为放射能量，W/cm^2；σ 为比例参数；T 为热力学温度，K。

上述公式为物体所拥有的能量 100%全放射而言，在此状况下，所有的温度、波长是相对于理想状态下完全放射、完全吸收的黑体。但在现实中，并没有理想黑体的存在，只有与相同温度相对于黑体吸收较少的灰体。因此，灰体相对于黑体的能量比值就叫作放射率，通常小于 1。物质的放射率为评估物质放射与吸收能率的表示尺度，定义如下：

放射率=灰体的全放射能量/相同温度黑体的全放射能量

一般灰体无法完全适用黑体的计算法则，因此史蒂芬波兹曼法则修正为如下公式：

$$W = \varepsilon \sigma T^4 \tag{6-39}$$

式中，ε 为灰体放射率。

放射率会根据物体的材质、表面状态、温度、波长而改变。将温度控制在一定半径范围之半球状黑体炉中央，把低标准试料放置其上，检出器所接收之热放射量 P_G 如式(6-40)所示。第一项为半球状黑体炉的放射量，P_0 为试料表面的放射量。同样将高标准试料与被测物试料按照顺序放置于中央，则检出器所接收的放射量为 P_B 与 P_S，如式(6-41)、式(6-42)所示。

$$P_G = (1 - \varepsilon_G) \, F_0 P_0 + \varepsilon_G F_1 f(T_G) \tag{6-40}$$

$$P_B = (1 - \varepsilon_B) \, F_0 P_0 + \varepsilon_B F_1 f(T_B) \tag{6-41}$$

$$P_S = (1 - \varepsilon_S) \, F_0 P_0 + \varepsilon_S F_1 f(T_S) \tag{6-42}$$

其中，ε_G、ε_B 与 ε_S 分别为低、高标准试料与被测物试料之放射率；F_0 为放置在检知器中心时，所见半球状黑体炉之立体角的固定形态系数；F_1 为所见检知器中试料的固定形态系数。$f(T_B)$、$f(T_S)$ 为温度 T_B、T_S 固定于黑体的放射。从式(6-40)～

式 (6-42) 可知，若 $T_G = T_B = T_S$ 时，被测定试样的半球放射率 ε_S 即可由以下公式得到

$$\varepsilon_S = \frac{P_S(\varepsilon_B - \varepsilon_G) + (\varepsilon_G P_B - \varepsilon_B P_G)}{P_B - P_G} \tag{6-43}$$

将已知的 ε_G、ε_B 加入计算，由确定的 P_G 和 P_B 得知放射率与热放射量的关系式，由此关系式去测定被测试样的 P_S，从而算出 ε_S。

6.2.5　矿物拉曼光谱检测

拉曼光谱是一种利用光子与分子之间发生非弹性碰撞获得的散射光谱，从中研究分子或物质微观结构的光谱技术，它是一种优异的无损表征技术。激光器的问世提供了优质高强度单色光，有力推动了拉曼散射的研究及其应用。拉曼光谱一般采用氩离子激光器作为激发光源，所以又称为激光拉曼光谱。

6.2.5.1　激光拉曼散射光谱的基本原理

拉曼光谱为散射光谱，当一束频率为 ν_0 的入射光照射到透明晶体样品上时，绝大部分可以透过，约有 0.1% 的入射光光子与样品分子发生碰撞后向各个方向散射。若发生非弹性碰撞，即在碰撞时有能量交换，这种光散射称为拉曼散射；反之，若产生弹性碰撞，即两者之间没有能量交换，这种光散射，称为瑞利散射。在拉曼散射中，若光子把一部分能量给样品分子，得到的散射光能量较少，在垂直方向测量到的散射光中，可以检测频率 $\nu_0 = \Delta E/h$ 线，称为斯托克斯 (Stokes) 线，如图 6-23 所示。如果它是红外活性，$\Delta E/h$ 的测量值与激发该振动的红外频率一致。相反，若光子从样品分子中获得能量，在大于入射光频率处接收到散射光线，则称为反斯托克斯线。

处于基态的分子与光子发生非弹性碰撞，获得能量到激发态可得到斯托克斯线，反之，如果分子处于激发态，与光子发生非弹性碰撞就会释放能量而回到基态，得到反斯托克斯线。斯托克斯线或反斯托克斯线与入射光频率之差称为拉曼位移。拉曼位移的大小和分子的跃迁能级差一样，因此对应于同一分子能级，斯托克斯线与反斯托克斯线的拉曼位移应该相等，而且跃迁的概率也应该相等。但在正常情况下，由于分子大多数处于基态，测量到的斯托克斯线强度比反斯托克斯线强得多，所以在一般拉曼光谱分析中，都采用斯托克斯线研究拉曼位移[11]。

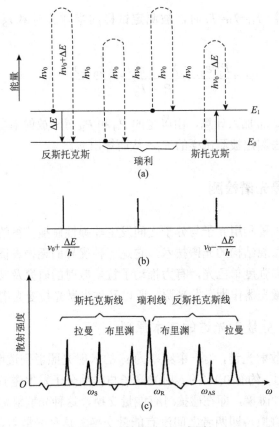

图 6-23 散射效应示意图

拉曼位移的大小与入射光的频率无关，只与分子的能级结构有关，其范围为 $25\sim4000\ \text{cm}^{-1}$，因此入射光的能量应大于分子振动跃迁所需的能量，小于电子能级跃迁的能量。在拉曼光谱中，分子振动要产生位移也要服从一定的选择定则，也就是说，只有伴随分子极化度 α 发生变化的分子振动模式才能具有拉曼活性，产生拉曼散射。极化度是指分子改变其电子云分布的难易程度，因此只有分子极化度发生变化的振动才能与入射光的电场 E 相互作用，产生诱导偶极矩 μ：

$$\mu = \alpha E \tag{6-44}$$

拉曼散射谱线的强度与诱导偶极矩成正比。

6.2.5.2 拉曼光谱仪的基本结构

拉曼散射仪一般由激光光源、样品池、干涉仪、滤光片、检测器等组成（图 6-24）。拉曼散射光较弱，只有激发光的 $10^{-6}\sim10^{-8}$，因而要求采用很强的单色光来激发样品，这样才能产生强的拉曼散射信号。激光是非常理想的光源，激光激发波长从近红外（1000 nm）到近紫外（200 nm），一般采用连续气体激光器，如最常用的滤光片氩离子（Ar^+）激光器的激光波长为 514.5 nm（绿光）和 488.0 nm（蓝光）。也有的采用 He-Ne 激光器（波长为 632.8 nm）和 Kr^+ 离子激光器（波长为 568.2 nm）。需要指出的是，所用激发光的波长不同，所测得的拉曼位移是不变的，只是强度不同而已。激光通过滤片和聚焦镜投射到样品上然后向各个方向散射（散射包括拉曼散射和瑞利散射）。

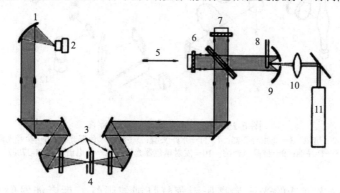

图 6-24　典型傅里叶变换拉曼光谱仪装置图
1—聚焦镜；2—Ge 检测器(液氮冷却)；3—介电滤光器；4—空间滤光片；5—动镜；6—分束器；7—定镜；8—样品；9—抛物面会聚镜；10—透镜；11—激光器

由于拉曼光谱检测的是可见光，常用 GaAs 光阴极光电倍增管作为检测器。在测定拉曼光谱时将激光束射入样品池，与激光束成 90°处观察散射光，因此单色器、检测器都装在与激光束垂直的光路中。单色器是激光拉曼光谱仪的"心脏"，由于弹性光散射强度比拉曼散射高出 10^3 倍以上，要在强的瑞利散射线存在下观测有较小位移的拉曼散射线，要求单色器的分辨率必须高，色散系统必须精心设计，以消除弹性散射以及不同杂散光对信号的干扰。拉曼光谱仪一般采用全息光栅的双单色器来达到目的。为减少杂散光的影响，整个双单色器的内壁和狭缝均为黑色。

6.2.6　矿物材料荧光光谱检测

6.2.6.1　荧光分光光度计

荧光分光光度计是用于扫描荧光物质发出的荧光光谱的一种仪器，能提供包括激发光谱、发射光谱、荧光强度、荧光寿命等许多物理参数，从各个角度反映了原子的成键和结构情况。通过对这些参数的测定，可以做一般的定量或定性分析。荧光分光光度计的激发波长扫描范围一般是 190～650 nm，发射波长扫描范围是 200～800 nm，可用于液体、固体样品的光谱扫描。一般的荧光分光光度计由激发光源、双单色器系统、样品池及检测器等组成，如图 6-25 所示。

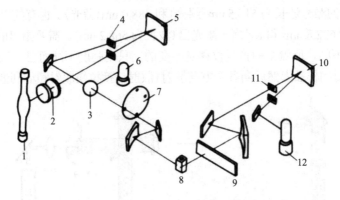

图 6-25　荧光分光光度计的光路图

1—氙灯(150W)；2—透镜；3—光束分裂器；4，11—水平夹缝；5—激发单色器光栅；6—参考光电管；7—光闸；
8—样品池；9—样品室光闸；10—发射单色器光栅；12—光电倍增管(R-3788)

　　荧光分光光度计的光源为高压汞蒸气灯或氙弧灯，后者能发射出强度较大的连续光谱，且在 300～400 nm 范围内强度几乎相等，故较常用；置于光源和样品室之间的为激发单色器或第一单色器，筛选出特定的激发光谱。置于样品室和检测器之间的为发射单色器或第二单色器，常采用光栅为单色器，筛选出特定的发射光谱；样品池通常由石英池(液体样品用)或固体样品架(粉末或片状样品)组成，测量液体时，光源与检测器成直角安排，测量固体时，光源与检测器成锐角安排；一般用光电管或光电倍增管作检测器，可将光信号放大并转为电信号。

6.2.6.2　测试原理

　　由高压汞灯或氙灯发出的紫外光和蓝紫光经滤光片照射到样品池中，激发样品中的荧光物质发出荧光，荧光经过滤过和反射后，被光电倍增管所接收，然后以图或数字的形式显示出来。

　　物质荧光的产生是由在通常状况下处于基态的物质分子吸收激发光后变为激发态，这些处于激发态的分子是不稳定的，在返回基态的过程中将一部分的能量又以光的形式放出，从而产生荧光。

　　不同物质由于分子结构的不同，其激发态能级的分布具有各自不同的特征，这种特征反映在荧光上表现为各种物质都有其特征荧光激发和发射光谱，因此可以用荧光激发和发射光谱的不同来定性地进行物质的鉴定。

　　通过测量荧光体的发光通量随激发光波长的转变而取得的光谱，称为激发光谱。激发光谱的具体测绘方式是，通过扫描激发单色器，使不同波长的入射光照射激发荧光体，发出的荧光通过固定波长的发射单色器而照射到检测器上，检测其荧光强度，最后通过记录仪记录光强度对激发光波长的关系曲线，即为激发光谱。通过激发光谱，可以选择最合适的激发波长，使荧光强度达到最大的激发光波长，常使用 λ_{ex} 表示。

通过测量荧光体的发光通量随发射光波长的转变而取得的光谱，称为发射光谱。其测绘方式是，固定激光发光的波长，扫描发射光的波长，记录发射光强度对发射光波长的关系曲线，即为发射光谱。通过发射光谱选择最正确的发射波长——发射荧光强度最大的发射波长，常使用 λ_{em} 表示，磷光发射波长比荧光长。图 6-26 为 ZnS：Ag 纳米材料的荧光光谱图[12]。

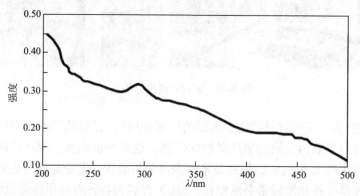

图 6-26 ZnS：Ag 纳米材料的荧光光谱图

6.2.7 矿物解离分析

矿物解离是将矿石经过破碎、磨矿分离成单一矿物的颗粒的过程。从磨矿节能和分选效果考虑，为避免磨得过细，增加分选难度，并不要求全部矿物都达到解离，只要求大部分矿物达到解离，即 85% 以上的目的矿物形成适于分选的单体矿物，以及少部分未完全解离的两种或多种矿物连生的矿物连生体。矿物解离分析就是研究矿石破碎、磨矿产品和分选过程的各阶段产品中，有用矿物和脉石解离成单体的程度（即矿物解离度），以及矿物连生体的连生特征。矿物解离分析是工艺矿物学研究的重要内容，它是确定合理的破碎和磨矿细度、进行选矿理论指标预测、评价选矿效果的重要手段，对于制订选矿原则流程、改进工艺、提高选矿技术经济指标起着重要的作用。

矿物解离度分析仪（mineral liberation analyzer，MLA）是目前最先进的工艺矿物学参数自动定量分析测试系统，如图 6-27 所示。它使工艺矿物学测定具有了自动、快速、数据准确、重现性高等特性。MLA 结合了大型样品室自动化扫描电子显微镜、多个能量色散 X 射线探测器以及技术领先的自动化定量矿物学软件，能够控制扫描电子显微镜硬件对矿物样品进行定量分析。

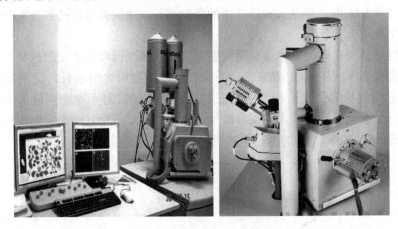

图 6-27　矿物解离度分析仪

　　MLA 提供一系列定量矿物学测试的特制分析模式，以确保不仅可以进行数据搜集，而且可以获得宝贵的应用矿物学信息。这些分析模式采用独特的高分辨成像分析和先进的 X 射线矿物识别技术来满足分析要求。无论是分析成分复杂的有色金属矿或是寻找超细级贵金属颗粒，MLA 都能为各种特殊用途提供测量方案。MLA 功能强大的 Data View 软件可以按所需要的方式给出分析结果：如以列表或图形格式、单独或结合使用或输出到其他软件。

　　采用 MLA，可对矿石颗粒的横截面进行分析，从而能够更好地了解、优化和预测矿物加工选厂的性能。MLA 可测量有色金属和贵金属、工业矿藏、煤炭以及其他材料。测量可根据需要，将测量时间和数据过度采集降低，从而提高样品处理量。高分辨率的 BSE 成像系统可以分析小至 2 μm 的粒子和 0.2 μm 的矿物成分。结果包括：矿物丰度(模态分析)和样品元素分布(化验)；粒子和颗粒尺度分布；矿物组合、解离和嵌步关系；理论品位-回收率线；粒子密度和形状系数等，这些数值可用来评估选矿厂的各条流线的解离特性或评定矿石的可选性。

6.3　矿物材料光学性能应用

6.3.1　光学玻璃

　　光学玻璃是指能改变光的传播方向，并能改变紫外、可见或红外光的相对光谱分布的玻璃。狭义的光学玻璃是指无色光学玻璃，广义的光学玻璃还包括有色光学玻璃、激光玻璃、石英光学玻璃、抗辐射玻璃、紫外红外光学玻璃、纤维光学玻璃、声光玻璃、磁光玻璃和光变色玻璃。光学玻璃可用于制造光学仪器中的透镜、棱镜、反射镜及窗口等。由光学玻璃构成的部件是光学仪器中的关键性元件。

传输光线的非晶态（玻璃态）光介质材料，可用以做成棱镜、透镜、滤光片等各种光学元件，光线通过后可改变传播方向、位相及强度等。根据不同的要求，可把光学玻璃分为三大类：①无色光学玻璃——在可见及近红外相当宽广波段内几乎是全透明的，是使用量最大的光学玻璃。按折射率和色散的不同有上百个牌号，可分为两个品种，即冕牌光学玻璃（以 K 代表）和火石光学玻璃（以 F 代表）。冕牌玻璃是硼硅酸盐玻璃，加入氧化铝后成为火石玻璃。二者的主要区别是火石玻璃的折射率和色散都较大，因而光谱元件多用它制造。②耐辐射光学玻璃——具有无色光学玻璃的各项性质，并能在放射性照射下基本不改变性能。用于受 γ 射线辐照的光学仪器，其品种及牌号与无色光学玻璃相同。其化学成分是在无色光学玻璃的基础上，添加少量二氧化铈来消除高能辐射在玻璃中形成的色心，使这种玻璃在受辐照后光吸收变化很小。③有色光学玻璃——对某些波长的光具有特定吸收或透射性能。亦称滤光玻璃，有百余个品种。颜色滤光片对某些颜色能选择吸收，中性滤光片对所有波长的光的吸收相同，只是减低光束强度而不改变其颜色。干涉滤光片则是根据光的干涉原理，将不需要的颜色反射掉而不是吸收。

近年来又发展了一些新品种的光学玻璃，如对红外和紫外有良好透过率的玻璃；折射率或色散特高或特低的玻璃；随着光强变色的玻璃；光沿磁力线方向通过玻璃时偏振面发生旋转的磁光玻璃；在外电场作用下产生双折射的电光玻璃；等等。

6.3.2　光学晶体

光学晶体（optical crystal）是用作光学介质材料的晶体材料，主要用于制作紫外和红外区域窗口、透镜和棱镜。按晶体结构可分为单晶和多晶。由于单晶材料具有高的晶体完整性和光透过率，以及低的输入损耗，因此常用的光学晶体以单晶为主。

1）卤化物单晶

卤化物单晶分为氟化物单晶，溴、氯、碘的化合物单晶，铊的卤化物单晶。氟化物单晶在紫外、可见和红外波段光谱区均有较高的透过率、低折射率及低光反射系数；缺点是膨胀系数大、热导率小、抗冲击性能差。溴、氯、碘的化合物单晶能透过很宽的红外波段，熔点低，易于制成大尺寸单晶；缺点是易潮解、硬度低、力学性能差。铊的卤化物单晶也具有很宽的红外光谱透过波段，微溶于水，是一种在较低温度下使用的探测器窗口和透镜材料；缺点是有冷流变性，易受热腐蚀，有毒性。

2）氧化物单晶

氧化物单晶主要有蓝宝石（Al_2O_3）、水晶（SiO_2）、氧化镁（MgO）和金红石（TiO_2）。与卤化物单晶相比，其熔点高、化学稳定性好，在可见和近红外光谱区透过性能良好，用于制造从紫外到红外光谱区的各种光学元件。

3）半导体单晶

半导体单晶有单质晶体（如锗单晶、硅单晶）、Ⅱ～Ⅵ族半导体单晶、Ⅲ～Ⅴ族半导体单晶和金刚石。金刚石是光谱透过波段最长的晶体，可延长到远红外区，并具有较高的熔点、高硬度、优良的物理性能和化学稳定性。半导体单晶可用作红外窗口材料、红外滤光片及其他光学元件。

光学多晶材料主要是热压光学多晶，即采用热压烧结工艺获得的多晶材料。主要有氧化物热压多晶、氟化物热压多晶、半导体热压多晶。热压光学多晶除具有优良的透光性外，还具有高强度、耐高温、耐腐蚀和耐冲击等优良力学、物理性能，可作各种特殊需要的光学元件和窗口材料。

6.3.3 矿物鉴定

矿物鉴定是指根据矿物的外形、光学性质、力学性质等，通过肉眼或仪器对矿物进行甄别。在一定外界条件下，矿物单体总是趋向于形成特定的晶体和形态特征，称为结晶习性（简称晶习）。如石英晶体呈柱状、云母呈片状、黄铁矿呈立方体、石榴子石呈四角三八面体等。在自然界，呈完好的单晶产出的矿物较少，多数是多个单晶成群产出，即成为集合体状态产出。这里所说的矿物集合是指同种矿物的多个单晶聚集在一起的整体。

矿物的物理性质主要由矿物的化学成分和内部构造所决定，不同的矿物具有不同的物理性质。因此，我们运用肉眼和一些简单的工具（小刀、放大镜、瓷棒、磁铁等）和试剂（稀盐酸）对矿物的物理性质进行鉴别，可达到认识、区别矿物的目的。

矿物的物理性质包括光学、力学等性质，矿物的光学性质是指自然光作用于矿物表面之后所发生折射和吸收等一系列光学效应所表现出来的各种性质，包括矿物的颜色、条痕、透明度及光泽等，矿物的力学性质是指矿物受外力作用（刻划、敲打等）后所呈现的性质，如硬度、解理和断口等。

矿物鉴定方法分两个步骤，第一步是地质工作者根据矿物的外形和物理性质进行肉眼鉴定，其主要依据如下所述。

1）形状

由于矿物的化学组成和内部结构不同，形成的环境也不一样，往往具有不同的形状。凡是原子或离子在三维空间按一定规则重复排列的矿物就形成晶体，晶体可呈立方体、菱面体、柱状、针状、片状、板状等。矿物的集合体可呈放射状、粒状、葡萄状、钟乳状、鲕状、土状等。

2）颜色

颜色是矿物对光线的吸收、反射的特性。各种不同的矿物往往具有各自特殊的颜色，有许多矿物就是以颜色命名的，它对鉴定矿物、寻找矿产以及判别矿物的形成条件都有重要意义。

3）光泽

光泽指矿物表面对可见光的反射能力，光泽的强弱主要取决于矿物折射率吸收系数和反射率的大小。光泽可分为以下几种：金属光泽、玻璃光泽、金刚光泽、脂肪光泽和丝绢光泽、珍珠光泽等。

4）硬度

矿物抵抗外力的刻划、压入、研磨的能力，一般用两种不同矿物互相刻划来比较硬度的大小。硬度一般划分为 10 级。

5）解理和断口

在受力作用下，矿物晶体沿一定方向发生破裂并产生光滑平面的性质称为解理，沿一定方向裂开的面称为解理面。解理有方向的不同，如单向解理、三向解理等，也有程度的不同，如完全解理、不完全解理。

如果矿物受力，不是按一定方向破裂，破裂面呈各种凸凹不平的形状（如锯齿状、贝壳状），称为断口。

此外，还可以根据矿物的韧性、比重、磁性、电性、发光性等特征来鉴别矿物。

第二步是在室内运用一定的仪器和药品进行分析和鉴定。有偏光显微镜鉴定法、化学分析法、X 射线分析法、差热分析法等等。

参 考 文 献

[1] 王振廷, 李长青. 材料物理性能[M]. 哈尔滨: 哈尔滨工业大学出版社, 2011

[2] 邱成军, 王元化, 曲伟. 材料物理性能[M]. 3 版. 哈尔滨: 哈尔滨工业大学出版社, 2009

[3] 龙毅, 李庆奎, 强文江. 材料物理性能[M]. 2 版. 长沙: 中南大学出版社, 2018

[4] 张帆, 郭益平, 周伟敏. 材料性能学[M]. 3 版. 上海: 上海交通大学出版社, 2021

[5] 耿桂宏. 材料物理与性能学[M]. 北京: 北京大学出版社, 2019.

[6] 吴雪梅, 诸葛兰剑, 吴兆丰, 等. 材料物理性能与检测[M]. 北京: 科学出版社, 2020

[7] 贾德昌, 宋桂明. 无机非金属材料性能[M]. 北京: 科学出版社, 2008

[8] 高智勇, 隋解和, 孟祥龙. 材料物理性能及其分析测试方法[M]. 2 版. 哈尔滨: 哈尔滨工业大学出版社, 2020

[9] 钱国栋, 凌国平, 刘嘉斌, 崔元靖. 材料的性能[M]. 杭州: 浙江大学出版社, 2020

[10] 卞斯达, 周剑章, 林仲华. 光电流谱、光致发光光谱和紫外可见吸收光谱在纳米半导体光电器件研究中的联用[J]. 电化学, 2021, 27(1): 45-55

[11] 刘春梅, 朱艳艳, 张斌. 激光显微拉曼光谱仪在本科实验教学中的应用[J]. 大学化学, 2022, 37(2): 190-195

[12] 曲华, 曹立新, 苏革, 等. ZnS∶Ag 纳米发光材料的制备及光谱性质[J]. 光谱学与光谱分析, 2009, 29(2): 305-308

第 7 章　矿物材料的声学性能

7.1　矿物材料声学性能概述

7.1.1　声波的基本性质和物理量

在弹性介质中，只要波源所激起的纵波的频率在 20～20000 Hz 之间，就能引起人的听觉，这一频率范围内的振动称为声振动，由声振动所激起的纵波称为声波。声波借助各种介质向四面八方传播。声波通常是纵波，也有横波，声波所到之处的质点沿着传播方向在平衡位置附近振动，声波的传播实质上是能量在介质中的传递。

声波是声音的传播形式，发出声音的物体称为声源。声波是一种机械波，由声源振动产生。声波传播的空间就称为声场。

声波可以理解为介质偏离平衡态的小扰动的传播。这个传播过程只是能量的传递过程，而不发生质量的传递。如果扰动量比较小，则声波的传递满足经典的波动方程，是线性波。如果扰动很大，则不满足线性的声波方程，会出现波的色散。

7.1.1.1　振动

物体振动是产生声音的根源。弦乐是弦振动发声，管乐是空气振动发声，打击乐是打击对象表面振动发声。如果仔细观察日常生活所接触到的各种发声物体，就会发现声音来源于物体的振动。为了说明这个问题，做个简单试验：当用鼓槌去敲鼓，就会听到鼓声，这时用手去摸鼓面，就会感到鼓面迅速地振动着。如果用手掌压住鼓面使它停止振动，鼓声就会立即消失。由这个实验可知，鼓面振动产生了声音。工厂中铁锤敲打钢板，引起钢板振动发声，织布机飞梭不断撞击打板的振动发声等，都是由振动的物体发出来的。把能够发声的物体称为声源。当然声源不一定非固体振动不可，液体、气体振动同样会发声，化工厂中输液管道阀门的噪声就是液体振动发声，高压容器排气放空时的排气吼声就是高速气流与周围静止空气相互作用引起的空气振动的结果。这些振动一起推动邻近的空气分子，而轻微增加空气压力。压力下的空气分子随后推动周围的空气分子，后者又推动下一组分子，以此类推。高压区域穿过空气时，在后面留下低压区域。当这些压力波的变化到达人耳时,会振动耳中的神经末梢,我们将这些振动听为声音。

7.1.1.2　波动

物体振动发声,总要通过中间介质才能把声音能量传播出去,而中间介质必须是弹性介质。空气兼有质量和弹性的自然特性,在大气温度和压力下,空气的密度大约是 $1.293\ kg/m^3$。在一个封闭管子内,推进一个活塞,当空气受压时,就像弹簧一样产生抵抗力,所以可以传递波动。在任何情况下,声音是不能真空传播的。人耳平时听到的声音大部分是通过空气传播的。空气能传播声音,液体、固体同样也能传播声音,比如潜水员潜入水中仍可清楚地听到轮船上的机器声,把耳朵贴在钢轨上就可以听到远处驶来的列车声等。

那么声音又是怎样通过空气把振动的能量传播出去的呢?以鼓面振动为例,用力敲一下鼓面,鼓面则一来一回的运动,就会扰动鼓面邻近空气质点随之来回运动,这时鼓面一侧的空气质点被挤压而密集起来,另一侧则变得稀疏,当鼓面向反方向运动时,原来质点密集的地方变得稀疏,原来稀疏地方则变得密集起来,由于空气是弹性介质,振动的鼓面使空气质点时而密集,时而稀疏,带动邻近的空气质点,由近及远地依次振动起来,这样就形成了疏密的"空气层",这一层层的疏密相间的"空气层",就形成了传播的声波。当这种声波传到人耳,引起人耳内鼓膜的振动,刺激了内耳的听觉神经,人就产生了声音的感觉。

声音在空气中传播时,空气质点本身并不随声波一起传播出去,只在它的平衡位置附近前后做纵向振动,这犹如把一石块投入宁静的水中,水面立即出现一圈圈的圆形波纹,初看好像水随波浪运动着,但从浮在水面上的树叶来看,树叶仅仅在它原来的位置上,上下不停地浮动,并不随波移走,所以声音的传播实质是物体振动的传播,即传播出去的是物质运动的能量,而不是物质本身。这说明声音是物质的一种运动形式,这种运动的形式称为波动。

振动和波动是互相密切关联的运动形式。振动是波动的产生根源。波动是振动的传播过程,声音在本质上是一种波动。因此,声音也称为声波。声波在空气中传播,引起空气质点振动的方向和波传播的方向一致,所以空气中的声波是纵波,又称疏密波。

物体振动发声时,在同一个时刻波到达各点可以连成一个面,称为波面或波阵面,根据这个面的形状把声波分为平面波、球面波等各种类型。

7.1.1.3　基本物理量

声波中常用物理量有以下几种。

1)振幅

表示质点离开平衡位置的距离,反映从波形波峰到波谷的压力变化,以及波所携带的能量的多少。高振幅波形的声音较大；低振幅波形的声音较安静。

2）周期

描述单一、重复的压力变化序列。从零压力，到高压，再到低压，最后恢复为零，这一时间的持续视为一个周期。如波峰到下一个波峰，波谷到下一个波谷均为一个周期。

3）频率

声波的频率是指波列中质点在单位时间内振动的次数。以赫兹（Hz）为单位测量，描述每秒周期数。例如，440 Hz 波形每秒有 440 个周期。频率越高，音乐音调越高。

4）相位

表示周期中的波形位置，以度为单位测量，共 360°。零度为起点，随后 90°为高压点，180° 为中间点，270° 为低压点，360° 为终点。相位也可以弧度为单位。弧度是角的国际单位，符号为 rad。

由于两条射线从圆心向圆周射出，形成一个夹角和夹角正对的一段弧。当这段弧长正好等于圆的半径时，两条射线的夹角的弧度被定义为 1 rad。当半径一定时，圆心角正比于弧长。于是，可以用弧长与半径的比值表示角度。而弧长与半径的国际单位都是 m，在计算二者之比时要约掉，因此弧度制实质上就是用实数表示角度的单位制，单位 rad 纯粹是为了表述方便人为给出的。因此，在实际求解中符号 rad 一般直接省略。

5）波长

表示具有相同相位度的两个点之间的距离，也是波在一个时间周期内传播的距离。以英寸或厘米等长度单位测量。波长随频率的增加而减少。

7.1.2　声音的强度

7.1.2.1　声强

在单位时间内垂直于传播方向的单位面积上通过的声音能称为声强。声强是衡量声音强弱的标志，通常用 I 来表示，单位为瓦/米 ^{2}，记为 W/m^2。

声强的大小和离开声源距离的远近有关，这是因为声源每秒内发出的声能量是一定的，离声源的距离越远，声能分布的面积越大，通过单位面积的声能量就越小，因此，声强就小。在我们日常生活中会发现这样一个规律，离声源近些，声音就感到强，离声源远些，就感到声音弱。

如果在一个没有声音存在的自由声场，有个向四面八方均匀辐射声音的点声

源，在 r 处声强为

$$I_{球} = \frac{W}{4\pi r^2}$$　　　　　　　　　　　　　　　（7-1）

式中，W 和 I 分别代表声源的声功率(W) 和声强(W/m^2)。

可见声强随着离开声源中心距离的增加，按平方反比规律减小。声功率是表示声源特性的物理量，是单位时间内声源辐射出来的总声能量。这里需要指出的是，不要把声源的声功率与激发物体振动实际消耗的功率混淆在一起，声功率只是总功率中以声波形式辐射出去的那部分。它与实际消耗功不同。

日常生活中能听到的声音其强度范围很大，最大和最小之间可达 10^{12} 倍。用声强的物理学单位表示声音强弱很不方便。当人耳听到两个强度不同的声音时，感觉的大小大致上与两个声强比值的对数成比例。

7.1.2.2　声压

目前，在声学测量技术中，直接测量声强是比较困难和复杂的，由于人耳和传声器对声压有响应，而声压是比较容易测量的物理量，因此人们都用声压来衡量声音的强弱。什么是声压?前面已讲过，声波在空气传播过程中，引起空气质点振动，致使空气密度发生变化，这时，空气压强就在大气压强附近迅速地起伏变化，这个压强起伏部分就称为声压。如果仔细观察发声很响的物体，就会发现它的振动总是很强烈的。

声压通常用 p 来表示，即

$$p = \frac{F}{S}$$　　　　　　　　　　　　　　　（7-2）

式中，F、S 和 p 分别代表某一面积上所受的力(N)、某一面积(m^2)和单位面积上所受的力[Pa 或 N/m^2]。

声音在传播的过程中，声压 p 实际上随时间迅速地起伏变化，人耳感受到的实际效果只是迅速变化的声压(又称为瞬时声压)的某一时间平均的结果，称为有效声压。有效声压是瞬时声压均方根值，对于符合正弦运动的声波，为声压的最大值除以 $\sqrt{2}$，即

$$p = \sqrt{\frac{1}{T}\int_0^T p_{\mathrm{m}}^2 \sin \omega t \mathrm{d}t}$$　　　　　　　（7-3）

在实际应用中，如果未加说明，一般声压就是指的声压有效值。

声压和声强有着内在的联系，当声波在自由声场中传播时，在传播方向上声

强 I 与声压 p 关系为

$$I = \frac{p^2}{\rho_0 c} \tag{7-4}$$

式中，p、I、ρ_0 和 c 分别代表有效声压(Pa)、声强(W/m)、空气密度(kg/m³)和声音速度(m/s)。从式(7-4)中可以看出，声强和声压的平方成正比，因此测量出了声压，进而可以求出声强和声功率。

7.1.2.3　分贝

正常人耳刚刚能听到的最低声压称为听阈声压，对于 1000 Hz 的声音，听阈声压为 $2×10^{-5}$ Pa。普通人们谈话声的声压约为 $(2\sim7)×10^{-2}$ Pa，大街上载重汽车的声压为 0.2~1 Pa，凿岩机声压约为 20 Pa，喷气飞机附近声压约为 200~630 Pa。对于频率 1000 Hz 的声音，正常人耳痛阈声压一般为 20 Pa。从听阈声压到痛阈声压，具有 $10^{-5}\sim1$ Pa 的压力范围，即最强的与最弱的可听声压之比约为 10^5。如果用质量来相比，这个比值相当于 1 t 同 1 g 之比。由此可见，声强弱变化之大，也说明人耳听觉范围之广，在这样宽广的范围内用声压或声强的绝对值来衡量声音的强弱是很不方便的，因此在实践中人们引出"级"的概念，这类似风速按"级"分，地震按"级"计算一样，尽管绝对值相差悬殊但相应的"级"的数值差别不大。声音的物理量声压、声强和声功率的级的划分是采用数学中常用对数标度来表达，单位为分贝，记作 dB。

声压级的定义是某一声压与基准声压(频率为 1000 Hz 时听阈声压为 $2×10^{-5}$Pa)之比的常用对数乘以 20，用数学式表达为

$$L_p = 20\lg\frac{p}{p_0} \tag{7-5}$$

式中，L_p、p 和 p_0 分别代表声压级(dB)、声压(Pa)、基准声压(取 $2×10^{-5}$Pa)。

用声压级代替声压的好处是把刚刚听到的声压与震耳欲聋的声压由差值为数百万倍的范围改为 0~120 dB 的范围，在计算上用小的数字来代替大的不方便数字，这就简化得多了。用声压级的差值来表示声压的变化，也与人耳判断声音强度的变化大体一致。例如，声压变化 1.4 倍，就等于声压级变化 3 dB，这种声音强度的变化人耳刚刚可以分辨。又如声压变化 3.16 倍，声压级变化 10 dB，人耳感到响度约增加 1 倍(或减轻 1/2)。如果使声压提高或降低 10 倍，声压级将有 20 dB 的变化，这对人耳听觉来说变化是很大的。

与声压一样，声强也可用级来表达，这就是声强级，单位也是分贝，声强级 L_I 由式(7-6)确定，即

$$L_{\mathrm{I}} = 10 \lg \frac{I}{I_0} \qquad\qquad (7\text{-}6)$$

式中，I_0 为基准声强值(听阈值)，取 10^{-12} W/m^2。

　　声音在空气中传播，在传播方向上的声强为 $I = 10^{-12}$ W/m^2 时，相应的声压为 2×10^{-5} Pa，这时 I 和 p 的参考值在数值上是一致的，都是 1000 Hz 时的听阈值。

　　声音在大气中传播，可以忽略大气温度、压力变化的影响，这时 $L_{\mathrm{p}} \approx L_{\mathrm{I}}$。

　　声功率用级表示，就是声功率级，单位也是分贝，如果声功率为 W 时，则声功率级 L_{w} 由式(7-7)确定，即

$$L_{\mathrm{w}} = 10 \lg \frac{W}{W_0} \qquad\qquad (7\text{-}7)$$

式中，W 为基准声功率，取值 10^{-12} W。

　　作为相对比较标准的声功率参考值 W_0 与声强的参考值 I_0 之间有一个简单的联系，对于平面波或球面波，通过垂直于传播方向 1 m^2 面积上的总声功率为参考值 W_0 时，在该面积上的声强就是相应的参考值 I_0。

　　从能量角度来说，10 dB 的变化，相当于 10∶1 的变化；20 dB 的变化，相当于 100∶1 的变化；30 dB 的变化，相当于 1000∶1 的变化。

　　值得注意，分贝并不是声学的专用单位，除声学中的声压、声强、声功率外，其他变化范围宽广的物理量都可以用分贝为单位度量，对于某个物理量采用分贝作单位时，必须要了解其相对比较标准的参考值。

7.1.3　典型声源及声辐射

　　研究声源的声辐射有助于我们认识声源振动对辐射声场的贡献、掌握声辐射的基本特性和规律。声源的形式是多种多样的，实际声源的结构形式往往是十分复杂的，要想从数学上严格求解几乎是不可能的。理论分析中常用的处理方法就是将实际复杂的声源简化处理成各种典型声源，如球声源、点声源、活塞式声源等。例如，机器在运转过程中辐射噪声，在声场的远场分析中就可以把机器看成是一个点声源；公路上川流不息的汽车在行驶过程中辐射噪声，在远场分析中就可以把它们作为线声源处理；飞机或船舶在航行过程中依靠螺旋桨提供推力，螺旋桨运动过程中产生噪声根据所产生噪声的特性，我们把它作为偶极子或四极子处理。

7.1.4　声偶极辐射

声偶极子是由两个相距很近，并以相同的振幅而相位相反(即相差 180°)的小脉动球源(即点源)所组成的声源，例如，没有安装在障板上的纸盆扬声器，在低频时就可以近似看作是这种声源。

7.1.5　隔音性

凡是能用来阻断噪声的材料，统称为隔音材料。隔音材料五花八门，比较常见的有实心砖块、钢筋混凝土墙、木板、石膏板、铁板、隔音毡、纤维板等。严格意义上说，几乎所有的材料都具有隔音作用，其区别就是不同材料间隔音量的大小不同而已。同一种材料，由于面密度不同，其隔音量存在比较大的变化。隔音量遵循质量定律原则，就是隔音材料的单位密集面密度越大，隔音量就越大，面密度与隔音量成正比关系。当声波在传播途径中遇到匀质屏障物(如木板、金属板、墙体等)时，由于介质特性阻抗的变化，使部分声能被屏障物反射回去，一部分被屏障物吸收，只有一部分声能可以透过屏障物辐射到另一空间去，透射声能仅是入射声能的一部分。由于反射与吸收的结果，从而降低噪声的传播。由于传出来的声能总是或多或少地小于传进来的能量，这种由屏障物引起的声能降低的现象称为隔声。具有隔声能力的屏障物称为隔声结构或隔声构件。

7.1.5.1　透声系数与隔声量

隔声构件透声能力的大小，用透声系数 τ 来表示，它等于透射声功率与入射声功率的比值，即

$$\tau = \frac{W_t}{W} \tag{7-8}$$

式中，W_t 为透过隔声构件的声功率；W 为入射到隔声构件上的声功率，声功率的单位为瓦(W)。

由 τ 的定义出发，又可写作

$$\tau = \frac{I_t}{I} = \frac{p_t^{\,2}}{p^2} \tag{7-9}$$

式中，I_t 和 p_t 分别表示透射声波的声强和声压；I 和 p 分别表示入射声波的声强和声压。τ 又称为传声系数或透射系数，是一个无量纲量，它的值介于 0~1。τ 值越小，表示隔声性能越好。通常所指的 τ 是无规入射时各入射角度透声系数的平

均值。

一般隔声构件的 τ 值很小，约在 $10^{-1} \sim 10^{-5}$，使用很不方便，故人们采用 $10\lg\dfrac{1}{\tau}$ 来表示构件本身的隔声能力，称为隔声量或透射损失、传声损失，记作 TL，单位为 dB，即

$$TL = 10\lg\frac{1}{\tau} \qquad\qquad (7\text{-}10)$$

隔声量的大小与隔声构件的结构和性质有关，也与入射声波的频率有关。同一隔声墙对不同频率的声音，隔声性能可能有很大差异，故工程上常用 $10 \sim 4000\ \mathrm{Hz}$ 的 16 个 1/3 倍频程中心频率的隔声量的算术平均值来表示某一构件的隔声性能，称为平均隔声量 $\overline{\mathrm{TL}}$。

7.1.5.2　质量定律

隔声构件的性质、结构形式很多。为了方便起见，我们主要讨论单层匀质墙的情况。若假设：①声波垂直入射到墙上；②墙把空间分为两个半无限空间，而且墙的两侧均为通常状况下的空气；③墙为无限大，即不考虑边界的影响；④把墙看作一个质量系统，即不考虑墙的刚性、阻尼；⑤墙上各点以相同的速度振动，则从透声系数的定义及平面声波理论，可以导出单层墙在声波垂直入射时的隔声量为

$$TL_0 = 10\lg\left[1 + (\frac{\pi fm}{\rho_0 c})^2\right] \qquad\qquad (7\text{-}11)$$

式中，m 为墙体单位面积质量；f 为入射声波频率；ρ_0 为空气介质密度；c 为空气中的声速。一般情况下 $\pi fm > \rho_0 c$，式(7-11)可以简化为

$$TL_0 = 20\lg m + 20\lg f - 43\,(\mathrm{dB}) \qquad\qquad (7\text{-}12)$$

如果声波是无规入射，则墙的隔声量为

$$TL \approx TL_0 - 4(\mathrm{dB}) \qquad\qquad (7\text{-}13)$$

式(7-12)和式(7-13)说明墙的单位面积质量越大，隔声效果越好；单位面积每增加一倍，隔声量增加 6 dB，这一规律通常称为质量定律。

以上公式是在一系列假设条件下导出的理论公式。一般来说，实测值达不到 fm 每增加一倍，隔声量上升 6 dB 的结果。实际的情况通常是：m 每增加一倍，隔声量上升 $4 \sim 5$ dB；f 每增加一倍，隔声量上升 $3 \sim 5$ dB。有些测试者提出了一些经验公式，但各自都有一定的适用条件和范围。因此，通常都以标准实验室测定

数据作为设计依据。

7.1.5.3　吻合效应

实际上的单层匀质密实墙都是具有一定刚度的弹性板，在被声波激发后，会产生受迫弯曲振动。

在不考虑边界条件，即假设板无限大的情况下，声波以入射角 θ（$0 < \theta \leqslant \dfrac{\pi}{2}$ 等）斜入射到板上，板在声波作用下产生沿板面传播的弯曲波，其传播速度为

$$c_f = \frac{c}{\sin \theta} \tag{7-14}$$

式中，c 为空气中的声速。但板本身存在着固有的自由弯曲波传播速度 c_p，和空气中声速不同的是，它和频率有关：

$$c_p = \sqrt{2\pi f}\sqrt[4]{\frac{D}{\rho}} \tag{7-15}$$

式中，$D = \dfrac{Eh^2}{12(1-\mu^2)}$ 为板的弯曲刚度，其中 E 为材料的弹性模量，h 为板的厚度，μ 为材料的泊松比；ρ 为材料密度；f 为自由弯曲波的频率。

如果板在斜入射声波激发下产生的受迫弯曲波的传播速度 c_f 等于板固有的自由弯曲波传播速度 c_p，则称为发生了"吻合"，见图 7-1。这时板就非常"顺从"地跟随入射声波弯曲，使入射声能大量地透射到另一侧去。

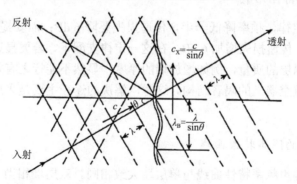

图 7-1　吻合效应原理图

当声波掠入射时，可以得到发生吻合效应的最低频率，即吻合临界频率 f_c：

$$f_c = \frac{c^2}{2\pi}\sqrt{\frac{\rho}{D}} = \frac{c^2}{2\pi h}\sqrt{\frac{12\rho(1-\mu^2)}{E}} \tag{7-16}$$

当 $f > f_c$，某个入射声频率 f 总是和某一个入射角 $\theta(0 < \theta \leqslant \dfrac{\pi}{2})$ 对应，产生吻合效应。但在正入射时，$\theta = 0$，板面上各点的振动状态相同(同相位)，板不发生弯曲振动，只有和声波传播方向一致的纵振动。

7.1.5.4　单层匀质墙的隔声性能

单层匀质密实墙的隔声性能和入射声波的频率有关，其频率特性取决于墙本身的单位面积质量、刚度、材料的内阻尼以及墙的边界条件等因素。严格地从理论上研究单层匀质密实墙的隔声是相当复杂和困难的。频率从低端开始，板的隔声受刚度控制，隔声量随频率增加而降低；随着频率的增加，质量效应增大，在某些频率下，刚度和质量效应共同作用而产生共振现象。

常用的建筑结构，如一般砖墙、混凝土墙都很厚重，临界吻合频率多发生在低频段，常在 5～20 Hz 左右；柔顺而轻薄的构件如金属板、木板等，临界吻合频率则出现在高频段，人对高频声敏感，所以常感到漏声较多。为此，在工程设计中应尽量使板材的 f_0 避开需降低的噪声频段，或选用薄而密实的材料使 f_c 升高至人耳不敏感的 4 kHz 以上的高频段，或选用多层结构以避开临界吻合频率。此外，可采取增加墙板阻尼的办法来提高吻合区的隔声量。

综上可知，单层匀质墙板的隔声性能主要由墙板的面密度、刚度和内阻尼决定，在入射声波的不同频率范围，可能某一因素起主要作用，因而出现该区隔声性能上的某一特点。

7.1.5.5　双层隔音结构

根据质量定律，频率降低一半，传递损失要降 6 dB；而要提高隔音效果时，质量增加一倍，传递损失增加 6 dB。在这一定律支配下，若要显著地提高隔音能力，单靠增加隔层的质量，例如增加墙的厚度，显然不能行之有效，有时甚至是不可能的，如航空器上的隔音结构。这时，解决的途径主要是采用双层至多层隔音结构。

1. 双层墙的隔声特性曲线

双层墙的隔声频率特性曲线与单层墙大致相同。双层墙相当于一个由双层墙与空气层组成的振动系统。当入射声波频率比双层墙共振频率低时，双层墙板将作整体振动，隔声能力与同样重量的单层墙没有区别，即此时空气层无用。当入射声波频率达到共振频率 f_0 时，隔声量出现低谷；超过 $\sqrt{2} f_0$ 以后，隔声曲线以每倍频程 18 dB 的斜率急剧上升，充分显示出双层墙结构的优越性。随着频率的升高，两墙板之间产生了一系列驻波共振，又使隔声特性曲线上升趋势转为平缓，斜率为每倍频程 12 dB；进入吻合效应区后，在吻合临界频率 f_c 处出现又一隔声量低谷，其 f_c 与吻合效应状况取决于两层墙的临界吻合频率。若两墙板由相同材料构成且面密度相等，两吻合谷的位置相同，使低谷的凹陷加深；若两墙材质不同或面密度不等，则隔声曲线上有两个低谷，但凹陷程度较浅；若两墙间填有吸声材料，则隔声低谷变得平坦，隔声性能最好。吻合区以后情况较复杂，隔声量与墙的面密度、弯曲刚度、阻尼及频率与 f_0 之比等因素有关。因此，双层墙隔声性能较单层墙优越的区域主要在共振频率 f_0 以后，因此在设计中尽量将 f_0 移往人们不敏感的低频区域。

2. 双层墙共振频率的确定

双层隔音结构，单位面积质量分别为 m_1、m_2，中间空气层厚度为 l。双层结构的传递损失可以进行理论计算，结果比较复杂，在不同频率范围可以得到不同的简化表示，这里只作定性介绍。

空气层越薄，双层墙的共振频率 f_0 越高。通常较重的砖墙，如混凝土墙等双层结构的 f_0 不超过 $15\sim20$ Hz，在人耳声频范围以下，对实际影响很小；但对于一些尺寸小的轻质双层墙或顶棚（面密度小于 30 kg/m^2），当空气层厚度小于 $2\sim3$ cm 时，隔声效果很差。所以，一些由胶合板或薄钢板做成的双层结构对低频声隔绝不良，在设计薄而轻的双层结构时，应注意在其表面增涂阻尼层，以减弱共振作用的影响。并且宜采用不同厚度或不同材质的墙板组成双层墙，避开吻合临界频率，保证总的隔声量。此外，双层墙间适当填充吸声材料可使隔声量增加 $5\sim8$ dB。

3. 双层墙隔声量的实际估算

严格地按理论计算双层墙的隔声量比较困难，而且往往与实际存在一定差距，因此多采用经验公式估算。双层墙两墙之间若有刚性连接，则称为存在声桥。部分声能可经过声桥自一墙板传至另一墙板，使空气层的附加隔声量大为降低，降低的程度取决于双层墙刚性连接的方式和程度。因此，在设计与施工过程中都必须加以注意，尽量避免声桥的出现或减弱其影响。

7.1.6　微波吸收性

吸声材料或吸声结构的声学性能与频率有关，通常采用吸声系数、吸声量、流阻等来评价。

7.1.6.1　吸声系数

工程实际中通常采用吸声系数来描述吸声材料和吸声结构的吸声能力，以 α

表示，定义为

$$\alpha = \frac{E_a}{E_i} \tag{7-17}$$

式中，E_i 为入射到材料或结构表面的总能量；E_a 表示被材料或结构吸收的声能，$E_a = E_i - E_r$，E_r 表示被材料或结构反射的声能。可以发现当声波被完全反射时，$E_a = E_i - E_r = 0$，则吸声系数 $\alpha = 0$，说明结构不吸收声能；当声波被完全吸收时，$E_r = 0$，则吸声系数 $\alpha = 1$，说明没有声波的反射。一般材料的吸声系数均在 $0 \sim 1$，α 值越大则吸声效果越显著。

实验室中常采用驻波管法测定垂直入射吸声系数，该方法比较简单经济，因此在产品的研制和对比试验中经常使用。混响吸声系数反映了声波从不同的角度以相同的概率入射时的综合吸声系数与实际工程使用情况较接近，因此工程实践中多采用混响吸声系数来评价吸声特性，在声学设计和噪声控制中也多采用此评价参数。

7.1.6.2　吸声量

工程上评价一种吸声材料的实际吸声效果时，通常采用吸声量进行评价。吸声量的定义为吸声系数与所使用吸声材料的面积之乘积，用 A 来表示，单位为 m^2。按照定义，向着自由空间敞开部分，其吸声量等于敞开部分的面积。当评价某空间的吸声量时，需要对空间内各吸声处理面积与吸声系数的乘积进行求和得到该空间的总吸声量。

7.1.6.3　影响多孔性吸声材料吸声系数的因素

大量的工程实践和理论分析表明，影响多孔性吸声材料吸声性能的主要因素有：材料的厚度、材料的容重或空隙率、材料的流阻、温度和湿度等。

1. 材料的流阻

流阻 R 是评价吸声材料或吸声结构对空气黏滞性能影响大小的参量。流阻的定义是微量空气流稳定地流过材料时，材料两边的静压差和流速之比：

$$R = \frac{\Delta p}{v} \tag{7-18}$$

流阻与空气的黏滞性、材料或结构的厚度、密度等都有关系。通常将吸声材料或吸声结构的流阻控制在一个适当的范围内。吸声系数大的材料或结构，其流阻也相对比较大，而过大的流阻将影响通风系统等结构的正常工作，因此在吸声设计中必须兼顾流阻特性。

2. 材料的厚度

大量的试验证明：吸声材料的厚度决定了吸声系数的大小和频率范围。增大厚度可以增大吸声系数，尤其是增大中低频吸声系数。同一种材料厚度不同，吸声系数和吸声频率特性不同；不同的材料，吸声系数和吸声频率特性差别也很大。具体选用时可以查阅相关声学手册。

3. 材料的容重或空隙率

材料的容重是指吸声材料加工成型后单位体积的质量。有时，也用空隙率来描述。空隙率是指多孔性吸声材料中连通的空气体积与材料总体积的比值：

$$R = \frac{V_0}{V} = 1 - \frac{\rho_0}{\rho} \qquad (7\text{-}19)$$

式中，V_0 为吸声材料中连通的空气体积；V 为吸声材料总体积。通常多孔吸声材料的空隙率可以达到 50%～90%，如采用超细玻璃棉，则空隙率可以达到更高。

材料的容重或空隙率不同，对吸声材料的吸声系数和频率特性有明显影响。一般情况下，密实、容重大的材料，其低频吸声性能好、高频吸声性能较差；相反，松软、容重小的材料，其低频吸声性能差，而高频吸声性能较好。因此，在具体设计和选用时应该结合待处理空间的声学特性合理地选用材料的容重。

4. 湿度和温度

湿度对多孔性材料的吸声性能也有十分明显的影响。随着孔隙内含水量的增大，吸声材料中的空气不再连通，空隙率下降，吸声性能下降，吸声频率特性也将改变。因此，在一些含水量较大的区域，应合理选用具有防潮作用的超细玻璃棉毡等，以满足南方潮湿气候和地下工程等使用的需要。

温度对多孔性吸声材料也有一定影响。温度下降时，低频吸声性能增加，温度上升时，低频吸声性能下降，因此在工程中温度因素的影响也应该引起注意。

5. 材料后空气层的影响

在实际工程结构中，为了改善吸声材料的低频吸声性能，通常在吸声材料背后预留一定厚度的空气层。空气层的存在相当于在吸声材料后又使用了一层空气作为吸声材料，或者说，相当于使用了吸声结构。

6. 材料饰面的影响

在实际工程中，为了保护多孔性吸声材料不致变形以及污染环境，通常采用金属网、玻璃丝布及含有较大穿孔率的穿孔板等作为包装护面；此外，有些环境还需要对表面进行喷漆等，这些都将不同程度地影响吸声材料的吸声性能。但当护面材料的穿孔率（穿孔面积与护面总面积的比值）超过 20%时，这种影响可以忽略不计。

7.2　矿物材料声学性能测试

描述材料声学性能的主要参量是材料的声速、特性声阻抗率和声衰减。由于特性声阻抗率是材料声速与密度的乘积，所以可以直接测量的声参量是声速和声衰减。

通过测量声速，可以直接反映材料的弹性常数。通过声速和衰减的测量，可以了解材料的显微结构和形态（如晶粒尺寸和分布）以及弥散的不连续性（如显微疏松和显微裂纹）。

通过材料的弹性性能、显微结构和形态，可以间接地评定材料的力学性能（如强度、硬度和应力分布等）。材料的声学特性反映的是材料的动态力学特性。一般而言，材料的动态弹性模量值总是大于静态模量值。但对于金属和无机非金属材料，这种差别较小；黏弹材料，则差异较大。

材料的声学性能是通过材料与声波相互作用而呈现的。因此，材料声学性能的测试方法及其精度不仅与材料本身性质、几何尺寸及形状有关，而且还与材料中所传播的声波特性和模式有关。声速和衰减的基本测量方式如图 7-2 所示。

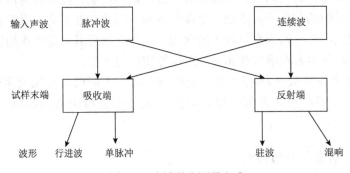

图 7-2　声波基本测量方式

一般而言，根据声波的时间特性，可分为连续波法和脉冲波法两大类。连续波法使用的是频率为 f 连续波，所以可以测量材料的相速度及该频率上的衰减。

而脉冲波法中使用的有宽带窄脉冲、窄带宽脉冲及线性调频脉冲等。

如果按声波的激发和接收方式，又可分为接触和非接触测量两类。传统的压电换能器的激发和接收声波，一般都是接触式的，它需要用耦合剂将激发和接收换能器与试样相耦合，实现声波从源传入试样，再由试样传入接收换能器。这类检测方式简便、灵敏，但必须考虑耦合层对测量的影响，以及耦合剂对材料表面可能产生的污染。像电磁声换能器和激光超声技术是非接触式的，电磁能和激光能量转变为声能的过程是发生在试样内的，它们不需要耦合剂，消除了耦合剂对材料的影响，但测量系统也较复杂。

7.2.1　材料中声波的激发和接收

7.2.1.1　压电换能器

具有自发极化的单晶或具有剩余极化的多晶陶瓷及有机薄膜等材料，受到应力作用时会在材料中产生电场，这种效应称为压电效应，这类材料称为压电材料。同时，压电材料在电场作用下也会产生应力和应变，称为逆压电效应。利用压电材料的正、逆压电效应，可实现电能和声能之间的转换。完成材料中声波的激发和接收的器件，就是常用的压电换能器，如图 7-3 所示。

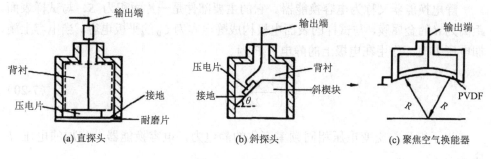

(a) 直探头　　　　　　　　　(b) 斜探头　　　　　　　　　(c) 聚焦空气换能器

图 7-3　压电换能器

7.2.1.2　磁致伸缩换能器

某些铁磁材料及其合金和某些铁氧体材料，在磁场作用下也会随磁场强度的变化发生长度的变化，这种现象称为磁致伸缩。它是由于材料内自发磁化的磁畴转向外磁场方向的结果。因此，和压电材料一样，磁致伸缩材料也可用来产生振动(图 7-4)。为了得到与外磁场频率相同的磁致伸缩振动，必须施加一恒定磁场 B_0 和交变磁场 B。利用逆磁致伸缩效应，这类换能器也可用于接收超声。

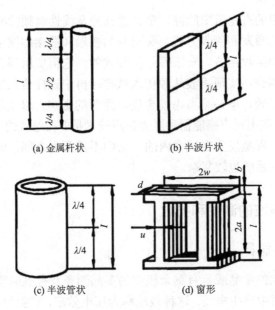

图 7-4　磁致伸缩换能器

7.2.1.3　静电换能器

静电换能器又称为电容换能器。它的主要部件是一片面积为 S、与试样表面距离为 d 的金属膜，与试样的表面电极构成静电容为 C_0 的平板电容。当电容上施加电压 V 时，作用在电极上的静电力 F 为

$$F = -\left(\frac{V^2 \varepsilon_0 \varepsilon S}{2d} \right) \tag{7-20}$$

为了得到与交变电压相同频率变化的静电力，电容换能器上施加的电压 V 应为

$$V = V_0 + V_1 \sin \omega t \tag{7-21}$$

静电换能器的输出功率有限，灵敏度也较低，但它是一种宽带频率响应的非接触换能器，在精确测量固体声速中非常实用，可以消除耦合剂对于测量的影响。

7.2.1.4　电磁声换能器

电磁声换能器是以电流 j 和磁场 B 相互作用的洛伦兹力 $F = j \times B$ 为基础实现超声的激发和检测的换能器。

电磁声换能器主要由一产生磁场 B 的磁钢和一线圈组成。对于激发声波的电

磁声换能器,线圈中输入角频率为 ω 的交变电流,在导体表面趋肤层 $\delta = \sqrt{\dfrac{2}{\mu\mu_0\sigma\omega}}$ 内激发出涡流电流。

这样,当换能器产生的磁场 B 平行于导体表面时,静电力 F 沿表面法向,在试样内激发出超声纵波。若 B 沿表面法向,静电力 F 平行于表面,在导体内激发超声横波。

反之,当试样内有超声传播,垂直于 B 的振速分量 V 将在导体内激发涡流电流,换能器中的线圈也将产生相应的输出电流,实现超声振动的检测。

如图 7-5 所示,图(a)是螺旋平饼线圈,在法向磁场 B 下,可以激发和检测径向横波运动。图(b)是矩形的平饼线圈,当把线圈大部分屏蔽起来,只留虚线所示的部分,只要改变 B 的方向,可以分别用于纵波和横波的激发和检测。图(c)是用于激发和检测金属板中 Lame 波的电磁声换能器。电磁声换能器是非接触式换能器,但它的灵敏度随换能器与试样表面的距离增大而迅速减小,一般距离不宜超过 1 mm。

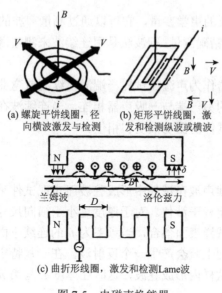

(a) 螺旋平饼线圈,径
向横波激发与检测

(b) 矩形平饼线圈,激
发和检测纵波或横波

(c) 曲折形线圈,激发和检测Lame波

图 7-5　电磁声换能器

7.2.1.5　激光超声

激光超声是利用激光来激发和检测试样中超声振动的技术。激光超声的激发主要有热弹激发和熔融激发两种机理。当激光脉冲的光功率密度小于试样的损伤阈值(对于金属,通常小于 100 MW/cm^2)时,试样吸收脉冲光能而加热,由于热弹效应而激发出超声振动。试样表面超声振动的激光检测技术有光偏转技术和光

干涉技术两类。光偏转技术又称为刀刃技术，它主要是由于超声振动引起试样表面变形，使入射试样表面的反射激光发生偏转。激光干涉技术主要有零差干涉仪、外差干涉仪和法布里-珀罗(Fabry-Perot)干涉仪三种。

激光超声技术的优点是非接触的，而且可进行远距离(>1.5~5 m)的超声激发和检测。所以，可在高腐蚀、高温高压以及辐射环境下进行材料特性检测。其次，激光脉冲在固体中可以一次同时激发纵波、横波和表面波，在板中激发 Lame 波等，而且可以通过简单的光学系统形成理想的点源、线源、面源以及实现光束扫描，因此，对于材料特性的精确测量是非常有利的。然而，激光超声系统比较复杂，成本较高。干涉仪检测对环境及试样表面的要求较高，因此它是实验室中无损表征材料物质特性的新技术。

7.2.2　材料声速的测量方法

7.2.2.1　行波法

声速是材料最重要的声学参量，它可以通过测量声波的传播距离 l 以及所需的渡越时间 t(声时)来精确测量。行波法是用连续波来测量薄片或纤维材料中声速的方法。

用一适当的换能器作为声源在试样一端激发纵波或弯曲波，为了避免在试件中形成驻波，在试样的另一端与一吸声器相连，当连续波在试样中行进时，用一个接收换能器来检测试件的振动幅度和相位。

7.2.2.2　谐振法

谐振法是利用连续声波在试件中形成驻波而实现试件某一方向上声波相速度测量的技术，又称为定程干涉仪。对于厚度远小于横向尺寸的材料，可把一自发自收的超声换能器与试样表面耦合，当频率为 f_0 的连续平面声波沿厚度方向传播时，在另一个自由表面上就会产生一个反射波，在一些特定的频率上，入射波与反射波相互干涉而在试样内形成驻波，这时在厚度 L 与第 n 次谐振的频率 f_n 时的波长之间满足

$$L = n\frac{\lambda_n}{2} = \frac{n}{2} \times \frac{c}{f_n} \tag{7-22}$$

连续改变频率 f_n 到出现第 $(n+N)$ 次谐振

$$c = \frac{2I}{N}\left(f_{n+N} - f_n\right) \tag{7-23}$$

7.2.2.3　脉冲回波法

脉冲回波法是脉冲法中测量声速最简单的方法。由于脉冲法有测量迅速、装置简单、容易实现连续自动测量、适用范围广而得到广泛应用。在示波器上得到 t_0 时刻的发射脉冲信号，以及在试样内多次反射的脉冲信号 $P_1, P_2 \cdots$，每个脉冲信号的传播距离为 $2L$。

由实测试样的长度 L，以及两相邻反射声脉冲到达的时间 t_1 和 t_2，就可以确定材料沿声传播方向的声速。

7.2.2.4　脉冲回鸣法

脉冲回鸣法测声速是由发射换能器产生的超声脉冲在试样中传播后被检测换能器所接收，检测换能器的输出再经放大、整形和鉴别后立即重新触发发射电路。这样的过程不断地循环进行，就可以得到一重复周期 T 的脉冲序列。该重复周期 T 等于声脉冲在材料中的传播时间和额外声延时之和

$$T = T_0 + \Delta\tau = \frac{L}{c} + \Delta\tau \qquad (7\text{-}24)$$

如果用频率计测量周期脉冲序列的频率 f，并考虑到温度对长度 L 的影响，这时实测的声速可表示为

$$c = fL\frac{1+\alpha\theta}{1-f\Delta\tau} \qquad (7\text{-}25)$$

7.2.2.5　脉冲重合法

脉冲重合法又称为脉冲回波重合法，是一种绝对测量材料声速的脉冲回波技术。单个自发自收的超声换能器发射一个窄带声脉冲后，在低衰减、长度为 L 的材料中会产生一系列时间间隔为 c 的回波。等回波衰减完后，再发射第二个窄带声脉冲。如果用一个连续波振荡器去控制超声脉冲的发射和示波器的 x 轴扫描，通过接收放大器将换能器接收到的多次反射回波显示在示波器上。

当连续波振荡周期 T 正好等于第 q 个回波与第 $(p+q)$ 个回波之间的时间间隔时，示波器上两个回波重合：

$$c = \frac{2pL}{T} \qquad (7\text{-}26)$$

7.2.2.6　脉冲回波叠加法

与脉冲回波重合法一样，脉冲回波叠加法也是使用单探头的脉冲回波法。所不同的是脉冲回波重合法是使用低的重复发射频率，把每一次发射中的两次回波取出，

进行正确重合。而脉冲回波叠加法使用高重复发射频率，在回波没衰减完前，接连发射声波，把不同的发射中的回波叠加起来，当正确叠加时，叠加信号幅度最大。

7.2.2.7 临界角法

如图 7-6 所示，把表面光滑且平行的板状固体试样浸在液体中，当超声波从液体中以 α 角入射到固体试样表面时，一部分反射，一部分透射入固体，形成透射纵波和透射横波，其折射角分别为 β 和 γ。

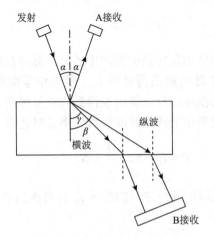

图 7-6 临界角法测量示意图

当 α 逐渐增大时，就会出现两个全反射临界角。第一个临界角 α_{lc} 相应于纵波全反射：

$$\sin \alpha_{lc} = \frac{c_f}{c_l} \qquad (7-27)$$

第二个临界角 α_{tc} 相应于横波全反射：

$$\sin \alpha_{tc} = \frac{c_f}{c_t} \qquad (7-28)$$

利用已知声速的液体，测量出这两个临界角和，就可以计算出固体的纵波和横波声速。

7.2.3 材料的声衰减及测试方法

严格的平面超声波在媒质中传播时，共振幅亦将随传播距离增大而减小，这种现象称为超声波的衰减。造成衰减的主要原因是由于媒质对超声的吸收。此外，媒质中的晶粒晶界、微区的不均匀等亦将使超声波在这些区域的界面上发生散射，引起衰减。这两种衰减分别称为吸收衰减和散射衰减，并遵循指数规律。

对于非平面声波，如球面波、柱面波或者尺寸有限的活塞声辐射源，由于声传播过程中，波阵面随距离增大而增大，结果声振幅也随传播距离增大而减小，这种衰减称为扩散衰减，它一般不遵循指数规律，在实际衰减测量中可以把它作为系统误差而进行修正。

定量描述材料声衰减的物理量是衰减系数 α。对于沿 x 方向传播的平面超声波，当媒质的声衰减系数为 α 时，声波的波矢为 $k=2\pi/\lambda-j\alpha$。其声波的声压振幅可表示为：$P(x)=P_0\exp(-\alpha x)$。这样，通过测量距离 x_1 和 x_2 上的声压振幅 $P(x_1)$ 和 $P(x_2)$ 就可以来确定材料的衰减系数

$$\alpha = \frac{\ln P(x_1) - \ln P(x_2)}{x_2 - x_1} \tag{7-29}$$

另一个描述衰减的物理量是对数衰减率 δ，它描述声波传播过一个波长后的声衰减大小，即 $\delta = \alpha\lambda$。另外，还有共振品质因数 Q 值，它是描述一个振动系统中能量的自然衰减的量，Q 值与 α 和 δ 之间有如下关系式：

$$Q = \pi/\delta = \pi/(\alpha\lambda) \tag{7-30}$$

7.2.3.1　吸收衰减

超声波在媒质中传播时，如果一部分声能不可逆地转换成其他形式的能量，对超声波而言，就有一部分声能被媒质吸收，结果使超声幅值随传播距离增加而减小，这种衰减称为吸收衰减，用吸收衰减系数 α_η 来描述。

声波的吸收机制是比较复杂的，它涉及媒质的黏滞性、热传导及各种弛豫过程。

（1）动力切变黏滞系数为 η 的媒质，由于切变黏性引起的吸收衰减系数 α_η 为

$$\alpha_\eta = \frac{2}{3}\frac{\omega^2}{\rho c^3}\eta \tag{7-31}$$

式中，ρ 为媒质密度；ω 和 c 分别是超声波频率和声速。

（2）当声波在传播过程中，由于绝热压缩而引起温度上升，必然有部分声能转换成热能向较低温度的相邻媒质传递，结果也使声能损耗。这部分由热传导引起的超声吸收衰减系数 α_k 为

$$\alpha_{k} = \frac{1}{2}\frac{\omega^2}{\rho c^3}(\gamma - 1)\frac{K_c}{c_p} \tag{7-32}$$

（3）当一个系统从一个平衡态过渡到另一个平衡态时，它状态能量改变的速率与两平衡态之间的能量差成正比，而过渡过程又是按指数规律逐步趋近，这样的一个过渡过程就称为弛豫过程。对于每一种弛豫过程，其声速 c 和吸收衰减系数 α_r 随频率的变化规律为

$$\alpha_{r} = \frac{\omega^2 \tau_t}{2c^3}\frac{c_\infty^2 - c_0^2}{1 + \omega^2 \tau_t^2} \tag{7-33}$$

声吸收衰减系数 α_a 一般可以表示为

$$\alpha_{a} = \alpha_\eta + \alpha_k + \alpha_r = \frac{\omega^2}{2\rho c^3}\left[\frac{4}{3}\eta + (\gamma - 1)\frac{K_c}{c_p} + \sum_{i=1}^{n}\frac{\eta_i'}{1 + \omega^2 \tau_{r_i}^2}\right] \tag{7-34}$$

7.2.3.2　散射衰减

散射衰减是由于材料本身声学不均匀性产生的。当声波入射到材料内声学特性有变化的界面上时，如材料内的晶粒、晶界、微区的缺陷、裂隙等，声波将在这些界面上发生散射，这部分被散射的声能最终通过吸收衰减而损耗，这类由于微区声学性质不均匀产生的散射声衰减称为散射衰减。

散射衰减是一个十分复杂的物理过程，它与散射体的尺寸大小、单位体积内散射体的数量以及这些散射体的声学性质和基底材料声学性质之间的关系等有关。

对材料散射衰减的测量，可以用来评估材料中的一些特殊不连续性(夹杂、气孔、裂纹和粗晶等)的统计特性，像散射体的平均尺寸及其散射体的平均密度等。

7.2.3.3　几何衰减

几何衰减并不是真正能量的损耗而引起的衰减，它是由于有限大尺寸的激发声源激发的声波振幅随波阵面的扩展而减小，而检测声波的接收器面积也是有限的，结果使检测到的声振幅随距离增大而减小，这种表观的声衰减称为几何衰减。

由于在衰减测量中，几何衰减也包含在实测结果中，所以，在材料衰减测量时，需对实测结果作必要修正。

7.2.3.4　声脉冲管法测量声衰减

声脉冲管法是在数十千赫以下频段测量材料纵波衰减的标准方法(GB 5266−

2006）。声脉冲管，又称为声阻抗管，简称声管。它是一厚壁不锈钢管，长为数米，内径 a 由使用的频率上限决定，以保证管内是平面波模式。

声脉冲管通常竖直放置，样品放在管的上端，样品背面可以用空气作背衬。也可用不锈钢块作为样品刚性背衬，换能器在声管下端，兼作发射和接收。用频率为 f 的窄带声脉冲进行测量。由于换能器发出的声脉冲传至样品表面将被反射回来而为换能器接收。

7.2.3.5　替代法测量声衰减

这是适用于几百千赫以上的材料衰减的测量方法。主要有水中脉冲透射插入替代法、直接接触法和转板法。

1）水中脉冲透射插入替代法

通过在水中的发射换能器 T_1 和接收换能器 T_2，中间插入厚度 l 的试样，通过测量有无试样或试样厚度变化而引起接收信号的幅度变化来测定材料的衰减系数。

该方法样品用量少，测量简便、迅速、精度较高，应用最为广泛。

2）直接接触法

直接接触法是不将样品放入参考媒质（水）中，而是通过耦合剂将发射和接收换能器直接耦合到样品的前后表面，根据透射和反射脉冲的传播时间和幅度，也可以同时测得样品的纵波速度和衰减。

但是由于耦合层本身的衰减以及对测量重复性的限制，精度不如水中脉冲透射插入替代法高，但它可以测量声阻抗率与水相差比较大的样品，如塑料、金属、无机非金属等固体，并可在 0℃以下，或 100℃以上温度范围内进行测量。

直接接触法使用的仪器和对样品尺寸的要求与水中脉冲透射插入替代法相同。测量时，耦合剂必须有适当稠度和铺展性，不使样品有任何物理和化学变化。耦合剂必须均匀，尽可能的薄，而且不存在气泡。同时，要进行多次耦合的重复测量，排除偶然误差。

3）转板法

转板法又称临界角法，适用于 100 kHz 以上测量横波衰减系数，它是水中脉冲透射插入替代法的延伸。

它的基本原理是：将纵波声速为 c_1、横波声速为 c_t、厚度为 d_1 的板状固体放在声速为 $c_\omega<c_1$ 的水媒质中，旋转使发射声波的入射角为纵波临界角 $\theta_{\omega c}$，这时试样内只有横波透过试样传播，该横波经折射进入水中并转换成纵波而被接收换能器接收，记录下它的脉冲幅值 $A_1(f)$。而后用厚度为 d_2 的相同材料的样品插入发射与接收换能器的声路中，在相同的临界入射角下，记录下透射声脉冲 $A_2(f)$。

这样，该材料在该测试条件下的横波衰减系数为

$$\alpha_t(f) = \frac{20}{d_2 - d_1}\left[1 - \left(\frac{c_t}{c_1}\right)^2\right]^{1/2} \lg\frac{A_1(f)}{A_2(f)} \tag{7-35}$$

7.2.3.6　谐振法测量声衰减

谐振法测量衰减是在频域上测量材料的共振品质因数 Q 值。用损耗因数 η 来描述衰减大小，η 定义为

$$\eta = \frac{1}{Q} = \frac{\Delta f}{f} \tag{7-36}$$

式中，f 为材料的谐振频率；Δf 为该谐振峰的−3 dB 带宽。

最常用的是自由梁的弯曲共振法，它对杨氏模量大于 3×10^9 Pa 的固体材料很适用。

试样的横截面应为矩形和圆形。测量中两悬线应处于试样的各阶共振模式的节点。

7.2.3.7　自由梁的弯曲共振法

对长度为 l 的试样，离两端点最近的节点距离为

$$l_n = \begin{cases} 0.224l & (n=1) \\ \dfrac{0.66l}{2n+1} & (n>1) \end{cases} \tag{7-37}$$

测量时，用适度而又恒定的激励信号激振试样，调制信号频率并同时观察示波器上接收波形，使试样达到共振状态。

记录下该共振模式对应的共振频率 f_n 及−3 dB 的带宽 $(\Delta f)_n$。损耗因数可由式(7-36)确定：

实际上，精确测量材料的声衰减是很困难的，根据声衰减的特性，测量中必须注意以下几点。

（1）实验测得的声衰减是吸收、散射和扩散衰减量的总和。因此，必须对不同距离上的测量值进行扩散衰减的修正。

（2）衰减测量对换能器与试样之间的耦合是十分灵敏的，有时由于耦合而引起的损耗甚至可能大于材料本身的衰减，所以，宜优先采用像激光超声等非接触式测量技术。

（3）由于衰减而引起传播中波的频散效应，使实际测量中很难确认和跟踪超声信号的某一特定部分作为传播距离的函数。因此，对于脉冲波，宜采用谱分析技术测量一个频率范围内的衰减测量。

（4）在整个衰减测量过程中，要求源本身的强度是不变的，即要求有一个真正可重复的声源。为此，需要采用如多接收的技术，对激发源强度进行归一化处理。

（5）由于衰减是频率的函数，因此精确的声衰减测量要求在很宽的频率范围内实现高保真测量。

7.3　矿物材料声学性能应用

7.3.1　吸声

当具有一定能量的声波入射到媒质分界面或者通过媒介时会发生声波的能量减少，这种现象称为吸声或者声吸收。根据媒介不同，声吸收可以分为空气吸收和材料吸收。当媒介为空气时，声波引起空气质点振动，质点之间产生摩擦作用，声能发生能量损耗逐渐转化为热能，声波因能量消耗随传播距离的增加而逐渐衰减，这种情况称为空气吸收。当媒介为材料表面时，部分声能进入材料内部发生能量损耗被吸收，这种情况可称为材料吸声。特定材料因其薄膜作用或共振作用，当声波入射到材料表面时，声能或多或少都有减少，但具有较大吸声能力、平均吸声系数超过 0.2 的材料才称之为吸声材料。

吸声材料可以分为多孔吸声材料、共振吸声材料和具有特殊吸声结构的材料三种。而多孔吸声材料因其取材广泛、比重小、高频吸声性能优良、吸声频带宽等优点，是应用最广泛的一种重要的吸声材料。并且多孔吸声材料的制备工艺简单，成本较低，易于机械加工，所以适合大规模产业化生产。而且随着一些新型的多孔吸声材料不断地研制成功，通过不断改进使其在低频吸声性能得到明显改善，从而得到更为广泛的应用。

7.3.1.1　多孔吸声材料

对于多孔材料，当声波入射到多孔材料表面时激发起微孔内的空气振动，空气与固体微孔间产生相对运动，由于空气的黏滞性，在微孔内产生相应的黏滞阻力，使振动空气的动能不断转化为热能，从而使声能衰减；在空气绝热压缩时，空气与孔壁间不断发生热交换，由于热传导的作用，也会使声能转化为热能。

7.3.1.2　颗粒吸声材料

对于颗粒状原料如珍珠岩、蛭石、矿渣等，可以组成有良好吸声性能的材料。由于颗粒之间形成的间隙，加上一定的厚度，使材料具有多孔材料的吸声性能。工程上较少采用松散的颗粒材料，通常是用粒料加黏结剂和部分填料制成吸声砌块或吸声板材，吸声砌块多用于通风管道，特别是大截面风道内作消声片材料。

颗粒吸声材料的主要产品有膨胀珍珠岩吸声板和陶土吸声砖。膨胀珍珠岩吸声板系由膨胀珍珠岩颗粒与黏结剂经搅拌成型、热处理、整边、表面处理而成的一种轻质装饰吸声板，具有防火、保温、隔热等优点。陶土吸声砖以碎砖瓦破碎筛选后与胶黏剂、气孔激发剂混合搅拌成型、高温煅烧而成，具有耐潮、阻燃耐腐蚀和强度高等特点。

7.3.1.3　泡沫类吸声材料

泡沫类吸声材料主要有泡沫塑料、泡沫吸声玻璃和泡沫吸声混凝土等类别。

首先是泡沫塑料制品。它的种类很多，均以所用树脂命名，主要产品有聚苯乙烯、聚氯乙烯、聚氨基甲酸酯泡沫塑料、脲醛泡沫塑料和酚醛泡沫塑料等。这些泡沫塑料主要是闭孔型，用于保温绝热及仪器包装，而用于吸声的仅是少数开孔型泡沫塑料制品，如脲醛泡沫塑料和软质聚氨酯泡沫塑料。泡沫塑料较为普遍的缺点是不防火、易燃烧并存在容易老化问题，根据一些建筑物使用情况，在不直接照射阳光的室内可用十年，若用于阳光直接照射或潮湿不通风处，则寿命大大缩短。聚氨酯泡沫塑料按其软硬程度可分为硬质和软质泡沫塑料。软质泡沫塑料系开孔型，可作为吸声材料。由于在工艺上对不同批生产的泡沫塑料的透气性控制不能做到完全一致，因此工程上使用的泡沫塑料吸声系数应专门测定。脲醛泡沫塑料又称氨基泡沫塑料，外观洁白，质轻如棉，体积密度小，吸声性能好且价格较低。但也有一定的缺点，如吸湿性强、机械强度较低。泡沫玻璃以前由于比重大、开口气孔少，较少用于吸声。但是近些年有了较快的发展，以工业废玻璃为主要原料，加入发泡剂等经干燥、烧结而成，其孔隙率可达 70% 以上。泡沫玻璃具有容重小、耐高温、化学稳定性好、不易老化、受潮甚至吸水后不变形、易于机械加工的优点。此外泡沫吸声材料施工方便、易于生产、不会产生纤维粉尘污染环境等优点，是一种良好的吸声材料。

7.3.2　降噪

矿物棉是由矿物原料制成的蓬松状短细纤维，具有不燃、不霉、不蛀等性能，可做成毡、毯、垫、绳、板等。矿物棉是声学工程中使用的主要吸声材料，适用于室内音质、吸声降噪、隔声罩、声屏障、消声器、消声室、轻薄板墙的隔声、固体隔声以及隔振等。以冶金矿渣或粉煤灰为主要原料者称矿渣棉；以玄武岩等岩石为主要原料者称"岩棉"。将原料破碎成一定粒度后加助剂等进行配料，再入炉熔化、成棉、装包。成棉工艺有喷吹法、离心法及离心喷吹法三种。矿物棉与黏合剂再经成型、干燥、固化等工序后可制成各种矿物棉制品。

第8章 矿物材料的力学性能

矿物材料是近年来发展起来的不同于传统合成材料，以天然产出矿物为主要组成的新型材料。包括碳质矿物材料、黏土矿物材料、钙质矿物材料、镁质矿物材料、硅质矿物材料、云母质矿物材料等，具有强度高、耐腐蚀等优点，又具有相对于传统陶瓷高强度、高韧性的特点，是一种理想的绿色结构材料。

8.1 矿物材料力学性能概述

矿物材料的化学键大都为离子键和共价键，结合牢固，同一般的金属相比，其晶体结构复杂而表面能小，因此，它的强度、硬度、弹性模量、耐磨性及耐热性比金属优越，但塑性、韧性、可加工性及使用可靠性却不如金属。因此，掌握矿物材料性能特点及其影响因素，不论是对矿物材料研究开发，还是使用设计都是十分重要的。在矿物材料的诸多性能中，力学性能是它的基本性能之一。材料的力学性能是指材料在使用过程中，受到外界不同作用力，如压缩力、拉伸力、弯曲力、剪切力、摩擦力和撞击力的作用，使材料形状和体积发生变化，直至断裂破坏所表现出的宏观性能，主要包括弹性性能、塑性性能、脆性断裂与强度、硬度与耐磨性能等。材料力学性能的优劣决定了材料的应用领域。自然界矿物材料种类丰富，应用领域广泛，其力学性能除具有一般材料力学性能外，还有超硬、润滑、增摩、密封等功能效应相关的力学性能。本章主要阐述了矿物材料的弹性、硬度、强度、断裂韧性以及磨损性能，及其各种性能之间的关系与测试技术和方法。

8.1.1 矿物材料弹性与弹性模量

弹性是指矿物材料在外力作用下发生形变，当外力卸除后，能够自行恢复原状的性质。矿物材料具有弹性是由于受外力作用时，晶格位置上的层或链间弱化学键被拉长产生拉伸变形，去除外力后，凭借化学键本身的回缩力，形变复原，即表现出矿物材料的弹性。如离子键构成矿物材料，其离子键强度能保证在一定范围内变形，撤除外力后恢复原状，表明此种矿物具有弹性。

8.1.1.1　弹性模量

矿物材料多为脆性材料,室温下承载时不出现塑性变形,即弹性变形结束,立即发生脆性断裂,弹性变形量较小。与其他固体材料一样,矿物材料的弹性变形可用胡克定律进行描述,在弹性变形范围内,应力与应变之间具有线性关系,即拉伸变形时,应力 σ 与应变 ε 的关系为

$$\sigma = E\varepsilon \tag{8-1}$$

式中,E 为弹性模量或称为杨氏模量。

剪切变形时,其剪切应力 τ 与剪切应变 γ 之间的关系为

$$\tau = G\gamma \tag{8-2}$$

式中,G 为剪切模量。

受静压力压缩时,其压缩应力 σ 与体积应变 ε_V 之间的关系为

$$\sigma = K\varepsilon_V \tag{8-3}$$

式中,K 为体积弹性模量。

弹性模量、剪切模量和体积弹性模量之间有如下关系:

$$E = 2G(1 + \mu) \tag{8-4}$$

$$E = 3K(1 - 2\mu) \tag{8-5}$$

式中,μ 为泊松比,反应受力后横向正应力与受力方向上正应力之比。

拉伸应力作用于矿物材料,从原子能级角度考虑弹性模量,当负荷增加时,原子间距加大,化学键越强,则使原子间隙变大所需的应力越大,弹性模量的数值就越高。通常具有强共价键的硅酸盐矿物材料,弹性模量值大。具有离子键的矿物材料,弹性模量值小。具有金属键的矿物材料,弹性模量值居中;分子键结合力最弱,具有分子键的矿物材料的弹性模量值最小。一些矿物材料的弹性模量值见表 8-1[1-3]。

表 8-1　室温下矿物材料弹性模量

矿物材料	平均弹性模量 E/GPa	矿物材料	平均弹性模量 E/GPa	矿物材料	平均弹性模量 E/GPa
金刚石	~965.0	黄铁矿	286.8	钠长石	57
碳化钨	534.4	磁铁矿	230.3	白云母	56.8
碳化硅	~470.0	玻璃	139	黑云母	33.8
氧化铝	~415.0	方解石	68.8	块状石墨	6.9
尖晶石	304	方解石	68.8	橡胶	0.02~0.8

8.1.1.2 弹性模量的影响因素

材料弹性模量是构成材料离子或分子之间强度的主要标志，是原子间结合力的反映和度量。故只要能影响材料化学键强度的因素皆能影响材料的弹性模量，主要包括材料化学组成、结合键类型、原子结构、晶体结构、微观组织、温度、测试条件等。

1）化学键方式与原子结构的影响

材料的原子间结合力越高，弹性模量越大，断裂韧性越大，抗热震性越高。共价键结合的矿物材料，弹性模量最高，例如金刚石的弹性模量接近 1000 GPa。分子间力结合的矿物材料，弹性模量较小，例如石墨的弹性模量为 9 GPa。金属键为较强的化学键，易塑性变形，不同金属原子结合力不同，其弹性模量会有较大的差别。例如，铁的弹性模量为 210 GPa，铝的弹性模量为 72 GPa，钨的弹性模量为 410 GPa。

2）温度对弹性模量的影响

由于原子间距及结合力会随温度的变化而变化，所以弹性模量对温度变化很敏感。当温度升高时，原子间距增大，由 r_0 变为 r_t（见图 8-1），而 r_t 处曲线的斜率变缓，即弹性模量变小。因此，矿物材料的弹性模量一般随温度的升高而降低。由离子键和共价键结合的矿物材料，表现出高的熔点、大的弹性模量。

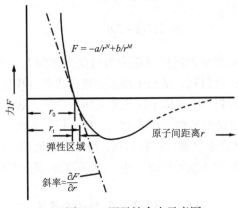

图 8-1 原子结合力示意图

3）孔隙率对弹性模量的影响

矿物材料的弹性模量，不仅与化学结合键有关，而且还与组成矿物材料的矿物相的种类、体积分数及孔隙率有关。孔隙率对弹性模量 E 的影响可用下列公式表示：

$$E = \frac{E_0(1-\rho)}{1+1.25\rho} \tag{8-6}$$

式中，E_0 为无孔隙矿物材料的弹性模量；ρ 为孔隙率。

随着材料的孔隙率增加，材料的弹性模量降低。不同孔隙率对弹性模量的影响见图 8-2。

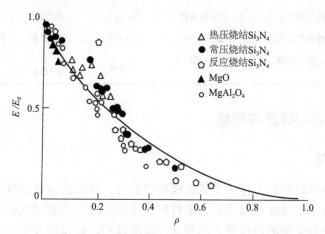

图 8-2　材料弹性模量与孔隙率的关系[1]

8.1.2　矿物材料脆性与塑性

矿物材料受外力作用时易发生碎裂的性质称作脆性。矿物材料在外力作用下发生变形，当外力解除后，不能完全恢复原来形状的性质称为塑性变形。矿物受拉伸成丝或碾压成片的性质，称为延性和展性。矿物材料的延性和展性几乎总是并存的，故合称为延展性。

矿物材料显示脆性还是延展性，主要取决于组成矿物材料晶格中的化学键性质与强度（见表 8-2）。通常离子键和共价键组成矿物材料，受外力作用强度超过其离子键和共价键的强度时，化学键断裂，显示脆性。自然界绝大多数非金属矿物材料都具有脆性，如金刚石、自然硫、石英、石榴子石、方解石、萤石、石盐等显示出较强的脆性。金属键组成的矿物材料受外力作用发生晶格滑移形变，由自由电子形成的金属键，通过及时替换的键合离子消耗晶格应力不发生断裂，外形上变薄或伸长，显示出延展性。如自然金、自然银和自然铜等均具强延展性；某些硫化物矿物，如辉铜矿、辉钼矿等也表现出一定的延展性。显然，矿物具有脆性还是延展性，主要取决于其晶格中的化学键性质与强度。

矿物材料进行肉眼鉴定时，常用小刀刻划的方法判别其脆性和延展性。小刀刻划矿物新鲜面时若易打滑或出现粉末，则矿物具有较强的脆性；若矿物表面留下光亮的沟痕且没有或很少出现粉末，则矿物显示出较强的延展性。

表 8-2　矿物材料化学键类型与力学性质

化学键类型	键的特征	键能/(kJ/mol)	力学性质	矿物材料
共价键	共用电子对成键，既有方向性，又有饱和性	375(真空)	强度高、脆性	金刚石、石英
离子键	静电作用成键，无方向性和饱和性	333(真空)	脆性高	石盐
金属键	静电作用成键，无方向性和饱和性	>100	延展性好	自然金、银，自然铜
键性较强的金属键	混合作用成键，部分有方向性和饱和性	>100	有一定的延展性	石墨、辉铜矿、辉钼矿

8.1.3　矿物材料强度与硬度

8.1.3.1　强度

强度是指材料在外力作用下抵抗破坏的能力。强度指标包括弹性极限、屈服极限和强度极限。弹性极限用来表示材料发生纯弹性变形的最大限度。当金属材料单位横截面积受到的拉伸外力达到这一限度以后，材料将发生弹塑性变形。对应于这一限度的应力值。屈服极限用来表示材料抵抗微小塑性变形的能力，可分为物理屈服极限和条件屈服极限。强度极限是材料抵抗外力破坏作用的最大能力。也就是说，当材料横截面上受到的拉应力达到材料的强度极限时，材料就会被拉断。矿物材料强度主要用断裂强度极限和弯曲强度极限评价。

1. 理论强度

理论强度定义：使原子键断裂和结构拉开所需的拉伸应力。用以下公式表示：

$$\sigma_c = \left(\frac{E\gamma_s}{a_0} \right)^{1/2} \tag{8-7}$$

式中，σ_c 为理论强度；E 为弹性模量；a_0 为原子间距；γ_s 为断裂表面能。

硅酸盐矿物材料理论强度值范围，一般为弹性模量的 1/10～1/5。

表 8-3 列出了氧化铝和碳化硅的理论强度与用不同方法制备的试样的拉伸强度的分析数据，表明多晶 SiC 和 Al_2O_3 的断裂强度只有理论强度的 1/100。

表 8-3　理论强度与实际强度的对比[1]

材料	E/GPa	估算理论强度/GPa	测试纤维强度/GPa	多晶试样测试强度/GPa
Al_2O_3	380	38	16	0.4
SiC	440	44	21	0.7

2. 矿物材料的断裂强度

实际矿物材料微观结构中存在缺陷，若缺陷是裂纹，其真实断裂强度可以采用格里菲斯(Griffith)公式进行估算：

$$\sigma_c = \left(\frac{2\gamma_s E}{\pi a} \right)^{1/2} \tag{8-8}$$

式中，σ_c 为理论强度；E 为弹性模量；a 为裂纹尺寸；γ_s 为断裂表面能。

若缺陷是微孔洞，则其真实断裂强度可按式(8-9)估算：

$$\sigma_c = \frac{\sigma_0 \left(1 - \rho\right)^{3/2}}{1 + 2.5\rho} \tag{8-9}$$

式中，σ_c 为无微孔洞材料的断裂强度；ρ 为孔隙率。

由于矿物材料具有硬而脆的特性，实际研究中，多采用弯曲强度进行评价。弯曲强度测试方法简单易行，可以实现不同材料强度之间的比较，也可以通过测试数据处理预测实际产品构件的强度。通常矿物材料表面粗糙，内部孔洞发育，测试获得的强度数据分散性大。

3. 影响矿物材料强度的因素

强度影响因素包括材料的化学成分、微观结构、加工工艺、热处理制度、应力状态、载荷性质、加载速率、温度和介质等。对于同一种材料，采用不同的热处理制度，则强度越高的断裂韧性越低。

1）不同化学成分对矿物材料强度的影响

自然界的云母由于化学成分的不同而种类较多，其中白云母和金云母，由于具有较高的高温电绝缘性以及很好的力学性能，在无线电、航空、微电子等现代工业领域有着广泛的应用。不同化学成分云母强度见表 8-4[4]。

表 8-4　不同化学成分云母机械强度与硬度

云母种类	机械强度/Pa			摩氏硬度
	抗拉强度	抗压强度	抗剪强度	
白云母	167～353	813～1225	210～296	2.5～3
金云母	157～206	294～588	82.7～135	2.78～2.85

2）微观结构对强度的影响

通常矿物材料是由岩浆作用、变质作用、沉积作用形成的，多由多晶多相结构组成，在晶界上大都存在着气孔、裂纹和玻璃相等，而且微晶内也存在有气孔、孪晶界、层错、位错等缺陷。矿物材料的强度除决定于化学成分外，上述微观组织因素对强度也有显著的影响，其中气孔率与晶粒尺寸是两个最重要的影响因素。

气孔是绝大多数矿物材料的主要组织缺陷之一，其明显地降低了载荷作用横截面积，同时也是引起应力集中的区域。试验发现多孔矿物材料的强度随气孔率的增加，近似呈指数规律下降。有关气孔率与强度的关系式有多种形式，其中最常用的有 Ryskewitsch 提出的经验公式，材料的强度 σ 为

$$\sigma=\sigma_0\exp(-\alpha\rho) \tag{8-10}$$

式中，ρ 为气孔率；σ_0 为气孔率为零时的强度；α 为常数，其值在 4～7 之间，许多试验数据与此式接近。

根据此关系式可推断，当 $\rho=10\%$ 时，矿物材料的强度会下降到无气孔时的一半。当材料成分相同时，气孔率的不同也将引起材料强度的显著差异。由图 8-3 中 Al_2O_3 陶瓷弯曲强度与气孔率之间的关系可以看出，试验值与理论值基本吻合。因此，为了获得高强度材料，可以选择或制备无气孔材料。

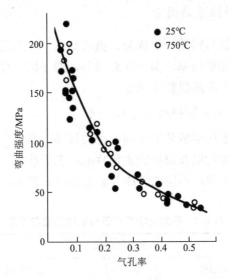

图 8-3　Al_2O_3 的强度与气孔率的关系[1]

矿物材料强度与晶粒尺寸的关系如图 8-4 所示，与金属有类似的规律，也符合 Hall-Petch 关系式：

$$\sigma_f = \sigma_0 + k d^{-1/2} \qquad (8\text{-}11)$$

式中，σ_0 为无限大单晶的强度；k 为系数；d 为晶粒直径。

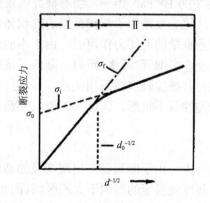

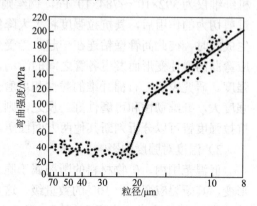

图 8-4　断裂应力与晶粒尺寸对强度的关系[1]　　　图 8-5　TiO_2 晶粒尺寸与弯曲强度关系[1]

由多晶 TiO_2 强度与晶粒尺寸的关系(图 8-5)可以看出，TiO_2 晶粒尺寸在 70～20 μm 范围，弯曲强度变化不大；当 TiO_2 晶粒尺寸减小到 20 μm，弯曲强度显著提高。对于结构矿物材料来说，获得细晶粒组织，对提高室温强度是有利的。

矿物材料形成于开放体系的自然界，形成过程中可能有助烧剂加入，会形成一定量的低熔点晶界相而促进致密化。晶界相的成分、性质及数量(厚度)对强度有显著影响。晶界相可以阻止裂纹过界扩展和松弛裂纹尖端应力场。晶界玻璃相的存在对强度是不利的，可以通过热处理使其结晶化。对单相多晶矿物材料而言，若晶粒形状为均匀等轴晶粒，承载力时变形均匀不易引起应力集中，使强度得到充分体现。

石棉矿物材料是由许多极细纤维平行排列组成。原生的未经折损的石棉纤维的抗拉强度，主要与化学组成、结晶程度等有关。例如，当石棉成分中 MgO 含量过高，使蛇纹石石棉向水镁石石棉过渡，其韧性降低使纤维石棉变脆。石棉成分中 H_2O 含量降低，亦会影响纤维的柔韧性。根据石棉的抗拉强度，可将石棉纤维分为三级，见表 8-5。

表 8-5　石棉纤维的抗拉强度[4]

类型划分	抗拉强度/Pa		
	未经折损的纤维	经折曲(90°)一次的纤维	经折曲扭转(180°)五次的纤维
正常(普通)纤维	≥294×10⁷	147×10⁷～294×10⁷	98×10⁷～147×10⁷
半易碎(低强度)纤维	≥167×10⁷	78.4×10⁷～147×10⁷	58.8×10⁷～98×10⁷
易损纤维	< 68.6×10⁷	29.4×10⁷～78.4×10⁷	0×10⁷～29.4×10⁷

　　从力学上分析，石棉有比同等断面大小的有机纤维甚至钢丝还要大的抗拉强度，断面面积为 1 mm^2 的石棉纤维的抗拉强度大于 294×10^7 Pa，而相同断面的有机纤维仅为 392×10^6～784×10^6 Pa，钢丝则为 209×10^7 Pa。但是，当石棉纤维束经过剪切力的作用后，其抗拉强度将大大降低。这主要是由于石棉纤维的管状体在生成之时，彼此间管壁粘连在一起，当受到垂直壁的剪切力作用时，由于不能适应弯曲的弹性变形而发生各管之间的滑动，使许多细管（纤维）断裂，降低了抗拉强度。研究表明，石棉纤维的脆性和可磨性与其抗拉强度成正相关性，石棉纤维强度大，纤维韧性和可磨性好。反之，则为脆性且不抗磨。因此，一般只要测定抗拉强度皆可以分析判断其他两方面性质。

　　3）温度对强度的影响

　　低温范围内，矿物材料的断裂属于脆性行为。由于断裂前不出现明显的塑性形变，其断裂应变处于 10^{-3} 的数量级，这是强度受温度的影响不大的区域（图 8-6 的 A 区）。当温度进一步提高（图 8-6 的 B 区）时，矿物材料在断裂前已略有塑性形变，除了个别 MgO、UO$_2$ 单相陶瓷，断裂应变处于 10^{-3}～10^{-2}，此时材料的强度随温度的提高而下降。到了图 8-6 所示的高温 C 区，断裂前已出现了客观的塑性形变，断裂应变为 10^{-1} 数量级，材料的断裂行为属于半塑性。三个区域的边界温度 T_{AB} 和 T_{BC} 随材料的不同而异。例如，单晶 MgO 的 $T_{AB} \approx 0℃$，而 SiC 的 $T_{AB} >$ 2000℃。材料的脆-塑性温度变化取决于多种因素。通常离子键矿物材料的耐热性比共价键矿物材料低，其脆-塑性转化温度亦较低。

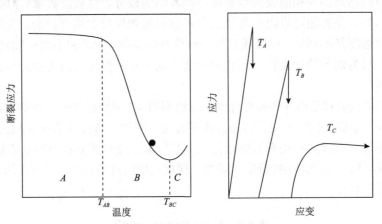

图 8-6　不同温度范围内矿物材料的应力-应变关系[1]

　　4）加载速率对矿物材料强度的影响

　　加载速率对矿物材料弯曲强度的影响见图 8-7。由此可知，当加载速率较低时，加载速率对矿物材料弯曲强度的影响不大；当加载速率高于某一数值时，矿物材料弯曲强度随加载速率的升高而急剧下降。这与加载速率对金属拉伸强度的影响刚好

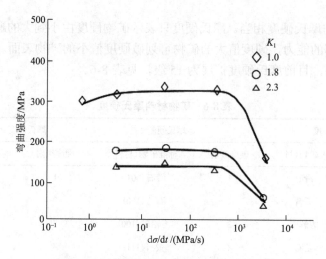

图 8-7　加载速率对矿物材料强度的影响[1]

相反。这是研究和应用矿物材料时，应予以考虑的另一个重要特点。

8.1.3.2　硬度

硬度是材料抵抗局部压力而产生变形的能力，是衡量材料软硬程度的一个力学性能指标。矿物材料属脆性材料，硬度测试时，在压头压入测试区域会发生包括压缩剪断等复合破坏的伪塑性变形。因此，矿物材料的硬度很难与其强度直接对应起来。但硬度高、耐磨性好是矿物材料的主要优良特性之一，硬度与耐磨性有着密切关系。在矿物材料的力学性能评价中，硬度测定是使用最普遍、测试方法容易的评价方法之一，因而占有重要的地位。目前用于表征矿物材料硬度的方法主要有刻划法、压入法、弹跳法、研磨法等[5]。

1. 刻划法

刻划法硬度测试是用已知矿物刻划未知矿物以确定其硬度相对大小的方法。1822 年，奥地利矿物学家 Friedrich Mohs 根据矿物与标准硬度矿物间的相互刻划对比，提出了 10 个标准硬度矿物：滑石、石膏、方解石、萤石、磷灰石、正长石、石英、黄玉、刚玉、金刚石，用以对比矿物的硬度，称为摩氏硬度计。利用这 10 个标准矿物将矿物的硬度为 10 个等级。但是各等级间的间隔是不均等的，除硬度 9～10 的间隔特别大以外，其他只是粗略地相等。1963 年，波瓦连内赫(A. C. Поваренных)提出新摩氏硬度计(new Mohs'scale)，以一定方位上的硬度为准：①滑石(001)；②石盐(100)；③方铅矿(100)；④萤石(111)；⑤白钨矿(111)；⑥磁铁矿(111)；⑦石英(1011)；⑧黄玉(001)；⑨刚玉(1120)；⑩TiC；⑪硼；⑫B_4C；⑬$B_{6.5}C$；⑭黑金刚石(111)；⑮金刚石(111)。将矿物的硬度分为 15 个等级，1～9约与摩氏硬度相当。摩氏硬度只表示矿物硬度由小到大的顺序，或反映材料抵抗破坏的能力，硬度值大的矿物可划破硬度值小的矿物表面。随着合成矿物材料的发展，目前摩氏硬度扩展为15级，见表8-6。

表8-6　矿物材料摩氏硬度

摩氏硬度		新摩氏硬度		摩氏硬度+合成材料	
硬度级别	标准矿物(材料)	硬度级别	标准矿物(材料)	硬度级别	标准矿物(材料)
1	滑石	1	滑石(001)	1	滑石
2	石膏	2	石盐(100)	2	石膏
3	方解石	3	方铅矿(100)	3	方解石
4	萤石	4	萤石(111)	4	萤石
5	磷灰石	5	白钨矿(100)	5	磷灰石
6	正长石	6	磁铁矿(111)	6	正长石
7	石英	7	石英(1011)	7	石英玻璃
8	黄玉	8	黄玉(001)	8	石英
9	刚玉	9	刚玉(1120)	9	黄玉
10	金刚石	10	钛化碳	10	石榴石
		11	硼	11	熔融氧化锆
		12	碳化硼(B_4C)	12	刚玉
		13	碳化硼($B_{6.5}C$)	13	碳化硅
		14	黑金刚石(111)	14	碳化硼
		15	金刚石(111)	15	金刚石

在矿物硬度测定时，首先对未知矿物的硬度值作初步估计，再选取硬度相近的标准矿物在被测定矿物新鲜单晶表面逐一刻划以获得其硬度值范围。当硬度计携带不便时，可利用人手指甲、小钢刀等粗略估计矿物硬度。人手指甲的硬度约为2.5，铜针约为3，小钢刀约为5.5，普通陶瓷约为6，玻璃约为7。

矿物的硬度也能反映其对称性和异向性，蓝晶石{100}各晶面上沿c轴和b轴方向的摩氏硬度分别为4.5和6，{010}和{001}各晶面上的硬度也随方向而异，亦称二硬石，便是其异向性的表现。

刻划法是定量表征矿物材料硬度的方法，亦称为划痕硬度测试法，是指用圆锥体金刚石尖头在一重量($F_N=10\ N$)的作用下，在被测矿物材料上作切向运动。在给定的负荷下，材料越硬，划痕越窄，划痕硬度值常用划痕宽度(b)的倒数表示：

$$H=1/b \tag{8-12}$$

2. 压入法

压入法是指在静压力作用下将一标准压头压入被测材料表面，使材料产生局部的塑性变形并产生压痕，根据压痕的大小或深度来确定硬度值。一般压痕大或深度大则材料较软，压痕小或深度小则材料较硬。压入法的硬度测试常用的方法有维氏硬度[图 8-8(a)]、努普硬度法[图 8-8(b)]、布氏硬度[图 8-8(c)]和洛氏硬度[图 8-8(d)]。

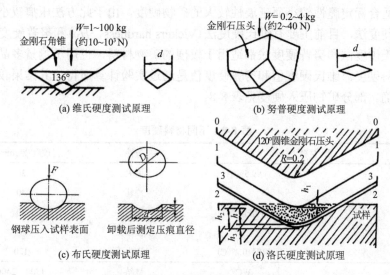

图 8-8　压入法硬度测试原理示意图

静载压入硬度测试的压头类型和几何尺寸、硬度值的计算方法、使用范围等方面有一定区别，具体见表 8-7。

表 8-7　压入法硬度计算公式表

硬度实验	压头	硬度计算公式	备注
维氏(显微)硬度	金刚石棱锥	$H_V = 1.854(W/d^2)$ （W 为载荷，d 为压痕直径）	维氏硬度与显微硬度所用载荷不同
努普硬度	金刚石长棱锥	$H_K = W/0.0703d^2$ （W 为载荷，d 为压痕直径）	
布氏硬度	10 mm 钢球或碳化钨球	$$HB = \dfrac{2W}{\pi D\left[D - \sqrt{D^2 + d^2}\right]}$$ （W 为负荷，D 为钢球直径，d 为材料压痕直径）	

续表

硬度实验	压头	硬度计算公式	备注
洛氏硬度	金刚石圆锥直径 1/16，1/8，1/4，1/2（HRA 或 HRC） 钢球（HRB）	HR=(K–h)/0.002 （K 为常数，h 为压痕深度）	应用范围： HRA 70-85 HRB 25-100 HRC 20-67

　　矿物材料的压入法硬度测试主要是用金刚石角锥（多用四方锥）作压入头，在矿物磨光面压入一定深度，根据施加压力与压痕面积之比确定矿物硬度值的方法。此方法适合标定脆性较小而延展性较大的矿物硬度。由于此方法压痕较小，常称作显微硬度法，目前主要有维氏硬度法（Vickers hardness，H_V）和努普硬度法。

　　维氏硬度法和努普硬度法都适用于较硬的矿物材料，也用于测量多晶多相的矿物材料硬度。维氏硬度值和努普硬度值是通过实验计算所得，其结果较刻划法更为精确。部分矿物压入硬度见表 8-8。

表 8-8　不同材料硬度

材料		条件	硬度（kg/mm²）
金属	99.5%铝	退火	20
		冷轧	40
	铝合金	退火	60
		沉淀硬化	170
	软钢（0.2%C）	正火	120
陶瓷	WC	烧结	1500～2400
	金属陶瓷	20℃	1500
		750℃	1000
	Al₂O₃		−1500
	B₄C		2500～3700
	BN（立方）		7500
	金刚石		6000～10000
玻璃	硅石		700～750
	钠钙玻璃		540～580
	光学玻璃		550～600
高分子聚合物	聚丙乙烯		17
	有机玻璃		16

3. 弹跳法

　　弹跳硬度法，亦称肖氏硬度法，其测试原理是将一定质量的具有金刚石圆头或钢球的标准冲头从一定高度 h_0 自由下落到试样表面,由于试样的弹性变形使其回跳到某一高度 h,用冲头下落高度与冲头回跳高度的比值定义肖氏硬度(H_S)的大小,即

$$H_S = K(h/h_0) \tag{8-13}$$

式中,K 为常数($K=140$);h_0 为冲头下落高度;h 为冲头回跳高度。

肖氏硬度反映了材料弹性变形功的大小,可以表征矿物材料的弹性变形特征。

4. 研磨硬度测试法

研磨硬度测试法是利用一旋转的圆盘或滚筒作为压入体,在其表面铺上一层浮动的或固定的磨料。试验时,或者试样对转动的压入体作切向运动,或者由转动的压入体向表面压入。

5. 硬度与其他性能之间的关系

对于结构矿物材料,常温下维氏硬度 H_V 与弹性模量 E 之间的关系如图 8-9 所示,基本呈线性关系,其定量关系式为 $E \approx 20H_V$。随着温度的升高,硬度下降比弹性模量下降明显,所以 E/H_V 值随温度的升高而增加。硬度在某种意义上表征的是矿物材料的变形抗力,断裂韧性表征的是裂纹扩展阻力,因此二者比值在一定程度上可以表示材料的脆性断裂程度。

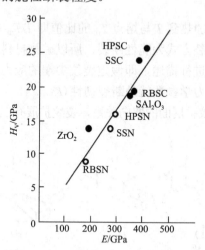

图 8-9 陶瓷的维氏硬度与弹性模量的关系[1]

HPSC—热压烧结 SiC;SSC—常压烧结 SiC;RBSC—反应烧结 SiC;SAl$_2$O$_3$—常压烧结 Al$_2$O$_3$;HPSN—热压烧结 Si$_3$N$_4$;SSN—常压烧结 Si$_3$N$_4$;RBSN—反应烧结 Si$_3$N$_4$

6. 硬度的影响因素

矿物材料的硬度与材料的化学和矿物相组成、显微结构等因素有关。一般组

成矿物材料的离子半径越小，离子电价越高，配位数越小，结合能就越大，抵抗外力摩擦、刻划和压入的能力也就越强，所以硬度就越大。非晶态矿物材料的硬度，随玻璃网络结构外体离子半径的减少和原子价的增加而增加。晶态矿物材料的硬度与化学键强弱有关。多相矿物材料的硬度除与主晶相有关外，还受晶粒尺寸、晶界相气孔及其分布、裂纹和杂质等因素的影响。矿物材料中有裂纹和杂质的存在，会降低硬度。矿物材料使用过程中，温度的变化会影响硬度，通常随着温度升高，硬度趋于下降。硬度测试压力、温度、压入速度和试验时间对硬度测试影响较大。因此，在材料研究中，硬度数据的使用频率非常高，硬度测试的目的，并不一定是用来表征所研究材料的使用性能，而是通过硬度试验探究分析材料微观结构的相关信息。

8.1.4　矿物材料断裂韧性与挠性

断裂韧性和挠性是层状或链状结构硅酸盐矿物材料容易表现出来的力学性质，取决于组成矿物材料的晶体结构特征，即组成矿物材料的晶格内结构层间或链间化学键的强弱。

8.1.4.1　断裂韧性

矿物材料从室温至加热到 T 与熔点 T_m 的比值即 $T/T_m \leqslant 0.5$ 的温度范围很难产生塑性变形，因此其断裂方式为脆性断裂，所以矿物材料的裂纹敏感性很强，适合于用线弹性断裂力学进行描述，即假定裂纹尖端的应力服从胡克定律。用来评价矿物材料韧性的断裂力学参数就是断裂韧性(K_{Ic})。

根据外加应力与裂纹扩展面的取向关系，裂纹扩展有三种基本形式，如图 8-10 所示。

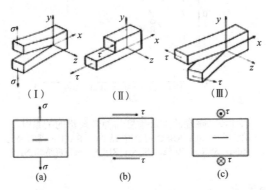

图 8-10　裂纹扩展的基本类型
(a)张开型(Ⅰ型)；(b)滑开型(Ⅱ型)；(c)撕开型(Ⅲ型)

Ⅰ型是矿物材料最常遇到的情况。Ⅰ型裂纹应力场强度因子的一般表达式为

$$K_{\mathrm{I}} = Y\sigma\sqrt{a} \tag{8-14}$$

式中，K_{I} 为应力场强度因子；Y 为裂纹形状系数，无量纲系数，一般 $Y=1\sim2$；σ 为应力；a 为裂纹尺寸。

对于某一裂纹而言，如果应力强度因子确定，则裂纹尖端附近的应力、应变及位移等都随之而定，即用强度应力因子可以描述裂纹尖端附近的力学环境。

临界应力强度因子就是裂纹将会扩展并导致断裂的最小应力强度因子，也称断裂韧性，是材料的一种基本力学性能。断裂韧性越高，引起裂纹和裂纹扩展越困难。矿物材料的断裂韧性 K_{Ic} 与比表面能 γ_{s} 及弹性模量 E 之间关系为

$$K_{\mathrm{Ic}} = \left(2E\gamma_{\mathrm{s}}\right)^{1/2} \tag{8-15}$$

同样对于Ⅱ型及Ⅲ型裂纹，可以定义相应的断裂韧性为 K_{IIc} 和 K_{IIIc}。金属材料断裂要吸收大量的塑性变形能，而塑性变形能要比表面能大几个数量级，所以矿物材料的断裂韧性比金属材料的要低 $1\sim2$ 个数量级，最高达到 $12\sim15\ \mathrm{MPa\cdot m}^{1/2}$，低者仅有 $2\sim3\ \mathrm{MPa\cdot m}^{1/2}$。

8.1.4.2　挠性

挠性是指矿物材料在撤除使其发生弯曲形变的外力后，不能恢复原状的性质。某些层状结构矿物，如滑石、绿泥石、蛭石、石墨、辉钼矿、水镁石、绿泥石等具有挠性。这些矿物受外力作用时，若外力导致的晶格应力将化学键拉长至断裂临界值时，化学键通过替换或调整结合键离子(化学键位移)释放应力，新形成的化学键由于没有拉伸变形不存在回缩力，外力去除后不能凭借化学键本身的回缩力使形变复原，矿物便表现出挠性。例如，由分子键组成的层或链状矿物材料，由于化学键较弱，变形后无法恢复，使此类矿物材料表现为挠性。

将层状硅酸盐矿物弯曲到一定程度而不产生裂缝、起层、断裂等损伤的现象称为柔韧性。如层状结构的云母及链状结构的角闪石石棉具有明显的弹性或柔韧性。云母的柔韧性以一定厚度的云母片所能绕缠在小直径轴上不发生损伤来表示，见表 8-9。

表 8-9　云母片厚度与柔韧性[4]

云母片厚度/μm	可绕轴直径/mm
8～9	3
16～18	6
22	8.5～12

8.1.5　矿物材料其他力学性能

磨损会造成零件的表面形状和尺寸缓慢而连续损坏，使得机器的工作性能与可靠性逐渐降低，甚至可能导致零件的突然破坏。了解材料的磨损性能，对零件的结构设计、加工制造、表面强化处理、润滑剂的选用、操作与维修等方面具有重要意义[6]。

8.1.5.1　摩擦与磨损

材料在使用过程中与其他固体材料或工作面接触状态下，若存在相对运动则都会产生摩擦。摩擦造成接触材料表面的损耗，使材料表面尺寸不断发生变化，表面材料逐渐损失并造成表面损伤的现象称为磨损。摩擦是磨损的原因，磨损是摩擦的结果。

材料正常运行的磨损过程可分为三个阶段：

（1）跑合阶段，又称磨合阶段。在整个磨损过程中占比很小，其特征是磨损速率随时间的增加而逐渐降低。新材料开始使用时，材料接触表面会具有一定的粗糙度，真实接触面积较小，磨损速率很大。随着表面逐渐被磨平，真实接触面积增大，磨损速率减慢，如图 8-11 中 Oa 所示。

（2）稳定磨损阶段。该阶段占整个磨损的比例较大，其特征是磨损速率几乎保持不变。大多数材料在此阶段为稳定服役。经过跑合阶段，材料接触表面进一步平滑，磨损已经稳定下来，磨损量很低，磨损速率不变，见图 8-11 中 ab 所示。

（3）剧烈磨损阶段。随着工作时间或摩擦行程的增加，材料接触表面之间的间隙逐渐扩大，材料表面质量下降，润滑条件恶化，磨损速率随时间而急剧增大，摩擦副温度升高，机械效率下降，材料精度丧失，最后导致了材料完全失效，如图 8-11 中 bc 所示。

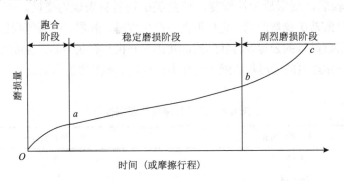

图 8-11　磨损量与时间的关系曲线

8.1.5.2　耐磨性与相对耐磨性

在磨损过程中，塑性变形与断裂过程是周而复始循环不断的。一旦形成磨损产物后，随之开始新的磨损。因此，磨损过程具有动态特征。机件表面的磨损不是简单的力学过程，而是物理的、化学的和力学过程的综合表现。

耐磨性是指材料抵抗磨损的能力，常以磨损量的倒数来表示，即

$$\varepsilon = 1/W \qquad\qquad (8\text{-}16)$$

式中，ε 为材料的耐磨性；W 为材料在单位时间内的磨损量。

由式(8-16)可知，磨损量越小，耐磨性越高。磨损量可用试样摩擦表面法线方向的尺寸减小来表示，称为线磨损量；也可用试样体积或质量损失来表示，称为体积磨损或质量磨损。此外，还常使用相对耐磨性表征。相对耐磨性是用标准试样的磨损量与被测试样的磨损量的比值表示。相对耐磨性用来评定材料的耐磨性能时，可以避免因测量误差或参量变化造成的系统误差，可以更科学地评定材料的磨损性能。因此，这种评定方法已得到广泛的应用。

8.1.5.3　磨损机理

磨损机理是指磨损过程中材料是如何从表面破坏和脱落的，包括磨损过程中接触表面发生的物理、化学和力学方面的变化、力的分布、大小和方向及其表层和次表层发生的作用，同时还包括磨屑是怎样形成和如何从接触面脱落的。

根据磨损机理，磨损可分为：①黏着磨损；②磨粒磨损；③腐蚀磨损；④接触疲劳磨损(或表面疲劳磨损)。

矿物材料多为由无机非金属成分组成，具有多晶结构，其磨损主要以黏着磨损和磨粒磨损为主。本节重点介绍这两种磨损的机理。

1. 磨粒磨损

磨粒磨损也称磨料磨损，是由硬颗粒或硬突起物使材料产生迁移而造成的一种磨损。磨料磨损是指硬的磨料或凸出物在零件表面摩擦过程中，使材料表面发生磨耗的现象。其中磨料或凸出物主要为石英、砂土、矿石等磨料，也包括零件本身磨损产物随润滑油进入摩擦面所造成的磨损。

磨粒磨损量的估算模型如图 8-12 所示。在接触压力 P 作用下，较硬材料的凸起部分或圆锥型磨料压入软材料中。若 θ 为凸出部分的圆锥面与软材料表面间的夹角，摩擦副相对滑动了 L 长的距离时，就会使软材料中部分体积(阴影部分)被切削下来，磨损量 W 为

$$W = \frac{KPL\tan\theta}{H} \tag{8-17}$$

式中，K 为系数；H 为软材料硬度。

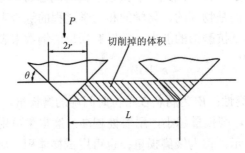

图 8-12　磨粒磨损示意图

　　可见，材料的磨损量与接触压力和滑动距离成正比，与材料硬度成反比，并且与磨粒形状有关。一般来说，材料硬度越高，抗磨粒磨损性能越好。由于磨粒磨损时伴随着塑性变形，因此具有较高加工硬化能力的材料，其耐磨粒磨损性能也较好。上述模型只是理想化情况，实际磨损过程要复杂得多。

　　影响磨粒磨损的因素主要有材料性能、磨粒性能及工作条件。①材料成分、显微组织及力学性能是影响磨粒磨损的内部因素，三者之间互相联系、互相影响。②磨粒性能的影响，包括磨粒的形状、大小、硬度、状态及强度。通常尖锐磨粒易造成材料表面的微观切削，增加磨损量，圆钝磨粒大多产生犁沟和塑性变形，在自由状态下容易滚动，产生一次切屑的可能性较小。材料的磨损量一般随磨粒直径的增大而增大。③工作条件的影响。载荷和滑动距离对耐磨性有较大影响，一般为线性关系。载荷越高，滑动距离越长，磨损就越严重。脆性矿物材料因存在临界压入深度，超过此深度后，裂纹容易形成和扩展，使磨损量增大，载荷与磨损量呈非线性关系。

2. 黏着磨损

　　黏着磨损又称咬合磨损，它是通过接触面局部发生黏着，在相对运动时黏着处又分开，导致接触面上有小颗粒被拉拽出来，如此反复多次而使机件产生磨损失效。当摩擦件之间缺乏润滑油，摩擦表面无氧化膜，且单位法向载荷很大时，易发生黏着磨损。

　　材料即使经过抛光加工，表面仍然是凸凹不平的，所以两物体接触时，只有局部接触。因此即使载荷不是很大，真实接触面上的局部应力足以引起塑性变形，两接触面的原子就会因原子的键合作用而产生黏着。随后在相对滑动时黏着点又被剪切而断掉，黏着点的形成和破坏就造成了黏着磨损。

由图 8-13 可知，黏着磨损过程分为三个阶段：(a)接触面凸起部分因塑性变形被碾平，在接触面之间形成剪切强度高的分界面；(b)在摩擦副一方材料远离分界面内发生断裂，从该材料上脱落下碎屑并转移到另一材料表面；(c)转移的碎屑脱落下来形成磨屑。

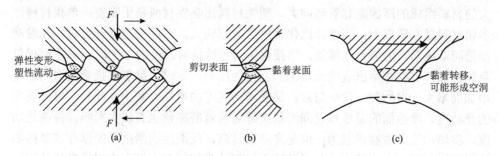

图 8-13　黏着磨损过程示意图

常见的黏着磨损模型有 Archard 模型，如图 8-14 所示。假设单位面积上有 n 个凸起，在压力 P 作用下发生黏着，黏着处直径为 a，且假定黏着点处的材料处于屈服状态，其压缩屈服极限为 σ_{sb}，则

$$P = n \cdot \frac{\pi a^2}{4} \cdot \sigma_{sb} \tag{8-18}$$

式中，P 为压力；a 为黏着处直径；σ_{sb} 为屈服极限。

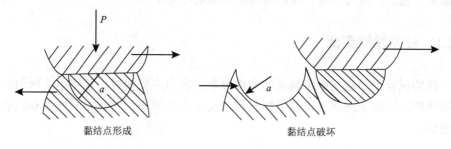

图 8-14　黏着磨损模型

由于相对运动使黏着点分离，一部分黏着点从较软的材料中拽出直径为 a 的半球，并设概率为 K，当滑动距离 L 后，接触面积 S 的磨损量 W 为

$$W = \frac{\alpha KPSL}{H} \tag{8-19}$$

式中，α 为表面膜破坏系数；H 为软材料硬度。

由式(8-18)可知,黏着磨损量与接触压力、摩擦距离成正比,与软材料硬度(或屈服极限)成反比。从黏着磨损机理来看,增加硬度能减少磨损,同时当材料韧性增加时,由于延缓了断裂过程,也能减少磨损。

材料特性、载荷、滑动速度及温度等因素对黏着磨损具有较大影响。互溶性大的材料组成的摩擦副黏着倾向大;塑性材料比脆性材料易于黏着;单相材料比多相材料黏着倾向大;固溶体比化合物黏着倾向大。在摩擦速度一定时,黏着磨损量随着法向力的增大而增加。当接触压力超过材料硬度的 1/3 时,黏着磨损量急剧增加,有时甚至出现咬死现象。当接触压力一定时,黏着磨损量随滑动速度增加而增大,但达到一定数值后,又随滑动速度的增加而减少。此外,机件表面的光洁度、摩擦面的温度以及润滑状态等对黏着磨损量也有较大影响。提高光洁度,将增加抗黏着磨损能力;但是光洁度过高,反而因润滑剂不能储存在摩擦面内而促进黏着。温度的影响与滑动速度的影响类似。在摩擦面内保持良好的润滑状态能显著降低黏着磨损量。

8.2　矿物材料力学性能测试

材料抵抗机械力作用的能力是材料的重要性质之一。矿物材料用于工程结构材料时,都需要进行力学性能测试表征。矿物材料的力学性能测试涉及内容广泛,包括拉伸、压缩、剪切、冲击、疲劳、摩擦、硬度等。本章主要围绕矿物材料弹性模量、强度、拉伸性能、硬度等力学性能进行介绍[7]。

8.2.1　拉伸性能测试

拉伸试验主要测定矿物材料的弹性模量、应力应变曲线、延伸率、断面收缩率等性能。通过拉伸试验可以了解材料在拉伸力作用下,宏观力学性能和微观结构变化。

8.2.1.1　弹性模量

材料的弹性模量越高,其经受变形的能力就越小。对于用作建筑物或其他有关结构的材料,测定弹性模量是十分重要的。弹性模量的测量主要有共振法和敲击法。本小节介绍的是敲击法测定弹性模量。

1. 基本原理

材料的弹性模量 E 是评价矿物材料弹性与滞弹性的主要物理参量。它对于研究材料的抗压强度、疲劳强度、蠕变、时效以及结晶材料的微观和亚微观结构都有着十分重要的价值。

　　矿物材料，例如金刚石、刚玉等，只在极小的范围内表现纯弹性，应力增大则出现脆性断裂。矿物材料的弹性变形是外力作用下材料原子间距由平衡位置发生微小位移的结果。一般而言，矿物材料的这种原子间微小的位移所允许的临界值很小。弹性模量即为引起原子间距微小变化所需外力的大小。

　　测试试样受到外力的作用，如敲击的激发后，会产生瞬态响应受迫振动，当外力消逝后，试样储存的能量逐渐在阻尼或黏滞过程中损耗，呈自由阻尼振荡。其 x 方向的运动方程为

$$m\frac{d^2x}{dt^2} + \eta\frac{dx}{dt} + Kx = 0 \tag{8-20}$$

式中，第一项为惯性力；第二项为黏滞阻尼力；第三项为弹性力。

　　试样受力发生振动，振动波是由含有多个固有频率（各种主振型）的波所叠加而成，可以认为各主振型之间是互相独立的。以 i 表示各振型的次数，即 $i=1$ 为基型振动，$i=2$ 为第二主振型，$i=3$ 第三主振型，其余类推。在敲击法振动实验中，与试样接触长度为 a 的击棒敲击试样轴线的中心部位，敲击点亦即偶次模式振型的节点处，不产生偶次型的振动。各次主振型的能量分布与其次数的倒数的平方成正比，即只有基型振动储存有最大能量。其他高次振型储存的能量较少，且容易衰减。敲击法弹性模量测试仪的测试就是基于以上原理，在高次振型的能量耗尽时，利用仪器的振动信号识别电路，排除其他高次振型的干扰，从复杂的振动叠加信号中选出基频 f_1，再根据 $f_1 \sim E$ 的函数关系，计算试样的动态参数。

　　现在生产的动弹性模量测试仪，均可以通过仪器内相关程序的运算直接给出 E 的测试值。

2. 实验器材

　　（1）JS38-Ⅳ型敲击式数字动弹性模量测试仪。共振频率测试范围 20 Hz～30 kHz，重复性误差≤0.5%，准确度≤2%，分辨率 2 μs。

　　（2）分析天平：量程 500 g，精度 0.0001 g。

　　（3）游标卡尺：量程 300 mm，精度 0.02 mm。

　　（4）烘箱：工作温度 200℃。

3. 试样制备

　　被测试样应选择质地均匀，无结石、气泡和裂纹的外形规则的试样，必要时

需经切磨加工。常用圆形或矩形棒状试样，尺寸分别为：圆棒直径∅6～12 mm，圆棒长度 150～250 mm；矩形棒边长 8～12 mm，棒长 150～250 mm。

4. 测定步骤

（1）测量试样的直径、厚度、宽度和长度等尺寸，精确至 0.02 mm。每个样测量不少于 5 点，取算术平均值。

（2）准确称量样品的质量，精确至 0.0001 g。

（3）将试样的尺寸和质量值按给定程序输入仪器。

（4）弹性模量的测定。

按图 8-15 所示尺寸，用海绵或泡沫塑料（2）支撑试样（1），电容式传感器（3）放在试样中部的下方，离试样下表面 2～3 mm。敲击点在试样的中部或端部。用金属、陶瓷或橡胶棰敲击试样。每敲击一次，仪器便可自动计算出材料的 E 值。E 值显示在面板上，记录下示值后，可以再次敲击。一般每个试样测试十次。测试值中偏差较大的值，如系统操作不当所致则剔除，最后取平均值。

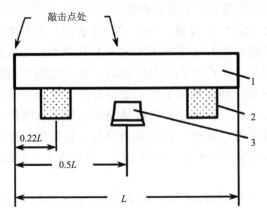

图 8-15　弹性模量测定示意图[1]
1—试样　2—厚海绵　3—电容式传感器

8.2.1.2　延伸率、断面收缩率测定

矿物材料断裂前会发生不可逆永久变形，此变形为塑性形变。材料断裂前产生的塑性变形由均匀塑性变形和集中塑性变形两部分组成。大多数矿物材料为高强度材料，拉伸时不形成颈缩，主要为均匀塑性变形，均匀塑变量仅占集中塑变量的 2%～10%。例如，铝和硬铝占 18%~20%，黄铜占 35%～45%。这表明拉伸颈缩形成后，塑性变形主要集中于试样颈缩附近。常用的矿物材料塑性指标有延伸率、断面收缩率。

1. 延伸率

延伸率是指试样拉伸断裂后，标距段标距的伸长量与原标距长度 L 之比的百分数，用 δ 表示，则

$$\delta = \frac{L_1 - L_0}{L_0} \times 100\% \qquad (8\text{-}21)$$

式中，L_0 为试样原始标距长度；L_1 为试样断裂后标距长度。

实验结果证明：

$$\delta = \frac{L_1 - L_0}{L_0} = \frac{\beta L_0 + \gamma \sqrt{A}}{L_0} = \beta + \gamma \sqrt{A} / L_0 \qquad (8\text{-}22)$$

对同一材料制成的几何形状相似的试样来说，β 和 γ 为常数。

因此为了使同一材料制成的不同尺寸拉伸试样得到相同的 δ 值，要求 $L_0/A_0=K$（常数）。通常取 K 为 5.65 或 11.3（在特殊情况下，K 也可取 2.82、4.52 或 9.04），即对于圆柱形拉伸试样，相应的尺寸为 $L_0=5d_0$ 或 $L_0=10d_0$。这种拉伸试样称为比例试样，且前者为短比例试样，后者为长比例试样，所得到的断后伸长率分别以符号 δ_5 和 δ_{10} 表示。由于大多数韧性矿物材料的集中塑性变形量大于均匀塑性变形量，因此，比例试样的尺寸越短，其断后伸长率越大，反映在 δ_5 与 δ_{10} 的关系上是 $\delta_5 > \delta_{10}$。

除了用断后伸长率表示矿物材料的塑性性能外，还可用最大作用力下的总伸长率表示材料的塑性。最大作用力下的总伸长率是指试样拉伸至最大作用力时标距的总伸长与原始标距的百分比，符号为 δ_{gt}。这个定义说明，δ_{gt} 实际上是材料拉伸时产生的最大均匀塑性变形（工程应变）量。用它表示材料的塑性与塑性性能本身的含义并不一致。之所以引入这一个塑性指标，是因为 δ_{gt} 与 e_B（真实应变）之间存在如下关系：$e_B = \ln(1 + \delta_{gt})$。

2. 断面收缩率

断面收缩率是试样拉断后，原始横截面积与断后最小横截面积之差与原始横截面积之比的百分比，用符号 ψ 表示，则

$$\psi = \frac{A_0 - A_1}{A_0} \times 100\% \qquad (8\text{-}23)$$

式中，A_0 为试样原始横截面积；A_1 为颈缩处最小横截面。

上述塑性指标的具体选用原则，对于在单一拉伸条件下工作的长形试样，无论其是否产生颈缩，都用 δ 或 δ_{gt} 评定材料的塑性，因为产生颈缩时局部区域的塑性变形量对总伸长量实际上没有什么影响。如果矿物材料是非长形试样，在拉伸时形成颈缩(包括因试样标距部分截面不均匀或结构不均匀导致过早形成的颈缩)，则用 ψ 作为塑性指标。因为 ψ 反映了材料断裂前的最大塑性变形量，而此时 δ 不能显示材料的最大塑性。ψ 是在复杂应力状态下形成的，化学组成因素的变化对性能的影响在 ψ 上更为突出，所以 ψ 比 δ 对组织变化更为敏感。

矿物材料的塑性常与其强度性能有关。强度是材料对变形和断裂的抗力，一般来讲，材料强度提高，其变形抗力提高，变形能力下降，塑性降低。相变强化、固溶强化、第二相弥散(沉淀、析出)强化一般都会使材料塑性降低。在其他条件一定的前提下，细化晶粒在提高强度的同时，可以使塑性提高。这是由于晶粒尺寸减小，晶界面积增加，分布于晶界附近的杂质浓度降低，晶界不易开裂。同时，一定体积材料内部的晶粒数目越多，晶粒之间的位相差可能越小，塑性变形可以被更多的晶粒所分担，所以塑性提高。

在工程应用中，为了充分发挥材料的潜力，会尽量地提高材料的屈服强度，使材料的屈强比提高，延缓材料的塑性变形。

8.2.1.3 应力-应变曲线测定

应力-应变曲线是表征材料在力的作用下引起材料形状尺寸变化的关系曲线。一般曲线的横坐标是应变，纵坐标是外加的应力。曲线的形状反映材料在外力作用下发生的脆性、塑性、屈服、断裂等各种形变过程。

1. 测试原理

为了比较不同矿物材料的强度，一般拉伸实验是在规定的实验温度、湿度和拉伸速度下，对标准试样两端沿其纵轴方向施加均匀的速度拉伸，直至破坏，测出每一瞬间拉伸载荷的大小与对应的试样标线的伸长，即可得到每一瞬间拉伸负荷与伸长值(形变值)，并绘制出应力-应变曲线。

试样所受负荷量的大小是由电子拉力机的传感器测得的。试样形变量是由夹在试样标线上的引伸仪测得的。负荷和形变量均以电信号输送到记录仪内自动绘制出负荷-应变曲线。有了负荷-形变曲线后，将坐标变换，即所得到的应力-应变曲线，如图 8-16 所示。

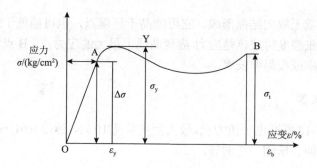

图 8-16　拉伸应力-应变曲线

应力：单位面积上所受的应力，用 σ 表示：

$$\sigma = \frac{P}{S} \tag{8-24}$$

式中，P 为拉伸实验期间某瞬间时施加的负荷；S 为试样标线间初始截面积。

应变：拉伸应力作用下相应的伸长率，用 ε 表示，以标距为基础，标距试样间的距离(拉伸前引伸仪两夹点之间距离)。

$$\varepsilon = \frac{L - L_0}{L_0} \times 100\% = \frac{\Delta L}{L_0} \times 100\% \tag{8-25}$$

式中，L_0 为拉伸前试样的标距长度；L 为实验期间某瞬间标距的长度；ΔL 为实验期间任意时间内标距的增量，即形变量。

若矿物材料为脆性：则在 A 点或 Y 点就会断裂，所以应是具有硬而脆的矿物材料的应力-应变曲线。开始拉伸时，应力与应变成直线关系，即满足胡克定律，如果去掉外力试样能恢复原状，则称为弹性形变。一般认为这段形变是由于原子间距改变的结果。对应 A 点的应力为该直线上的最大应力(σ_a)，称为弹性模量，用 E 表示：

$$E = \Delta\sigma / \Delta\varepsilon \tag{8-26}$$

式中，$\Delta\sigma$ 为曲线线性部分某应力的增量；$\Delta\varepsilon$ 为与 $\Delta\sigma$ 对应的形变增量。

对于软而脆的矿物材料，图 8-16 中 OA 直线斜率变小，弹性模量小。Y 点为屈服点，此点应力为屈服极限，即在应力-应变曲线上第一次出现增量而应力不增加时的应力。当应变伸长到 Y 点时，应力第一次出现最大值即 σ 称为屈服极限或屈服应力，此后略有降低，在 Y 点以后再去掉外力，试样不能恢复原状形成塑性变形。Y 点测得的伸长率称为屈服伸长率。

B 点为断裂点，B 点的应力为断裂应力或极限强度，其因材料结构不同，在拉伸过程中有或无取向结晶形成。它可能高于屈服点，也可能低于屈服点，因此计算材料的抗张强度时应该是应力-应变曲线上最大的应力点。B 点测得的伸长率称为断裂伸长率或极限伸长率。

2. 实验仪器

采用 RGT-10 型微电子拉力机。最大测量负荷 10 kN，速度 0.011～500 mm/min，试验类型有拉伸、压缩、弯曲等。

3. 试样制备

拉伸试验中所用的试样依据不同材料可按国家标准 GB 1040.1－2018 加工成不同形状和尺寸。每组试样应不少于 5 个。试验前，需对试样的外观进行检查，要求表面平整，无气泡、裂纹、分层和机械损伤等缺陷。另外，为了减小环境对试样性能的影响，测试前将试样在测试环境中放置一定时间，使试样与测试环境达到平衡。一般试样越厚，放置时间应越长，具体按国家标准要求设定。取合格的试样进行编号，在试样中部量出 10 cm 为有效段，做好记号。在有效段均匀取 3 点，测量试样的宽度和厚度，取算术平均值。对于压制、压注、层压板及其他板材测量精确到 0.05 mm；软片测量精确到 0.01 mm；薄膜测量精确到 0.001 mm。

4. 试验步骤

（1）接通试验机电源，预热 15 min。

（2）打开电脑，进入应用程序。

（3）选择拉伸试验方式，按对话框要求输入对应参数。拉伸速度设定为使试样在 0.5～5 min 试验时间内断裂的最低速度。

（4）按上、下键将上下夹具的距离调整到 10 cm，并调整自动定位螺丝。将距离固定，记录试样的初始标线间的有效距离。

（5）将样品在上下夹具上夹牢。夹试样时，应使试样的中心线与上下夹具中心线一致。

（6）打开电脑的测试程序界面，将载荷和位移同时清零后，启动开始按钮，此时电脑自动画出载荷-变形曲线。

（7）试样断裂时，拉伸自动停止。记录试样断裂时标线间的有效距离。

（8）重复(3)～(7)操作。测量下一个试样。

（9）测量实验结束，由"文件"菜单下点击"输出报告"，在出现的对话框中选择"输出到 EXCEL"。然后保存输出报告。

拉伸性能测试影响因素主要包括：①试样加工成型条件，由试样自身的微观缺陷和微观结构不同性引起；②温度和湿度；③测试拉伸速度，黏弹性矿物材料，其应力松弛过程与变形速率紧密相关，需要一个时间过程；④预处理，材料加工过程中，由于加热和冷却的时间和速度不同，易产生局部应力集中，通过一定温度的热处理或退火处理，消除内应力，提高强度；⑤材料的结晶度、取向、分子量及其分布、交联度；⑥材料老化后强度明显下降。

8.2.2　强度测试方法

矿物材料强度是指测试样件受外力作用时，其单位面积上所能承受的最大负荷。测试矿物材料强度对矿物材料的科学研究、生产质量控制及使用具有重要意义。矿物材料强度测定的载荷形式，一般用弯曲、压缩、拉伸和冲击，可以测试表征矿物材料的抗折强度、抗压强度、抗拉强度和抗冲击强度等指标表示。

8.2.2.1　抗折强度测试

材料的抗折强度一般采用简支梁法进行测定。对于均质矿物材料，可依据不同应用领域强度测试标准将准备好的试样放在两支点上，然后在两支点间的试样上施加集中载荷时，试样变形或断裂，如图 8-17 所示。

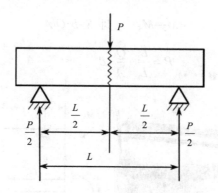

图 8-17　简支梁抗折强度实验受力分析图

由材料力学简支梁的受力分析：$\sigma = M/W$

三点弯曲：$M = FL/4$　　　$W = bh^2/6$

导出三点弯曲试样抗折强度为

$$R_f = \frac{M}{W} = \frac{\dfrac{P}{2} \cdot \dfrac{L}{2}}{\dfrac{bh^2}{6}} = \frac{3PL}{2bh^2} \tag{8-27}$$

式中，R_f 为抗折强度，MPa；M 为在破坏荷重 P 处产生的最大弯矩；W 为截面矩量，断面为矩形时 $W = bh^2/6$；P 为作用于试样的破坏荷重，kN；L 为抗折夹具两支承圆柱的中心距离，m；b 为试样宽度，m；h 为试样高度，m。

在矿物材料试样抗折强度测试中，两支承试样的中心距离 L=0.1 m；试样宽度 b=0.04 m；试样高度 h=0.04m。

将这些值代入式(8-27)，得

$$R_\mathrm{f} = \frac{3PL}{2bh^2} = 2.34P \tag{8-28}$$

材料的抗折强度也可采用电动抗折试验机进行测定，其测力原理如图8-18所示。此种情况下，力矩 M 与各量的关系为

$$M_1=PL_1 \qquad M_2=SL_2$$

$$M_3=SA \qquad M_4=QB$$

平衡状态时，

$$M_1=M_2 \qquad 即\ P=S\cdot L_2/L_1$$

$$M_3=M_4 \qquad 即\ S=B\cdot Q/A$$

所以
$$P = \frac{L_2}{L_1} \cdot \frac{Q}{A} \cdot B \tag{8-29}$$

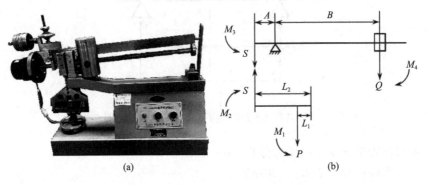

(a)　　　　　　　　　　　　　(b)

图 8-18　电动抗折试验机(a)与测试原理示意图(b)

仪器设定参数：力臂 L_1=1 长度单位，A=1 长度单位，L_2=5 长度单位，Q=10 kg，所以

$$P = \frac{L_2}{L_1} \cdot \frac{Q}{A} \cdot B = \frac{5 \times 10}{1 \times 1} B = 50B \tag{8-30}$$

$$R_{\mathrm{f}} = 2.34P = 2.34 \times 50B = 117B \qquad (8\text{-}31)$$

以一组 3 个测试样品得到的抗折强度测试值的算术平均值为测试结果。当 3 个抗折强度中有超出平均值 10%，应剔除后再求平均值作为抗折强度试验结果。

8.2.2.2 抗压强度测试

矿物材料抵抗单轴压力破坏的最大能力称为抗压强度。即矿物材料试样在压力作用下，破坏时的最大载荷与垂直于加载荷方向的截面积之比：

$$R_{\mathrm{c}} = P / A \qquad (8\text{-}32)$$

式中，R_{c} 为抗压强度，MPa；A 为试样承压面积，m^2；P 为作用于试样的破坏荷重，kN。

抗压强度的测试步骤：首先进行试样制备，检测试样加工成立方体，如天然大理石建筑板材要求试样为 100 mm×100 mm×100 mm 的立方体，试样的上下两个承压面必须加工研磨成平面，并相互平行，一般要求准备三个试样。其次在压力机或万能材料试验机上进行。

具体步骤包括：

（1）用游标卡尺测量试样横断面的直径或边长，精确到 0.1 mm，然后计算试样的横断面积，精确到 0.01 mm^2。

（2）将试样放入实验机压板之间的中心位置上。对存在层理的矿物材料，要求层理方向平行于压板放置。

（3）以每秒(29.5～45)×10^4 Pa 的速度均匀加荷，直至试样破坏，记下试样破坏时的荷重值 P。

（4）卸荷，取出试样并描述其破坏状态。

（5）对第 2、3 个试样按以上步骤重复测试。

以一组 3 个测试样品得到的抗压强度测试值的算术平均值为测试结果。如果测试值中有超出平均值的 10%，应剔除后再求平均值作为抗折强度试验结果。

8.2.2.3 抗拉强度测试

矿物材料抵抗单轴拉伸破坏的最大能力，以拉断时的极限应力表示。

$$R_{\text{拉}} = \frac{P}{A} \qquad (8\text{-}33)$$

式中，$R_{\text{拉}}$ 为拉伸强度，Pa；P 为试样拉断前所能承受的最大载荷，kN；A 为试样的截面积，m^2。

脆性材料的抗拉断裂强度低，在技术上进行测试$R_拉$比较困难。目前多采用间接方法测定矿物材料的抗拉强度，其中有劈裂法、点荷载实验等。从严格意义讲，这些方法测出的不是真正的抗拉强度。由于矿物材料脆性大，测试强度很困难，故目前主要是测定其抗弯强度作为评价指标。由于陶瓷材料脆性大，测试强度很困难，故目前主要是测定其抗弯强度作为评价指标。

8.2.3 硬度测试方法

8.2.3.1 显微硬度测试

1. 测试原理

显微硬度是指采用 1 kgf(9.81 N) 或小于 1 kgf(9.81 N) 负荷进行的硬度试验，诸如极薄(薄至 0.125 mm) 的板材、涂层材料的表面以及材料的各个组织的硬度。显微硬度测试基本原理是：在一定时间间隔里，施加一定比例的负荷，把一定形状的硬质压头压入所测材料表面，然后，测量压痕的深度或大小。矿物材料由于材料硬而脆，不能使用过大的测试负荷，一般采用显微硬度测试表示。显微硬度测试方法有维氏和努普两种测试方法。这里主要介绍维氏硬度测试方法。

维氏金刚石压头是将压头磨成正四棱锥体，其相对两面夹角为136°。维氏显微硬度值是所施加的负荷(kgf) 除以压痕的表面积(mm^2)。

采用维氏金刚石压头时，其压痕深度约为对角线长度的1/7。维氏硬度的计算公式如下：

$$H_v = \frac{2P \cdot \sin\frac{\theta}{2}}{l^2} = 1.854 \times \frac{P}{l^2} \tag{8-34}$$

式中，P 为施加的负荷(kgf)；l 为压痕对角线长的平均值(mm)；θ 为金刚石压头相对面的夹角(136°)。

为了精确测量维氏金刚石压痕的对角线长度，压痕必须清晰可见。压痕清晰实际上是衡量试样表面制备质量的一个标准。一般来说，试验负荷越轻，所要求的表面光洁度就越高。当使用 100 gf(0.981 N) 以下负荷试验时，试样应进行金相抛光。同时，要求测量显微镜所测压痕长度的误差应小于 0.0005 mm。

2. 实验器材

HVS-1000 型数显显微硬度计由试验机主体、工作台、升降丝杠、加载系统、数字显示操作面板、高倍率光学测量系统等部分组成，见图 8-19。通过程序输入，

调节测量光源强弱,预置试验力保持时间,切换维氏试验方法。操作面板上的 LCD
显示屏中,可以显示试验方法、测试力、压痕长度、硬度值、试验力保持时间、
测量次数等,并能键入测试时间。试验结果由打印机输出。

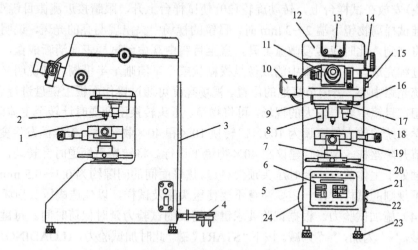

图 8-19　HVS-1000 型数显显微硬度计外观图

1—压头;2—压头螺钉;3—后盖;4—电源插头;5—主体;6—数字显示操作面板;7—升降丝杆;
8—10×物镜;9—定位弹簧;10—测量照明灯座;11—数字式测微目镜;12—上盖;13—照相接口盖;
14—试验力变换手轮;15—照相、测量转换拉杆;16—物镜、压头转换手柄;17—转盘;18—40×物镜;
19—十字试台;20—旋轮;21—电源指示灯;22—电源开关;23—水平调节螺钉;24—面板式打印机

3. 试样制备

HVS-1000 型数显显微硬度计可测定微小、薄形试样、表面渗镀层试样的显微
硬度和玛瑙、宝石等脆性材料的显微硬度。应选择成分均匀、表面结构细致和平
整度好的样品为待测试样。表面粗糙不平或平整度差的试样,由于压痕会或多
或少地发生变形,引起测量误差。用切割工具切割试样尺寸:高度≤65 mm,宽
度≤85 mm,擦净测量表面待用。

4. 仪器调试与测试步骤

(1)选择符合要求的试验力。缓慢旋转试验力变换手轮,防止动作过快产生
冲击力,破坏测试样品,影响测试结果。

(2)调试测试时间:打开电源开关(22),LCD 屏上显示试验力变换手轮所选
择的试验力,同时屏上显示"？？年？月？日"初始化日期。光标位于"？？年"
下,按下"TIME+"或"TIME−"键选择年份。按下"SPECI"键,光标移至"？
月"下,按动"TIME+"或"TIME−"键选择月份。同理,按上述步骤选择日期。
完成以上操作,当打印机输出测试结果时,即打出所键入的日期。如不需要打印
日期,可连按三次"SPECI"键。日期键入后,屏上显示 D1、D2、HV、N,仪器

进入工作状态。

（3）利用标准硬度试样进行焦距调试：转动物镜（18）、压头转换手柄（16），使 40×物镜处于主体前方（光学系统总放大倍率为 400×）。将标准硬度试样（或被测试块）安放在试样台上，转动旋轮（20）使试样台上升，眼睛接近测微目镜观察。当标准试样离物镜下端 2~3 mm 时，目镜的视场中央出现明亮的光斑，说明聚焦面即将来到，此时应缓慢微量上升，直至目镜中观察到试样表面清晰成像，此时聚焦过程完成。如果目镜中的成像呈模糊状或一半清晰一半模糊，则说明光源偏离系统光路中心，需调节灯泡的位置。视场亮度可通过操作面板上键盘进行调节。如果想在目镜中获得较大的视场，可将物镜、压头转换手柄逆时针转至主体前方，将光学系统的放大倍率调为 100×。转换 10×和 40×物镜时，聚焦面发生变化，可调节升降丝杠。聚焦时建议在 40×物镜下进行。将转换手柄逆时针转动，使压头主轴处于主体前方，此时压头顶尖（1）与焦平面间的间隙约为 0.4~0.5 mm。当测量不规则的试样时，一定要注意不要使压头碰及试样，以免造成压头损坏。

（4）施加试验力。根据试验要求键入需要的试验力延时保荷时间。每键一次为 5 秒，"+"为加，"-"为减。按下"START"键，此时加试验力，（LOADING）LED 指示灯亮。

（5）卸载试验力。试验力施加完毕，延时（DWELL）LED 亮，LCT 屏上 T 按所选定时间倒计时，延时时间到，试验力卸除，卸力指示（UNLOADING）LED 亮。在 LED 未灭前，不得转动压头测量转换手柄，否则会影响压痕测量精度，甚至损坏仪器。

（6）测量压痕对角线长度，显示维氏硬度值输入。将转换手柄顺时针转动，使 40×物镜处于主体前方，这时可在目镜中测量压痕对角线长度。在测量前，先将测微镜右边的鼓轮顺时针旋转，使目镜内的两刻线边缘相近移动。当两刻线边缘相近时，透光缝隙逐渐减少，当两刻线间处于无光隙的临界状态时，按下"CL"键清零。先转动左侧鼓轮，使左边刻线对准压痕一角，再转动右侧鼓轮，两刻线分离，使右侧刻线对准压痕另一角。当刻线对准压痕对角线无误时，按下测微目镜下方的按钮输入，并在显示屏的 D1 后显示。转动右侧鼓轮转动时，LCD 屏上 D1 后的数字闪烁，表示结果还未输入，当结果输入后，光标转入 D2。按上述方法再测试另一对角线的长度，此时，LCD 屏 HV 值就同时显示。在进行维氏硬度测量时，为了减少误差，应在两条垂直的对角线上测量，取其算术平均值。如对本次测量结果不满意。可重复进行测量或按"SPECI""RESET"复位键重新进行试验。

（7）结果输出。LCD 屏显示测量次数 N>1 时，可按"SPECI""PRI"输出测试结果。第一次结果（N=0）不予打印。

（8）当目镜中观察到的压痕太小或太大影响测量时，需转动试验力变换手轮，使试验力符合要求，这时应按下"SPECI"和"RESET"键，LCD 屏显示所选试验力。

（9）上述测量正常后，将标准试样取下，将待测试样放在试台上，按上述方法进行测定。

5. 注意事项

1）金刚石压头

金刚石压头(1)和压头轴是仪器的精密零件，除施压测试时外，其他时间都不要触及压头。压头应随时保持清洁，有油污或灰尘时，可用软布或脱脂棉蘸酒精或乙醚小心擦洗。压头安装时，应将压头上的红点对准正前方，此时压痕对角线和红点成一线。

2）试样

试样表面必须清洁。如表面沾有油污，可用汽油、酒精或乙醚等擦拭。当试样为细丝、薄片或小件时，可分别使用相应的夹持台夹持后，再放在十字试台上进行试验。

3）显微摄影仪

本仪器配有显微摄影仪，当需要摄影时，卸下照相接口盖(13)螺钉，取下盖板，将照相机接口旋入目镜座螺纹内。取下照相机标准镜头，将照相机接口对准照相机镜头孔内，使卡簧卡位。再测微目镜中观察试样表面，当成像清晰后，将主体左边上的照相、测量转换拉杆(15)拉出，此时光路转换到拍摄状态。在摄影仪的目镜中观察试样表面，如不太清晰，可微调视度调节圈或升降丝杠(7)，至视成像清晰。按动快门，拍摄成像表面。

4）环境要求

本仪器应安装在远离灰尘、震动、腐蚀性气体的环境中，室温不应超过 20℃±5℃，相对湿度不大于 65%的环境中。

8.2.3.2　肖氏硬度计测试

1. 测试原理

肖氏硬度计是以弹性回跳法测定硬度的，它是动载硬度试验的一种方法，测试原理为：冲头从设定的高度自由下落到试件表面上，由于试样表面的弹性变形，又使其回跳一定的高度，回跳高度所示之值，可直接换算出肖氏硬度值。

HS-19A 型肖氏硬度计冲头是 h_1(19 mm)的高度自由下落，由于试件的硬度不同，转变为弹性变形的能量也不同，所以冲头回跳高度 h_2 随着被试验材料的硬度

不同而不同，其公式为

$$\text{HSD} = K\frac{h_2}{h_1} \tag{8-35}$$

式中，HSD 为肖氏硬度值；K 为常数（$K=140$）；h_1 为冲头下落高度（$h_1=19 \text{ mm}$）；h_2 为冲头回跳高度。

2. 仪器结构

肖氏硬度计由指示表、测量筒、机架、套管体等组成，见图 8-20。

指示表：肖氏硬度计指示机构由齿轮、齿条杆、阻尼器等部分组成。当冲头回跳后，将指示表中齿条杆顶起，齿条杆拨动带有指针的针轴转动，指针即出硬度值。

测量筒：由套管体、手把、齿条三部分组成，冲头的运动是借助于手把的转动带动齿条锁套的下降，将钩子撑开，冲头自由落下，落于试样，回跳后冲头被锁紧。

机架：是硬度计的支撑部分。由支架、试样台等组成。支架下部两个螺钉可供调整试样台的水平。

套管体：由冲头、滚珠套、支起套等组成，是硬度计主要工作部分。

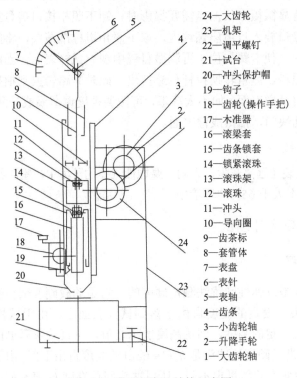

24—大齿轮
23—机架
22—调平螺钉
21—试台
20—冲头保护帽
19—钩子
18—齿轮(操作手把)
17—木准器
16—滚梁套
15—齿条锁套
14—锁紧滚珠
13—滚珠架
12—滚珠
11—冲头
10—导向圈
9—齿茶标
8—套管体
7—表盘
6—表针
5—表轴
4—齿条
3—小齿轮轴
2—升降手轮
1—大齿轮轴

图 8-20　肖氏硬度计结构示意图

3. 操作方法

使用前首先调整支架下部的调平螺钉,待水准器的水泡居中达到水平位置后,将试样放在试台上,左手转动手轮,使测量筒下移,冲头保护帽接触试样,压紧,压紧力约为 196 N。右手约以 1~2 r/s 的速度转动操作手把,使筒内钩子打开,冲头落到被测试样上,此时不要松开手把,应将手把反向以 1~2 r/s 的速度送回原来位置,冲头回跳锁紧,触动齿条杆,指示表指示的数值即肖氏硬度值。

在试验大圆柱工件时,将测量筒从机架上取下,插入附件(固定体)中。并以其 V 型槽定位,使冲头保护帽压紧试样,重复以上试验过程。

8.2.4　磨损试验与耐磨性评定方法

对材料进行磨损试验和表征磨损试验的结果是获得矿物材料耐磨性准确信息的保证,也是评定耐磨性的依据。目前,对耐磨性的评价主要是利用磨损量。这里主要介绍磨损量的表示方法和测定方法。

8.2.4.1　磨损试验

磨损试验方法可分为实验室磨损试验和实际工作条件下磨损试验两类。零件磨损试验是以实际零件在机器实际工作条件下进行试验,这种试验具有真实性和可靠性,但其试验结果是结构、材料、工艺等多种因素的综合表现,不易进行单因素的考察。试样磨损试验是将材料加工成试样,在规定的试验条件下进行试验,一般多用于研究性试验,可以通过调整试验条件,对磨损某一因素进行研究,以探讨磨损机制及其影响规律。进行磨损试验的试验机种类很多,本节将介绍几种有代表性磨损试验机,具体见图 8-21。

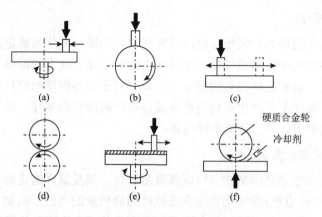

图 8-21　磨损试验机原理图

重复摩擦磨损试验机包括：圆盘-销式磨损试验机，是将试样加上载荷压紧在旋转圆盘上，此方法摩擦速度可调，试验精度较高，见图 8-21(a)；滚子式磨损试验机，可用来测定材料在滑动摩擦、滚动摩擦、滚-滑动复合摩擦及间歇接触摩擦情况下的磨损量，以比较各种材料的耐磨性能，见图 8-21(b)和(d)；往复运动式磨损试验机，试样在静止平面上作往复运动，适用于试验导轨、缸套、活塞环一类往复运动零件的耐磨性，见图 8-21(c)；砂纸磨损试验机，磨损材料为砂纸，是进行磨损试样较简单易行的方法，见图 8-21(e)；切入式磨损试验机，能较快地测定材料及处理工艺的耐磨性，见图 8-21(f)。通过磨损试验可以获取磨损量的值，对材料进行耐磨性评价。显然，磨损量越小，耐磨性越高。

8.2.4.2　磨损量表示方法

磨损量可以用质量损失、体积损失或者尺寸损失来表示。常用的磨损量表示方法有以下几种：

（1）质量磨损量：磨损试样的质量损失。单位为 g 或 mg。

（2）线磨损量：磨损表面法线方向的尺寸变化值。单位为 mm 或 μm。

（3）体积磨损量：磨损试样的体积损失。单位为：mm^3 或 $μm^3$。

以上几种磨损量都是绝对值表示法，没有考虑磨程等因素的影响，目前应用较广泛的方法是磨损率：单位磨程的磨损量(mg/m)；单位时间的磨损量(mg/s)；单位转数的磨损量(mg/n)。

8.2.4.3　磨损量的测定方法

磨损量的测定方法主要有失重法、尺寸变化法、表面形貌测定法、刻痕测定法等。

1）失重法

失重法是利用分析天平称量试样磨损前后的质量变化来确定磨损量的一种方法。测试中用天平称量前试样需要进行清洗和干燥。此方法简单易操作，广泛适用于各种高、低精度磨损量的测定。一般，对于中等硬度的材料可以选用万分之一的天平。对于某些产生不均匀磨损或局部严重磨损的零件，以及在磨损过程中发生黏着转移时，失重法就不够精确。

2）尺寸变化测试法

尺寸变化法是采用测微卡尺或螺旋测微仪，测量试样选定部位磨损前后尺寸（长度、厚度或直径）的变化量来表征试样的磨损量的方法。例如，内燃机缸套主要是测定其内径的磨损量。此方法要注意磨损前后多次测量位置的一致性。

3）表面形貌测试法

表面形貌测定法是利用触针式表面形貌测量仪测出试样磨损前后表面粗糙度的变化。检测原理见图 8-22，测试仪传感器测杆一端装有触针（由于金刚石耐磨、硬度高的特点，触针多选用金刚石材质），触针的尖端要求曲率半径很小，以便于全面反映表面情况。测量时将触针尖端搭在加工件的被测表面上，并使针尖与被测面保持垂直接触，利用驱动装置以缓慢、均匀的速度拖动传感器。由于被测表面是一个有峰谷起伏的轮廓，所以当触针在被测表面拖动滑行时，将随着被测面的峰谷起伏而产生上下移动。此运动过程又运用杠杆原理经过支点传递给磁芯，使它同步地在电感线圈中做反向上下运动，并将运动幅度放大，从而使包围在磁芯外面的两个差动电感线圈的电感量发生变化，并将触针微小的垂直位移转换为同步成比例的电信号。其能全面地评价磨损表面的特征，但它不易定量地估计出零件或试样的磨损值。这种方法主要适用于磨损量非常小的超硬材料(如陶瓷、硬涂层)磨损或轻微磨损的情况。

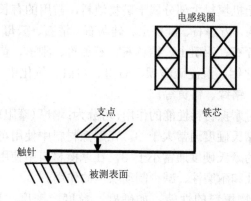

图 8-22　触针式表面形貌测量仪测试原理图

4）刻痕法

刻痕法一般采用专门的金刚石在经受磨损的零件或试样表面上预先刻上压痕，测量零件或试样磨损前后刻痕尺寸的变化来确定其磨损量。国产有 WDA-2 型静态磨损测试仪，其测量精度绝对误差可达到 0.45 μm。

8.3　矿物材料力学性能应用

8.3.1　摩擦矿物材料

摩擦材料是一种采用有机体/无机物压制而成的复合材料，广泛应用于运动车辆与工程机械中，发挥制动和传动的功能。摩擦材料性能优劣对车辆的安全性、稳定性具有十分重要的影响。矿物材料具有无毒、耐热性及化学稳定性好、无污染等优异的物理化学性质，具有天然的纤维状、层状等特殊形貌结构，有利于摩擦材料性能的改善，是当前摩擦科学和工程领域关注的重点对象。

矿物填料是组成摩擦材料的三大组分之一，主要是对摩擦材料的摩擦磨损性能进行多方面的调节，使摩擦材料制品如制动片、离合器面片等能更好地满足各种工况条件下的制动和传动功能的要求。如在摩擦材料制品中，主要改善制品的摩擦因数、磨损率、刚度、硬度、制动噪声、密度及外观质量，提高制品的加工性能与制造工艺性能，控制制品热膨胀系数、收缩率，增加产品尺寸的稳定性[8]。

8.3.1.1 摩擦矿物填料的种类

摩擦材料中的无机填料大部分属于矿物填料，常用的有长石、重晶石、三氧化二铁、四氧化三铁、方解石、硅藻土、硅灰石、滑石、云母、铬铁矿、硫化锑、白云石、菱镁矿、蛭石、铝矾土、锆英石、石英粉、刚玉、萤石、冰晶石、氧化镁、氧化锌、二硫化钼、沉淀硫酸钡、石墨、炭黑、氧化铝、碳化硅、氧化铜、铁红、铁黄、铁黑、铬绿、铬黄等。

矿物填料按其对摩擦材料性能的作用，可分为：增摩(摩阻)填料和减摩(润滑)填料。增摩填料的摩氏硬度通常大于 3，在摩擦材料中使用可起到提高摩擦因数的作用。减摩填料的摩氏硬度通常小于 3，在摩擦材料中使用可起到降低摩擦因数、提高摩擦稳定性和耐磨性、减少制动噪声的作用。

摩擦材料中矿物填料的性能，如硬度、粒度、密度、比表面积、化学组成、热性能、导热系数、热物理与热化学效应等，与摩擦材料的性能有密切关系，在诸多性能中，硬度与粒度对材料的摩擦磨损性能影响最大，关系最为密切。

8.3.1.2 矿物填料的硬度对摩擦因数与磨损率的影响

摩擦磨损性能是摩擦材料中最重要的一项性能指标。制动片和离合器面片的制动和传动的功能好坏主要表现在其摩擦磨损性能上，要求摩擦材料在不断变化的工况条件(温度、速度、压力、道路气候状况)下能保持较稳定的摩擦因数和较小的磨损，这样的制品具有稳定的工作性能和较好的使用寿命，这些都要通过填料——摩擦性能调节剂来完成。一些常用矿物填料的摩氏硬度见表 8-10。

表 8-10　一些常用矿物填料的摩氏硬度

摩氏硬度	作用	矿物填料
1	减摩(润滑)填料	石墨、二硫化钼(1~1.5)、滑石、蛭石、水云母
2		白云母、黄铜、高岭土、石棉、硫化铅、石膏、硫化锑
3		重晶石、方解石、碳酸钙、硫酸钡、白云石
4		萤石、氟石、霞石、铁、碳酸镁、菱镁矿
5		硅灰石、氧化铁、氧化镁、铬铁矿
6	增摩(摩阻)填料	长石、金红石、四氧化三铁
7		锆英石、氧化铝、硅石(石英)
8		黄玉、刚玉
9		碳化硅
10		金刚石

在增摩矿物填料和减摩矿物填料中，增摩矿物填料是摩擦性能调节剂的主要部分。不同的增摩矿物填料的增摩作用也不相同。有的填料在较低的温度下(如200℃)具有较好的增摩作用，称为常用增摩填料，它们的摩氏硬度大约为 3~6，有的填料则可在较高的温度下(250~350℃)具有较好的摩擦因数，这类填料称为高温增摩填料，它们的摩氏硬度通常在 7 以上，属于高硬度填料。

材料的摩氏硬度实质上就是两种材料表面质点摩擦时，彼此剪切强度的比较和反映。材料的摩氏硬度高，其剪切强度也高，故而摩擦材料应用的各种填料的摩氏硬度越高，它与对偶摩擦时，具有的摩擦因数也越高。

8.3.1.3　矿物填料对制品物理和机械性能的影响

1. 填料对制品硬度的影响

填料对摩擦材料物理性能的影响之一就是使摩擦材料的硬度增大，即使其弹性模量增加(或体积模量)。摩擦材料制品的硬度对其实际使用中的性能效果影响甚大，对于汽车制动片来说，适宜的硬度范围为洛氏硬度 40~90 HRM。硬度过高是不希望的，一般认为较低的制品硬度，如洛氏硬度在 40~70 HRM 更好些，有利于制动操作的平稳舒适、减少制动噪声和对盘、鼓的损伤。而调节制品硬度手段除了降低基体树脂的硬度外，也可在不损害摩擦因数的前提下，选用低硬度填料如橡胶粉、轮胎粉，以及摩氏硬度低于 2 的各种非金属矿物和软金属，以及某些有机材料。

2. 填料对抗张强度的影响

不同的填料，往往会对摩擦材料抗张强度产生不同的影响，在摩擦材料中，每一种填料的颗粒都会被一定数量的纤维、黏结剂所分隔及均匀地包裹。若假定在这种材料中间无泡或空间等条件下，当施加张力时，这些基体区段被拉伸，并从填料颗粒上被拉开。因此使用过量的填料会使材料断裂强度较低。为了获得较高强度的摩擦材料，需要选择填料颗粒间空间较大、能容纳更多支撑负荷的基体材料。

使用大颗粒填料比小颗粒填料在基体上产生的应力要更集中、更大些。因此若在其他条件相同的情况下，使用平均粒径较小的填料，制成的摩擦材料有较高的强度。

不同形态填料对摩擦材料产品的增强作用不同，增强效果依次为：纤维＞片状＞球状。一般选用自身强度高的填料，此外也要考虑增强填料与树脂的黏接作用。为调高矿物填料的增强作用，采用两个改性措施，即①通过偶联剂对矿物填料进行表面处理，增加表面活性；②增加树脂对矿物填料的润湿能力。

3. 填料对冲击强度的影响

颗粒矿物填料比基体的柔性大时，会延缓和阻止材料中因应力而产生的微细裂纹(银纹)的扩大，有利于抗冲击强度的提高。但是，生产摩擦材料常用的多数为高模量的硬性矿物填料，使摩擦材料的脆性增加，不利于抗冲击强度的提高。如果相对基体，加入填料的能使摩擦材料的内聚强度改进，或填料颗粒能在与冲击应力垂直的更大面积上分散冲击应力作用，可以协同提高冲击强度。例如，使用硅灰石纤维类填料，提高了制品强度，就属这类作用。

矿物材料以其特有的物理化学性质，在增强和改善摩擦材料性能方面发挥着重要作用。然而，矿物材料单独使用时往往存在某些性能缺陷和不足，例如有效去除海泡石纤维中杂质的技术还不成熟，海泡石在树脂、橡胶中均匀分散的效果不佳；二硫化钼在高温下的分解产物 SO_2 对环境有明显的危害等。目前的研究工作主要集中于改善摩擦材料的力学和摩擦学性能，但矿物材料在摩擦材料中的作用尚未有统一的机理进行解释。在高温下，摩擦材料的摩擦系数会发生热衰退，尚未找到明确的解释机理。因此，开发综合性能好、环境友好的新型摩擦用矿物材料刻不容缓；表面改性、粒度精准控制以及有效除杂技术及装备研发也迫在眉睫；探究矿物材料在摩擦材料中的作用机理，解释摩擦材料的高温"热衰退"原因，都将对未来矿物基摩擦材料的发展产生深远影响。

8.3.2　多功能矿物填料

以天然矿物为主要原料，经过加工后的具有一定化学成分、几何形状和表面特性的粉体材料，称为矿物填料。因其具有化学稳定、耐高温且可以优化复合材料的力学性能，一直是高分子基复合材料的不可或缺的增强体。美国材料与试验协会(American Society for Testing and Materials，ASTM)定义填料是"为改进强度和各种性质，或者为降低成本而在塑料中添加的较为惰性的物质"，这些填料往往会选择矿物材料，广泛应用于高分子材料或高聚物基复合材料(塑料、橡胶、胶黏剂等)、无机复合材料、造纸、涂料等领域，其是高聚物基复合材料中不可或缺的填充物或组分之一，用量占复合材料质量的 5%~80%，除了可以减少树脂的用量、节约石油资源、降低材料的成本外，还可赋予材料一定的功能性，如强度、刚性、尺寸稳定性、热稳定性、化学稳性等，对现代材料的发展，特别是高聚物基复合材料的发展具有重要作用。

8.3.2.1　矿物填料分类与作用[9]

1. 矿物填料的分类

矿物填料按化学组成可以分为：①碳酸盐类，如碳酸钙、碳酸镁；②硅酸盐类，如滑石、高岭土、云母、叶蜡石、硅灰石、透闪石、透辉石、石英、长石、海泡石、凹凸棒石、膨润土、伊利石、沸石、硅藻土等；③硫酸盐类，如石膏、重晶石等；④氢氧化物类，如氢化镁(水镁石)、氢氧化铝(三水铝石)等；⑤碳质类，如石墨粉；⑥复合物类，包括天然复合无机矿物填料和人工复合无机矿物填料，如碳酸钙与硅灰石复合(即碳酸盐与硅酸盐的复合)、碳酸钙与碳酸镁的复合(即碳酸盐之间矿物的复合，如白云石)、滑石与透辉石的复合(即硅酸盐矿物之间的复合)、氢氧化镁与氢氧化铝的复合(即氢氧化物之间的复合)等。由于不同化学组成的矿物填料复合后在填充性能或功能上可以取长补短，因此，成分复杂化已成为选择无机矿物填料时的主要考虑因素之一，复合填料也已成为无机矿物填料的主要发展方向之一。

根据矿物填料形状，可将其分为粉末状、球状、片状、柱状、针状及纤维状填料。

2. 矿物填料的作用

矿物填料可赋予填充材料某些功能，如塑料和橡胶制品的尺寸稳定性、阻燃或难燃性、耐磨性、绝缘性或导电性、隔热或导热性、隔声性、抗菌性等；涂料的耐湿擦洗性、耐磨性、耐腐蚀性、耐候性、遮盖力、净化空气、调湿性等；纸品的优良吸墨性和印刷性等。常见矿物填料主要赋予复合材料的功能见表 8-11。

表 8-11 赋予功能效果和相应的填料

功能		填料
热稳定性		滑石粉、高岭土、云母、硅灰石、多孔粉石英、$CaCO_3$、硫酸钙等
阻燃性		$Al(OH)_3$、$Mg(OH)_2$、皂石、红磷、硼酸锌、Sb_2O_3 等
抗(耐)磨性		石墨、碳纤维、二硫化钼、炭墨、皂石、多孔粉石英等
遮盖力		钛白粉、高岭土、煅烧高岭土、滑石、$CaCO_3$、云母等
吸墨性和印刷性		滑石、$CaCO_3$、钛白粉、高岭土、SiO_2
光学特性、增白		钛白粉、$CaCO_3$、高岭土、滑石粉、云母等
耐腐蚀性、耐候性、耐擦洗性		多孔粉石英、硅藻土、煅烧高岭土、滑石、云母、皂石、石棉等
其他	隔声、隔热	石棉、硅藻土、膨胀蛭石、石膏、岩棉、膨胀珍珠岩、膨润土、沸石、海泡石等
	负离子、光催化	电气石、金红石、纳米 TiO_2、纳米氧化锌等
	导电与电磁波屏蔽	石墨、炭黑、碳纤维、玻璃微珠等
	抗菌、抗紫外线	纳米二氧化钛、纳米氧化锌、煅烧高岭土等
	绝缘	云母、煅烧高岭土、滑石、碳酸钙等
	生物、环保	磷灰石、硅藻土、皂石、珍珠岩、蛭石、膨润土、海泡石、凹凸棒石、多孔粉石英等

8.3.2.2 矿物填料对力学性能的影响

1. 粒度大小与粒度分布

粒度大小与粒度分布是矿物填料最重要的性质之一。不同应用领域对矿物填料要求不同。对于塑料、橡胶、胶黏剂等高聚物基复合材料，在树脂中分散良好的前提下，填料的粒径越小越好。填料粒径越小，其增强作用越大，如用 325 目和 2500 目 $CaCO_3$ 分别填充半硬质聚氯乙烯时，细粒径比粗粒径的强度提高 30%；用玻璃纤维增强热塑性树脂，纤维直径一般在 12 μm 左右。但粒径过小，填料的加工和分散比较困难，生产成本也就增大。

从对聚合物基复合材料的增强作用来说，填料的粒径越小越好。填料粒径越小，其比表面积越大，与基体之间的接触界面增大，相互间的作用力就越大，同时若能均匀分散，其增强作用也就越大。此外，纤维状矿物填料的长径比，也是影响聚合物基复合材料机械强度的重要因素。如改性硅灰石粉体的粒径越细，其微粒长径比也越大，其对复合材料的增强作用就越好。

李珍等[10]对添加量在 30% 的不同粒径改性硅灰石/环氧树脂试样的机械性能做了研究，见图 8-23，随着硅灰石微粒的粒径减小，长径比的增加，环氧树脂的

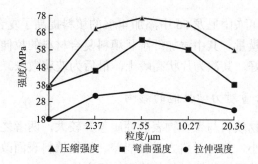

图 8-23　不同粒径改性硅灰石添加环氧树脂机械性能关系

机械强度明显提高。但硅灰石粒径继续减小，其机械性能呈现下降趋势。出现转折点的硅灰石平均粒径为 7.55 μm，其增强效果最明显。

2. 颗粒形状对力学性能的影响

矿物填料颗粒的形状主要可分为球状、片状、立方状、纤维状(或针状)等。不同矿物填料往往具有不同的颗粒形状。填料颗粒形状从两个方面影响填充效果：一是形状不同，填料的比表面积不同；二是填料的形状直接影响填料的堆砌密度。例如，纤维状填料和片状填料有助于提高制品的机械强度，但不利于成型加工。反之，球状填料可以改善制品的成型加工性能，但却可能使其机械强度下降。矿物填料的增强主要取决于其粒度或比表面积和颗粒形状。粒径小于 5 μm 的超细矿物粉体，硅灰石、透辉石、透闪石、石棉等针状矿物填料及云母、滑石、高岭土、石墨等片状矿物填料具有不同程度的增强或补强功能。一般来说，各种填料的增强效果顺序为：纤维填料＞片状填料＞球状填料。反之，各种填料在基料中的流动性顺序为：球状填料＞片状填料＞纤维填料。

选用不同形态填料与尼龙 66 复合制备的复合材料进行力学性能分析，结果见表 8-12。

表 8-12　不同形态填料对尼龙 66 复合材料性能的影响

不同形态填料	玻璃纤维含量(质量分数)/%	40	25	0	0
	片状高岭土含量(质量分数)/%	0	15	40	0
	玻璃微珠含量(质量分数)/%	0	0	0	40
力学性能	相对密度	1.46	1.47	1.49	1.44
	拉伸强度/MPa	214	138	103	97
	弯曲模量/GPa	11.0	10.0	6.6	5.2
	悬臂梁冲击强度/(J/m)	139	43	43	53
	相对成本(体积)	1.00	0.98	0.85	0.92

由表 8-12 分析可知,尼龙 66 中添加 40%的填料提高了复合材料的拉伸强度、冲击强度以及弯曲模量。其中添加纤维状填料复合材料的拉伸强度、冲击强度以及弯曲模量增加最好,其次为片状高岭土,最后为玻璃微珠。

3. 矿物填料含量对力学性能的影响

由于未改性矿物填料与聚合物表面性质差异较大,两者之间相容性差,直接添加时,添加量较小,复合材料力学性能差。矿物填料表面改性后,表面由亲水性变为疏水性,改善了矿物填料与基体间的相容性。

对改性前后硅灰石增强环氧树脂进行实验研究,结果见图 8-24。改性后硅灰石的添加量为 50%时,复合材料的强度达到最高。添加量增加到 40%~50%时,尽管增强作用仍有提高,但增加的幅度明显减小。相比之下,未改性的硅灰石填料添加量在 40%时达到极限,表明硅灰石改性在不影响其增强作用的情况下,可提高添加量。由于偶联剂的作用使硅灰石与环氧树脂的相容性增强,界面亲和力变大,添加量增大,有利于力学性能的改善。随添加量增大,机械强度开始变大,当添加量过大时,机械强度下降。硅灰石添加量过高,在环氧树脂中不能充分分散或者有序排列受阻,导致强度下降。

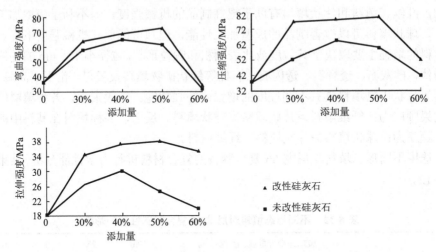

图 8-24　不同添加量硅灰石(G-9)/环氧树脂性能关系[10]

矿物填料含量对复合材料性能影响的一般规律为:随着矿物填料的加入量增加,复合材料的比重增大,表面硬度增大,刚性强度增大,耐温性增高。随着矿物填料的加入量增加,复合材料的抗弯强度下降,断裂伸长率下降,表面光泽度下降,冲击强度随填料的加入量增加一般呈下降趋势。若填料外状为针状、纤维状,则一般为增强。

8.3.2.3　几种常见矿物填料

1. 硅灰石

硅灰石是一种钙的偏硅酸盐矿物，化学式为 $CaSiO_3$。硅灰石多为亮白色，天然产出硅灰石多呈放射状、纤维状或块状集合体，化学稳定性好。经过超细加工的针状硅灰石的长径比范围为 $6:1 \sim 20:1$，具有增强作用，增强效果随长径比的增大而增加，在无石棉摩擦材料中，针状硅灰石常作为辅助增强组分使用。硅灰石的摩氏硬度为 $4.5 \sim 5$，具有较好的增摩效果，成本低，常用于刹车片中，其用量一般小于 15%。

2. 膨润土

膨润土主要由蒙脱石组成，其化学式为 $(Na,Ca)_{0.33}(Al,Mg)_2[Si_4O_{10}](OH)_2 \cdot nH_2O$。蒙脱石具有亲水疏油性能，可与大多数树脂的相容性都比较差，通过有机插层改性，可与树脂形成良好的复合材料，用于塑料的阻隔改性。利用蒙脱石的易插层性能，可以进行长链有机化合物的插层，大幅度提高与各类树脂的相容性，制造多种纳米塑料填充材料，同时改善复合材料的拉伸强度、弯曲强度、弯曲模量和冲击强度。目前，已成功开发出如尼龙 6(PA6)/蒙脱石、涤纶树脂(PET)/蒙脱石、聚甲基丙烯酸甲酯(PMMA)/蒙脱石、聚乙烯(PE)/蒙脱石、聚苯乙烯(PS)/蒙脱石等复合材料。

3. 凹凸棒石黏土

凹凸棒石黏土主要由凹凸棒石矿物组成。凹凸棒石是一种含水富镁的铝硅酸盐矿物，化学式为 $Mg_5(H_2O)_4[Si_4O_{10}]_2(OH)_2$。凹凸棒石呈水晶链层状结构，纳米级晶棒很容易聚集，故凹凸棒石黏土与聚合物的混合只能是微米级的混合，起到增量填充的作用。凹凸棒石黏土表面存在的大量硅羟基与非极性聚合物相容性差，填充前需要进行表面改性。目前，凹凸棒石黏土在塑料中应用主要集中在聚对苯二甲酸乙二醇酯(PET)和聚酰胺(PA)成核剂和隔热材料。

4. 伊利石黏土

伊利石是一种含钾铝硅酸盐云母族黏土矿物，又称为"水白云母"，化学式为 $KAl_2[(SiAl)_4O_{10}] \cdot (OH)_2 \cdot nH_2O$。伊利石的成分比较复杂，化学组成在一定范围内变化，因而应用受到一定限制。加工的伊利石粉体作为片状增强填充料兼有增量和改性双重效果。如在 PVC 中，填充加入量为 3 份左右，拉伸强度、冲击强度都达到最大值，而弯曲强度、弯曲模量和热变形温度在 10 份以前呈缓慢增加。伊利石在增强增韧的同时，可以改善塑料的尺寸稳定性、耐蠕变性、气体阻隔性、绝缘性和防止翘曲性。

5. 海泡石

海泡石为含水的镁硅酸盐，化学式为 $Mg_8(H_2O)_4(Si_6O_{16})_2(OH)_4·8H_2O$。其具有链状和层状纤维的过渡结构，属于 2∶1 层链结构黏土。海泡石作为针状增强填充料兼有增量和改善性能双重效果，与伊利石相似。如在聚氯乙烯(PVC)中，填充加入量在 3 份左右时，拉伸强度、冲击强度都达到最大值，弯曲强度下降，而弯曲模量和热变形温度在 10 份以前都缓慢增加，尤其是弯曲模量增加较快。

6. 蛋白石

蛋白石又称为蛋白土，是一种含水非结晶或胶质的二氧化硅，化学式为 $SiO_2·nH_2O$。蛋白石的外观为致密的玻璃状块状体，颜色有白色、灰色和淡蓝色，多孔状，密度为 2.07 g/cm³，属于比较轻的填充材料。蛋白石在聚乙烯中填充具有明显的刚韧改性作用，例如钛酸酯偶联剂改性的 3000 目蛋白石在高密度聚乙烯(HDPE)中加入 30%，拉伸强度基本持平，而冲击强度提高 160%。加入到 ABS 塑料中也可以明显改善冲击强度。

总之，矿物填料在现代材料工业，如塑料、橡胶、胶黏剂、化纤、涂料、造纸、胶凝材料、建材等工业中具有重要地位，随着新材料工业，特别是复合材料工业的发展，日益显得突出和重要，是在保证使用性能要求的前提下降低材料生产成本最有效的原料或辅料。现代科技、经济和社会的发展对材料的功能性要求越来越高。单一的原料和配方越来越难以满足日趋提高的使用要求。对于高聚物基复合材料，如塑料、橡胶、胶黏剂来说，从高分子合成角度开发具有独特功能的全新结构的高分子化合物有时是难以实现的，有时则可能耗资巨大、耗时很长，而采用矿物填料填充改性常常是比较方便和易于实现的。可以说矿物填料为新型功能材料，特别是复合材料的发展提供了广阔的发展空间。

参 考 文 献

[1] 高建明. 材料力学性能[M]. 武汉: 武汉理工大学出版社, 2004

[2] 时海芳, 任鑫. 材料力学性能[M]. 北京: 北京大学出版社, 2010

[3] 孙建国. 岩石物理学基础[M]. 北京: 地质出版社, 2006

[4] 古阶祥. 非金属矿物材料原料特性与应用[M]. 武汉: 武汉理工大学出版社, 1990

[5] 林巨才. 现代硬度测量技术及应用[M]. 北京: 中国计量出版社, 2008

[6] 申荣华, 何林. 摩擦材料及其制品生产技术[M]. 北京: 北京大学出版社, 2010

[7] 伍洪标. 无机非金属材料实验[M]. 2 版. 北京: 化学工业出版社, 2011

[8] 赵晓光, 欧阳静, 张毅, 等. 矿物基摩擦材料的研究进展[J]. 材料导报, 2019, 33(6):

1860-1868

[9] 韩跃新, 印万忠, 王泽红, 等. 矿物材料[M]. 北京: 科学出版社, 2006

[10] 李珍, 姚书振, 沈上越, 等. 硅灰石/环氧树脂增强体系性能研究[J]. 合成树脂与塑料, 2004, 21(1): 58-61

第9章 矿物材料的生物性能

9.1 矿物材料生物性能概述

生物医用矿物材料的最终目标是应用于生物体系中，在生物体中，生物医用矿物材料会和生物体组织、细胞以及体液等接触，用于增强、修复或者替代在正常生物体中原先拥有的正常生物组织的生物功能。因此，生物医用矿物材料首先需要具备优异的生物学性能，要求材料不能对生物体安全造成明显威胁，不能直接或间接与生物体系接触后降低生物体寿命，如对生物体产生毒性、造成凝血溶血、引起生物体的组织发生病变乃至坏死等。生物医用矿物材料的这种生物学性能称为生物相容性。根据国际标准化组织会议的解释：生物相容性是指生命体组织对非活性材料产生反应的一种性能，一般是指材料与宿主之间的相容性[1]。具体来说，生物医用材料所必须具备的生物学条件即生物相容性应该包括以下几点[2]：

（1）作用于人体后不发生免疫排斥反应，不会引起局部组织或者全身范围内的任何不良反应，能够在体内保持一定的稳定性，不能发生剧烈的吸热、放热等现象，且应该具有一定的生物活性；

（2）能够促进或者不影响生物体正常细胞的增殖、分化等正常细胞生命活动，不能对细胞的生物活性有所减少；

（3）与血液接触不发生凝血、溶血等不良反应，不会形成血栓；

（4）不会造成代谢异常，材料在与生物体反应之后能被生物体正常吸收或者进一步的反应物必须要能够由正常的代谢途径代谢或者排出；

（5）对生物体无刺激、无毒，不会导致发炎、突发病变，不会因为过敏导致异常的免疫反应，无致癌性。

（6）对于应用于硬组织的可吸收材料，如人造骨骼、牙齿，还必须要具有良好的孔隙度，以便于其他组织的长入和贴合生长，易于消毒杀菌，且必须保证足够的物理化学性质稳定，不易分解。

医用矿物材料在生物体中的稳定性对于其疗效的发挥是一个重要的影响因素。大部分矿物在体内短期内都保持着良好的稳定性，无明显的变化。如在以秀丽隐杆线虫作为模式探究埃洛石黏土纳米管在体内的毒性工作中，研究者利用增强型暗视野显微镜观察了埃洛石在秀丽隐杆线虫体内的分布和变化,如图 9-1 所示,高对比度的暗场图像显示从口腔开始到肛门的整个肠道中均可以检测到埃洛石纳米管。表明埃洛石能够在其中秀丽隐杆线虫体内保持良好的稳定性,不易被胃酸或者其他体液所分解以保持埃洛石纳米管的完整性。同时,埃洛石纳米管未在秀丽隐杆线虫的外阴附近聚集,此外,在子宫内或胚胎中都没有检测到游离的埃洛石纳米管,表明秀丽隐杆线虫没有通过外阴对埃洛石纳米管进行摄取。进一步的高对比度的暗场图像[图 9-1(e)～(h)]可以让我们更清楚地了解埃洛石纳米管在秀丽隐杆线虫肠道内的情况,实验结果表明埃洛石纳米管随机在肠内分布,并且在肠道外没有发现纳米管的存在,表明尺寸为 1500 nm 左右的埃洛石纳米不会进入外阴、卵巢或精子囊中,而是分别在秀丽隐杆线虫的消化系统中稳定而均匀的分布[3]。

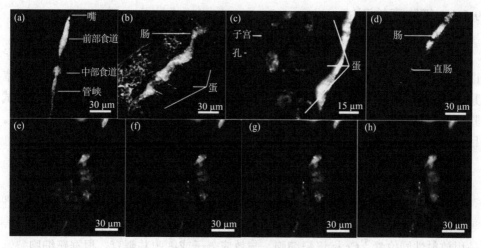

图 9-1　埃洛石在秀丽隐杆线虫体内的分布[3]
(a)前肠内；(b)和(c)在中肠中；(d)后肠内；(e)～(h)在不同焦平面上拍摄的子宫附近肠道的增强型暗视野
显微镜图像

但部分不稳定矿物材料在体内复杂的环境中会发生解离,如水滑石类化合物包括水滑石和类水滑石,是一类经典的生物医用矿物材料。水滑石类化合物与生物学环境的相互作用使得其可以作为治疗一些慢性胃病,如胃炎、胃溃疡、十二指肠溃疡等的药物。这些胃病一般是由于胃酸过多并长期积累而导致的慢性疾病,其主要治疗方法是采用碱性药物,与胃酸发生中和反应,进一步通过反馈作用降低胃蛋白酶的活性,进而恢复胃的健康。采用水滑石类化合物作为胃药也是这种原理,水滑石的缓冲范围是 pH 3～5,在体内可以与胃液发生中和反应,达到治疗效果。

当矿物材料应用到生物医用领域时，不仅要考虑到其稳定性，同时对生物体的影响和作用也成为研究者需要考虑的重要评价指标。

9.2　矿物材料生物性能测试

材料的生物性能测试对于生物医用材料能否在临床中应用至关重要。材料的生物性能可以概括为材料与活体之间相互作用后产生的各种物理、化学、生物等反应变化，包括材料的生物功能性、生物相容性、化学稳定性以及可加工性四个方面。选择合适恰当的生物性能测试方式对于材料生物性能的评价起着关键作用。本节主要围绕其中的与生物相容性相关的测试技术进行详细展开。

9.2.1　细胞毒性测试

细胞毒性试验是体外生物学评价最常用的首选方法[4]，一般是必选的生物学评价方式。将生物医用材料或者其浸取后的提取液和体外培养的细胞接触，观察其是否有抑制细胞生长或者其他毒性作用。细胞毒性试验的主要特点是快速、试验周期短、成本较低且重复性较好，具有很大的生物医用材料生物学评价优势。目前具体试验方法，主流的有同位素标记法、流式细胞术法、色度法[5-8]等。

1. 同位素标记法

主要包括铬释放法、脱氧尿嘧啶核苷(^{125}I-UdR)释放法、^{3}H-leucine 渗入法[9]等。铬释放法是一种定量检测抗体依赖性或细胞介导的细胞毒作用的体外试验，是用放射性同位素 ^{51}Cr 标记靶细胞，与效应分子或细胞共孵育，根据靶细胞裂解所释放的 ^{51}Cr 放射脉冲数而判断细胞毒活性。^{125}I-2'-脱氧尿嘧啶核苷(^{125}I-UdR)是胸腺嘧啶核苷的类似物，作为 DNA 合成的前体物，能特异性取代胸腺嘧啶核苷掺入到细胞核 DNA 链上。因此，可用 ^{125}I-UdR 标记进行细胞活性检测。细胞溶解后可释放 ^{125}I-UdR，用 γ 计数仪测定其放射性强度，以 ^{125}I-UdR 释放百分率表示细胞的活性。当淋巴细胞受分裂原或特异性抗原刺激发生转化时，必然伴随大量 DNA 合成，若将具有放射性的 ^{3}H-TdR 加到培养液内，则可被作为合成 DNA 的原料而摄入转化中的细胞内，测定细胞内放射性物质的相对数量，就能客观地反映出淋巴细胞对刺激物的应答水平。同位素标记法的主要优势是可以通过同位素示踪技术深入了解生物医用材料对细胞产生的毒性在分子水平上的具体变化，但是整体试验的架构十分复杂，易受外部影响，且放射性污染严重，对操作人员的健康威胁较大。

2. 流式细胞术法

利用特定的荧光对细胞进行标记，被光照射后标记的细胞会发射荧光，每个细胞的荧光强度反映了细胞中 DNA 含量的变化。根据前后对比，或者设置对照组进行对照，即可反映出材料的细胞毒性大小。该方法准确度较高且方便快捷，利于分析，目前在免疫学、血液学、肿瘤学等前沿领域均有应用，前景较好。

3. 色度法

目前主要代表有 3-(4,5-二甲基噻唑-2)-2,5-二苯基四氮唑溴盐(MTT)微量酶反应比色法，又称为 MTT 法。MTT 法于 1983 年被首先提出，基本原理为 3-(4,5-二甲基噻唑-2)-2,5-二苯基四氮唑溴盐可以被活细胞的线粒体中的琥珀酸脱氢酶催化形成蓝紫色结晶甲臢并存在于细胞中(图 9-2)，死细胞无此反应，而二甲基亚砜(dimethyl sulfoxide，DMSO)可以使得存在于细胞内的蓝紫色甲臢溶解，并且可以利用酶标仪在 490 nm 波长处进行测定，且在一定范围内，结晶的多少和活细胞数目呈正相关[10]。该方法成本较低、快速、准确且灵敏度较高，主要缺点就是DMSO 溶剂有微量毒性，对试验者有一定危害，而改进的 CCK-8 化学试剂[11]就很好地解决了这个缺点，且更加便捷、灵敏，但是试剂成本较高，且 CCK-8 试剂为粉红色，与含有酚红的培养基颜色相近，会影响试验结果，这两种方法互有利弊，可以配合使用，更有利于对材料准确的评价。类似的方法还有 MTS 测试、XTT法等。

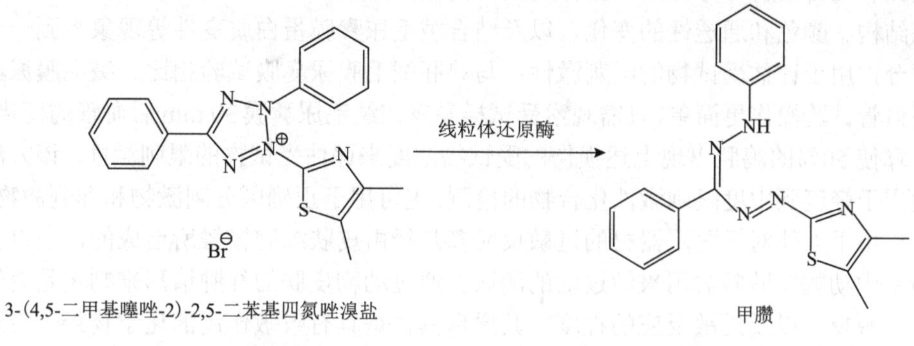

图 9-2　3-(4,5-二甲基噻唑-2)-2,5-二苯基四氮唑溴盐被还原为蓝紫色结晶甲臢[10]

9.2.2　刺激与致敏测试

刺激评价又称局部刺激试验[2, 12]，主要考察生物医用材料对于直接接触或者间接接触的组织是否能够引起红肿、充血甚至坏死等现象，以判断局部刺激大小、寻求合适的给药方式以及评估材料的生物安全性。常用的刺激试验包括皮肤刺激试验、皮内刺激试验以及眼刺激试验[13, 14]等，所有的生物医用材料都是以终产品的形式提供给生物体，而不是原材料或者任何中间物质，因此生物学评价都是针对于最终产品而言，但是材料在生产中的加工方式、灭菌方法以及未反应的残留物都有可能对材料的生物相容性造成影响，除了材料本身，材料的使用频率、不同成长期对应不同的身体理化情况也要纳入考虑范围内，因此在选择生物学试验评价的具体试验方法时，需要对这些进行综合考虑。合理地选择试验方法是对材料生物相容性进行可靠生物学评价的基础。

皮内试验是在各种体内特异性试验中应用较广泛、结果较可靠、测试剂量控制较严格的一种试验方法。目前，在临床上主要是采用此试验方法来进行特异性过敏原检查。当受试者皮肤丘疹直径在 5 mm 以下，周围无红斑形成，或仅有轻微红斑反应者为阴性，即正常；而当受试者出现毛细血管扩张、血管能透性增高、血管内液体渗出、平滑肌收缩、分泌腺活动亢进等过敏反应症状时，表明出现了严重的过敏反应。选择具体的刺激试验时应根据材料的特性以及人体相关组织的承受能力来共同选择。

除此之外，基于体内眼刺激作用发生的机制，目前已开发了多种替代方法。例如，鸡胚绒毛膜尿囊膜试验和绒毛膜尿囊膜血管试验：鸡胚绒毛膜尿囊膜即测试受试物引起鸡胚绒毛尿囊膜毒性变化的能力，从而客观评估物质潜在的眼刺激性程度。利用鸡胚绒毛膜尿囊膜与人结膜结构相似、血管系统完整、清晰和透明的特点，将受试样直接接触鸡胚绒毛膜尿囊膜，于 5 min 后观察绒毛尿囊膜出血、凝血和血管溶解等毒性效应指标的变化情况，这些指标反映出血管及血管网的形态结构、颜色和通透性的变化，以及结合绒毛尿囊膜蛋白质变性等现象得到一个评分，用于评估受试物的眼刺激性；与鸡胚绒毛膜尿囊膜试验相比，绒毛膜尿囊膜血管试验操作更简单，只需观察受试样暴露在绒毛尿囊膜 30 min 后血管的变化，计算使 50% 的鸡胚出现上述损伤的受试物浓度来评估受试物的眼刺激性。该方法适用于轻度到中度眼刺激性化合物的检测，也可用于正确区分刺激物和非刺激物。

由于人体对于医用器材的过敏反应多是经由皮肤细胞接触所造成的，所以实验室中动物皮肤常被用来做过敏的测试。通过动物皮肤的红肿情形来判定是否发生过敏反应以及过敏反应的程度。其原理具体是具有致敏作用的化学物经一定途径进入机体后，与组织蛋白结合形成完全抗原，刺激免疫活性细胞产生致敏淋巴细胞或体液抗体；经 1～2 周致敏期后，使体内免疫反应得到充分发展，形成一定数量的致敏淋巴细胞或特异性抗体。当再次接触过敏源（激发）时，机体对该化学物产生应激状态，并以一定的异常形式表现出来，从而判定该化学产物是否具有致敏性。目前皮肤致敏性试验方法包括豚鼠最大剂量法、封闭式贴敷法和局部淋巴结试验法。其中豚鼠最大剂量法和封闭式贴敷法是生物安全性评价中使用率较高的两种方法。

1. 豚鼠最大剂量法

该法是对材料在试验条件下使豚鼠产生皮肤致敏反应潜能的评定。动物模型主要选用健康、初成年的豚鼠，试验开始时体重应为 300～500 g，雌雄不限，雌鼠应未产并无孕。试验时，至少使用 10 只动物接触试验样品，至少使用 5 只动物作为对照组，以保证试验的准确性。

试验步骤主要包括：①皮内诱导阶段。将受试物皮内注射入豚鼠颈背部皮下。②局部诱导阶段。在皮内诱导阶段 6～8 天后，采用涂有受试物的滤纸或吸水性纱布块局部贴敷于每只动物的肩胛骨内侧部位，覆盖皮内诱导时的注射点。用封闭式包扎带固定，并于 48 h 后去除封闭贴敷。③激发阶段。局部诱导阶段后，将受试物用同样的方法敷贴于试验部位。并于 24 h、48 h 和 72 h 后除去包扎带和敷贴片，观察动物激发部位皮肤情况，在自然光或全光谱光线下观察皮肤反应。

按 Magnusson 和 Kligman 分级标准，对照动物分级小于 1，试验组中分级大于或等于 1 时，提示为致敏。若对照动物分级大于或等于 1 时，动物试验组超过反应对照组中最严重的反应，认为致敏。若试验组动物出现反应的动物数多于对照组动物，但反应强度并不超过对照组，可能需要在首次激发 1～2 周后再次进行激发，以明确反应结果。

2. 封闭式贴敷法

封闭式贴敷试验常使用初成年的健康豚鼠，雌雄均可。试验包括诱导和激发两个阶段。诱导阶段主要是按选定的受试样浓度，将合适的敷贴片浸透试验样品，局部敷贴于每只动物的左上背部位，封闭式包扎。6 h 后除去包扎固定物和敷贴片。1 周中连续 3 天重复该步骤，同法操作 3 周；最后一次诱导敷贴 14 天后进入激发阶段，按选定的受试样浓度，将合适的敷贴片浸透试验样品后单独局部贴敷于每只动物已祛毛的未试验部位，6 h 后除去固定物、封闭包扎带和敷贴片。

同样，按 Magnusson 和 Kligman 分级标准，对照动物分级小于 1，而试验组中分级大于或等于 1 时，一般提示致敏。若对照动物分级大于或等于 1 时，动物试验组超过反应对照组中最严重的反应则认为致敏。若试验组动物出现反应的动物数多于对照组动物，但反应强度并不超过对照组，可能需要在首次激发后 1～2 周进行再次激发，以明确反应。所用方法与首次激发相同，采用动物未试验的一侧部位。

9.2.3　血液相容性测试

血液相容性评价涉及广泛且反应较为复杂，因此评价的层次和水平都呈现多元化特点，1960 年左右，美国就开始进行人工器官的血液相容性评价[15]，但是就目前而言，世界上还没有统一的评价体系和标准，不同的研究人员采用的方法和指标也不尽相同[16, 17]。

根据测试环境不同，血液相容性的评价一般分为体内、半体内、体外试验[18, 19]，相对来说，体外、半体内、体内试验的结果可靠性逐渐升高，但是复杂程度、成本以及耗时性也在提升。体外试验由于快速、成本低的主要特点经常会作为生物医用材料血液相容性的第一步粗略筛选方式。体内和半体内的试验主要用于进一步探究材料的生物相容性，通常这三类试验会结合进行使用，对材料的血液相容性进行全面评价。需要特别注意的是，体外试验在采血后，一般在 4 个小时内就要进行试验，因为血液在离体后由于和空气长时间接触等原因，血液性能会发生变化，且各个物种之间血液各项参数存在一定差异，如人血相对于狗血来说，血栓形成的难度较大，如果用狗血来代替人血进行试验，最后的结果预测的可靠性不高，因此，评价材料对某生物体的血液相容性时，最好使用同一物种的血液样本进行研究。《医疗器械生物学评价　第 4 部分：与血液相互作用试验选择》(GB/T 16886.4—2003)中提出，常用的血液相容性检验的五套系统分别是血栓形成、血小板和血小板功能、凝血、血液学和补体系统。

1. 血栓形成

血栓是血液中的红细胞、纤维蛋白、血小板以及其他成分形成的固体混合物。血栓一般发生在体内或半体内，当医疗器械或材料与人血接触后，材料表面会引起血浆蛋白如白蛋白的黏附，黏附的蛋白层会激活凝血通路并且引起血小板的黏附，分别形成纤维蛋白和血小板血栓，二者又会互相促进，最后形成附壁血栓。因此，将医疗器械或材料通过合适的程序植入体内，放置一定时间后，观察器械或材料表面、植入部位、远端脏器血栓形成的情况，可以综合反映医疗器械或材料对血液中蛋白的黏附、激活凝血通路和引起血小板黏附的情况，从而判断医疗器械/材料是否具有抗血栓性能。

试验结果可以大体用肉眼直接观察血管内和材料表面覆盖形成血栓的情况，还可采用光学显微镜和电子显微镜等技术观察材料表面血栓形成的情况，或对血管、接触器械的组织和脏器进行大体检查和组织病理学检查进行分析评价。该方法由于需要大型动物进行试验，过程烦琐且成本较高，适当情况下可以用血小板、凝血等体外试验进行替代。

2. 血小板功能试验

血小板由骨髓产生，循环于血液中，具有黏附、聚集、释放等功能，其在执行生理性止血的同时，也在病理性血栓形成过程中起重要作用。血小板功能试验主要检查血小板的黏附、聚集、代谢、释放反应和血块收缩等情况，对于临床相关疾病的诊断和抗血小板药物的筛选及相关研究有着重要的意义。

3. 凝血评价

目前最常用的有活化部分凝血活酶时间 (activeated partial thromboplastin time，APTT)和凝血酶原时间(prothrombin time，PT)两种检验方法，这两种方法的技术都已经十分成熟。

活化部分凝血活酶时间检验是临床上最常用的反映内源性凝血系统凝血活性的敏感筛选试验方法。通过在抗凝血浆中加入足量的活化接触因子激活剂和部分凝血活酶，再加入适量的钙离子即可满足内源抗凝血的全部条件。从加入钙离子到血浆凝固所需的时间即称为活化部分凝血活酶时间。活化部分凝血活酶时间检验的长短则反映了血浆中内源性凝血系统凝血因子中的凝血酶原、纤维蛋白原和凝血因子的水平。

凝血酶原时间检验是临床上常用的反映外源性凝血途径的敏感筛选试验方法。通过在受检血浆中加入过量的组织凝血活酶和钙离子，使凝血酶原变为凝血酶。而凝血酶使纤维蛋白原转变为纤维蛋白。加入组织凝血活酶和钙离子后血浆凝固所需时间即凝血酶原时间。

4. 血液学评价

血液学评价包括白细胞和网织红细胞计数、溶血试验等。白细胞是人体血液中非常重要的一类血细胞，在人体中担负许多重任，具有吞噬异物并产生抗体、治愈机体损伤、抵御病原体入侵、抵抗疾病等能力。主要包含五种类型：嗜中性粒细胞、淋巴细胞、单核细胞、嗜酸性粒细胞和嗜碱性粒细胞。白细胞计数方法是使用仪器或人工方法对这五类细胞分别计数。可以根据白细胞的数量来判断机体是否有感染发生。

红细胞是血液中为数最多的一类血细胞，在机体内发挥着重要作用。其主要作用是给全身的各组织器官输送氧气，并把体内产生的二氧化碳排出体外，同时也具有免疫功能，包括：识别并携带抗原；清除循环中免疫复合物；增强 T 细胞依赖反应；促进吞噬作用。一般正常情况下，红细胞的数量和血红蛋白含量的比例大致是相对固定的。但当材料引起严重的组织损伤及血细胞破坏的情况下，它们之间的比值就会发生变化，血红蛋白含量的降低就会十分明显，红细胞和血红蛋白的比例就会升高。

溶血试验是通过观察受试样是否会引起溶血和红细胞聚集等反应作为判断依据，具有敏感性好、方便快捷且准确度高等优点，是最常做也是最有效的血液学评价试验，其结果也可以作为体外细胞毒性评价的补充。

5. 补体系统

补体系统的本质是存在于血浆中的酶。补体系统被激活后就会有引起细胞因子分泌等生物学活性，常用的试验均为体外试验，测试项目主要有 C3a、CH50、C5a[15] 等成分，市场上有多种试剂盒可供试验选择，试验难度较高，在 GB/T 14233.2－2005 中规定了比较常用的成熟测定方法。

9.2.4　抗菌测试

抗菌材料及其制品的抗菌性标准是衡量抗菌材料性能的重要指标，因此科学的测试评价方法是客观反映材料抗菌性能测定结果的关键。大量研究结果表明，应根据抗菌材料的亲疏水性、所用抗菌剂的溶出性以及抗菌材料的外在形态等因素，选择相应的测试方法进行抗菌测试。目前常用的研究方法包括：接触抗菌试验法、振荡法、琼脂扩散法和琼脂稀释法等多种方法。衡量的检测指标包括：抗菌活性值、抗菌率、抑菌率、细菌减少率、抑菌圈/环、最小抑菌浓度和最小杀菌浓度等。

抗菌活性是指材料抑制或者杀死细菌或者真菌的能力。抗菌活性值是衡量抗菌活性的重要指标，是抗菌试验中对照组与试验组的细菌或真菌活菌数量对数值的差值。而抗菌材料的抑菌作用和杀菌作用是相对的，有些抗菌材料在低浓度时呈抑菌作用，而高浓度呈杀菌作用。

杀菌率是指抗菌产品接触一定数量污染菌后，在确定的时间内细菌减少百分比或细菌对数值减少的级别。以杀灭细菌为评定标准时，使活菌总数减少 99.9% 的材料浓度，称为最小杀菌浓度(minimum bactericidal concentration，MBC)。

将样品稀释成不同的浓度，加入到无菌试管中，在每个试管中加入一定浓度的测试菌，培养一定时间后肉眼观察培养液的混浊情况，如果是澄清的，说明没有细菌的增长，即细菌的生长得到了抑制。然后将所有澄清管中的液体都分别划线在培养基表面，无细菌生长即测试的菌已经被杀灭，这时的浓度点即为该样品的 MBC 值。

抑菌是指采用化学或物理方法抑制细菌或妨碍细菌生长繁殖及其活性的过程。常用抑菌圈大小、最小抑菌浓度等指标来衡量材料的抑菌效果。

能够抑制培养基内细菌生长的最低浓度称为最小抑菌浓度(minimum inhibitory concentration，MIC)。

常用稀释法检测样品的最小抑菌浓度，即将待测样品稀释到测试起始浓度后转移到 96 孔板中，然后对样品进行浓度梯度稀释，稀释结束后加入测试菌种进行培养，培养后利用酶标仪读取吸光度值，菌种未生长的浓度点即为该样品 MIC 值。

抑菌圈法又称扩散法，是利用待测药物在琼脂平板中扩散使其周围的细菌生长受到抑制而形成透明圈，即抑菌圈。可以根据抑菌圈大小判定待测药物抑菌效果。根据处理方法不同，抑菌圈法又分为滤纸片法、牛津杯法和打孔法三种。滤纸片法是比较常用的方法，即选用浸泡过待测样品的圆形滤纸片置于含有测试菌种的试验平板中，培养一段时间后测定抑菌圈大小，抑菌圈的大小反映了待测样品的抗菌能力强弱。扩散法操作便捷、简单易行、成本低廉、结果准确可靠，是经典的抑菌试验测试方法。

浓度梯度琼脂扩散试验，其基本原理和扩散法类似，即浓度呈连续梯度的抗菌药物从塑料试条中向琼脂中扩散，在试条周围，不同抑菌浓度范围内受试菌的生长被抑制，从而形成透明的抑菌圈。浓度梯度琼脂扩散试验综合了稀释法和扩散法的原理和特点，同时还弥补了二者的一些不足，可以像稀释法一样直接定量测出抗菌药物对受试菌的 MIC。

同时，抗菌材料及其制件的抗菌长效性的评价方法和标准抗菌材料的抗菌时效性的意义非常重要。由于按实际使用年限跟踪抗菌制品的抗菌长效性耗时很长，所以，生产者和使用者通常都用加速实验方法来评价其长效性，并与实际使用时间相对应。事实上，由于抗菌材料的抗菌长效性与其所处的使用环境有着密切关系，所以需要对寻找这一密切相关性进行不断的研究。目前有使用模拟强化析出法实验测定抗菌剂有效成分(金属离子)在水中的析出量，从而外推估算抗菌效果的有效期。

9.3　矿物材料生物特性应用

材料生物特性包括了材料所具备的生物功能性、生物相容性、生物可降解性以及生物活性等方面。矿物材料的生物特性同样包括了以上内容，材料所具备的特性很大程度上决定了其应用的领域与范围。

9.3.1　药物输送

随着纳米技术的发展，各种纳米药物输送载体得到了广泛的关注和研究，对生物医学科学、纳米医学、诊断学和组织工程等领域产生了重大影响。由于药物输送能够以高效率和极小化的副作用将药物递送到目标部位，因此药物输送载体已逐渐成为现代药物中的重要组成部分。

药物的治疗效果与血药浓度有关。传统药物给药后，血药浓度会逐渐升高，最高浓度可能会超过中毒极限浓度，并且随着时间的推移，血药浓度会逐渐降低，丧失治疗效果，为了保持疗效，需要多次给药。药物传输系统的目的就是最大限度地发挥药物疗效，并且将毒副作用降到最低。选用合适的载体制备药物控释体系，能够使药物缓慢释放，延长药物作用时间，减少给药次数；保持稳定、合适的血药浓度，避免出现峰谷现象。同时，有的药物因需要长期服用，存在剂量依赖毒性与泄漏等问题；有的药物为难溶性，导致溶解度与生物利用度低，而且大部分药物只有达到病灶部位时才能发挥疗效，所以需要有效载体将其运输到作用部位，这便对药物载体提出了新的要求。因此，具有靶向性的载药体系更加适用，尤其针对恶性肿瘤的治疗，靶向作用能促进药物在肿瘤部位释放，而又不破坏正常组织，将毒副作用减小到最低。

药物负载与释放行为也是药物载体评估的重要指标。药物负载与释放应以不影响药物功能的方式进行，药物输送系统应以适当的速率在目标部位释放药物，同时不会伤害健康细胞。其中影响药物递送载体材料的因素包括：

（1）纳米颗粒的形状。纳米颗粒形状是药物递送中必须考虑的重要特征之一，血液循环时间、细胞摄取和生物分布可能会随着纳米颗粒形状的改变而改变。

（2）纳米颗粒的尺寸。纳米颗粒的尺寸在药物递送系统中对于细胞的总摄取量起着关键作用。不同尺寸的纳米颗粒具有不同的应用。例如，当使用阿霉素插层在直径为 400～500 nm 的高岭石中时，其表现出 pH 响应行为，可以穿过血液屏障[20]；而当使用阿霉素插层在直径为 150～200 nm 的高岭石中时，能显示出对甲状腺乳头状癌的治疗效果[21]。纳米颗粒的大小在细胞摄取中的有效性也取决于细胞的类型，因为每种细胞类型都有不同的表型，同时纳米颗粒的大小也决定了其在血液循环中的半衰期。

（3）纳米颗粒的孔径。孔径和孔体积也是纳米颗粒在生物医学中应用的重要控制因素[22]。药物的包埋或装载主要取决于纳米颗粒的孔/腔尺寸。

（4）表面改性和稳定性。表面性质是影响纳米颗粒在药物递送中性能的重要因素之一。事实上，大多数合成的纳米颗粒在装载药物之前都会进行表面修饰，这对于它们发挥载体的作用至关重要。有许多材料可用于通过涂层来修饰纳米颗粒的表面，这种包覆工艺可以增加纳米颗粒的胶体稳定性并改善其分散性。此外，表面改性纳的米颗粒可以为药物分子和靶向配体之间的连接提供"桥梁"。据报道，基于纳米颗粒的药物制剂具备了增强的机械性能、热力学性能以及许多其他所需的理化特性[23]，而这些理化特性对于药物制剂的稳定性起着关键作用。

（5）纳米颗粒的封装效率。封装效率是负载在聚合物/纳米颗粒上的药物相对于纳米颗粒总质量的百分比的量度。封装效率是纳米颗粒在药物应用中最重要的参数之一[24]。

基于上述情况，对药物输送载体来源的探索带来了新一轮药物输送的研究热潮。科学家们提出了数十种新型药物输送载体[25]，其中最重要的例子是黏土、钙盐矿物(如碳酸盐和羟基磷灰石)以及磁性材料。其都表现出从零到低毒性、良好的生物相容性和/或生物降解性。这些运载工具可以满足各种各样的化合物，从小分子物质到大分子物质，从高度亲水性药物到完全亲脂性药物的封装。重要的是，其生产所需的材料成本明显低于传统运输载体。其中，矿物因其独特的理化性质、良好的生物相容性、自然资源丰富等优势，具有悠久的药用历史[20, 21]，同时也可作为良好的药物递送载体。许多研究者们探索了矿物基载体在药物运输方面的应用，以期制备具有控释、增加药物溶解度、提高生物相容性、增加靶向性等特定功能的药物输送载体。早期研究发现许多矿物质药物对多种恶性肿瘤有很好的疗效，如砒霜、朱砂等，而且矿物载体在应用于给药系统时可以在增加疗效的同时减少不良反应[21]。如图 9-3 所示，矿物通常以药物或载体的形式在肿瘤治疗中发挥重要作用[26]。

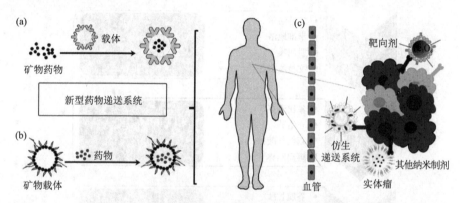

图 9-3　药物递送系统用于肿瘤治疗的作用示意图[26]

矿物可以在新型药物递送系统中分别作为(a)药物或(b)药物递送载体发挥作用；(c)基于矿物的药物递送系统可通过血管到达肿瘤部位

· 几种常见的矿物生物材料

1. 黏土矿物

在各种不同的矿物中，黏土矿物因具有较高的比表面积、良好的化学和机械稳定性、生物相容性和低毒性而被广泛用于抗生素、降压药、抗精神病药和抗癌药物等多种药物的载体。纳米黏土在自然界中资源丰富，这消除了对其工业合成的需求，大大降低了材料加工所需的高昂费用。同时，黏土矿物有层状、管状、纤维状等多种特殊结构，表面存在丰富的羟基基团，具有良好的吸附能力、稳定的物理化学性质等优点，使其成为装载和控释各类药物(如抗生素、抗癌、抗氧化和抗炎)的理想纳米载体，目前已被广泛应用在药物载体材料中(图 9-4)[27]。其中纳米黏土如蒙脱石、埃洛石和高岭石已被用作药物递送的纳米容器和纳米载体，在过去的二十年中引起了生物医学工程领域研究人员的广泛关注。

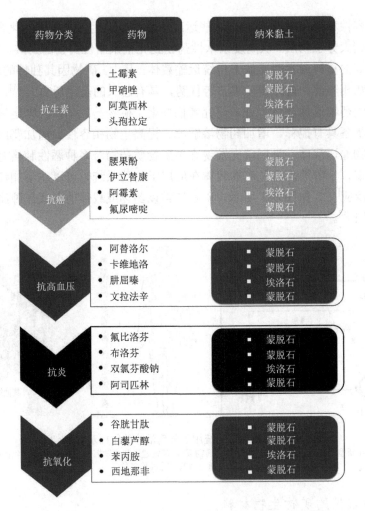

图 9-4　药物输送系统中用到的不同类别的黏土矿物[27]

1）埃洛石基载药体系

埃洛石具有独特的管状结构，比表面积高，水溶性好，可以通过表面或离子交换反应与药物分子发生相互作用，并且具有良好的生物相容性，使其在药物输送领域中具有潜在的应用前景。埃洛石在中孔（2～50 nm）甚至大孔（>50 nm）尺度上具有一维多孔管状结构，远大于多种合成的多孔材料（如碳纳米管等），这种独特的性质使其在负载不同功能组分制备复合材料方面应用广泛。埃洛石纳米管的内外表面具有两种类型的羟基，可用于药物的功能化和负载。同时可以通过改变其内腔或外表面性质，使其成为不同药物的载体或递送载体。

为了有效增强埃洛石纳米管与药物的结合，天然存在的埃洛石纳米管需要进行进一步的化学改性。在装载药物之前，需采用不同的方法来修饰埃洛石纳米管的表面。其中，一种常用的方法是使用(3-氨基丙基)三乙氧基硅烷对埃洛石纳米管的表面进行修饰。(3-氨基丙基)三乙氧基硅烷可以充当结合所需分子或药物的中间体，引入硅烷醇基团与埃洛石纳米管表面的羟基进行键合。(3-氨基丙基)三乙氧基硅烷改性的埃洛石纳米管已用于阿司匹林的输送，与未修饰的埃洛石纳米管相比，(3-氨基丙基)三乙氧基硅烷改性的埃洛石纳米管将阿司匹林的负载效率提升了 11.8wt%[28]。将环丙沙星装载到(3-氨基丙基)三乙氧基硅烷改性的埃洛石纳米管上进行缓释并抑制环丙沙星与铁的络合，从而提高药物的生物利用度。改性的埃洛石纳米管显示 70%的环丙沙星负载量，并在磷酸盐缓冲盐水中持续释放时间长达 9 h。在 2 h 内，改性埃洛石纳米管对铁的吸收降低了 90%[29]。同时，阿霉素，一种抗癌药物，被封装在多功能埃洛石纳米管中，用于靶向递送和持续药物释放。与非靶向埃洛石纳米管相比，由于癌细胞上存在过度表达的叶酸受体，使用叶酸修饰的埃洛石纳米管可以有效地将阿霉素递送至肿瘤部位从而达到靶向治疗的目的[30]。综上，埃洛石纳米管可用于多种药物的装载并可进行进一步的修饰改性，用于各种疾病的治疗。

2) 高岭石基载药体系

高岭石是高岭土(瓷土)的主要成分，由于其良好的生物相容性、生物稳定性和非免疫原性使其成为药物输送的潜在候选者。研究者将抗癌药物 5-氟尿嘧啶分别负载在未改性和使用甲氧基改性的高岭石中，结果表明，甲氧基改性高岭石的载药效率为 55.4%，远远高于未改性高岭石的负载率。高岭石的改性增加了层间间距，为 5-氟尿嘧啶的插层提供了额外的负载位点，从而增加了药物的负载量[31]。进一步，研究者将异戊巴比妥钠嵌入高岭石中以研究高岭石结晶度对药物释放的影响。结果表明，当高岭石结晶度增加时，药物的释放量也随之增加。这些试验结果均证实了基于高岭石的多孔微结构可以有效缓释药物[32]。

采用不同链长的有机化合物，如二甲基亚砜、己胺、甲醇、(3-氨基丙基)三乙氧基硅烷和十二烷基胺插层高岭石进行改性。插层改性可以扩大高岭石的层间距，为抗癌药物提供足够宽敞的空间和有效的活性位点，并控制其释放速率，从而提高药物输送效率，降低药物毒性。测定了高岭石与有机化合物的界面关系(图 9-5)、载药效率以及原始高岭石和插层高岭石对不同癌症(肺癌、乳腺癌、结直肠癌、胃癌、前列腺癌、肝细胞癌、宫颈癌、食道癌、胰腺癌和甲状腺癌)细胞的细胞内摄取和细胞活力(图 9-6)，结果表明，插层改性制备的二维纳米黏土高岭石具有良好的生物相容性以及极低的细胞毒性，可用作潜在的生物友好型生物材料[20]。这些研究清楚地表明了高岭石拥有良好的生物相容性、载药功效以及随后的药物控释能力，能够使其成为优良的药物载体。

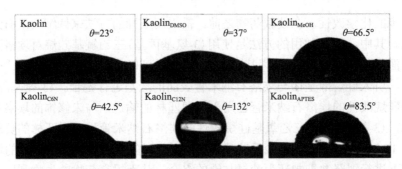

图 9-5　高岭石(Kaolin)与不同有机化合物插层的高岭石的表面张力[20]

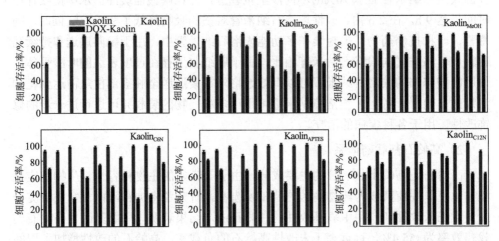

图 9-6　高岭石、插层高岭石以及阿霉素-高岭石在浓度为 200 μg/mL 下与不同肿瘤细胞共培养后的细胞存活状况[20]

从左到右：肺癌、乳腺癌、结直肠癌、胃癌、前列腺癌、肝细胞癌、宫颈癌、食道癌、胰腺癌和甲状腺癌

3）蒙脱石基载药体系

蒙脱石作为药物释放的载体已广为人知。一些独特的物理化学特性增强了其在各种其他疾病中的适用性。蒙脱石具有优异的吸附性能，在其层间空间以及外表面和边缘上均具有丰富的吸附位点。蒙脱石的片层结构及其组分使其具有较高的比表面积、较强的吸附能力、良好的阳离子交换能力以及低的细胞毒性等优良性质。蒙脱石可以利用其天然层状结构和静电相互作用稳定生物活性分子，通过离子交换作用，实现药物的可控释放，是一种良好的药物载体材料。它已被研究用于眼部给药[33]、经皮给药[34]、结肠靶向给药[35]和口服给药[36]。体内研究表明，与单独的药物相比，蒙脱石可延长药物在体内释放的作用时间，当药物-蒙脱石复合物配比为 1∶20 时，由于蒙脱石的水合作用从而增强了药物在胃液中的吸收以及延长了药物的释放时间[36]。同时，通过钠离子与聚酰胺上的盐酸

胺之间的离子交换过程，在蒙脱石层间插入聚酰胺。聚酰胺-蒙脱石复合物可用作口服给药的缓释药物，在不同 pH 值（2.3、5.8 和 7.4）的缓冲溶液中，研究了 1,3,4-氧杂（翘）重唑的释放行为，在 pH 2.3 下的药物释放率几乎达到 90%，并显示出有效的抗菌活性[37]。

　　蒙脱石还被用于开发新的纳米复合材料用于高效药物输送系统。如图 9-7 所示，盐酸文拉法辛是一种有效的抗抑郁药物，可抑制 5-羟色胺、去甲肾上腺素、血清素和多巴胺的再吸收。该药物具有 534 mg/mL 的高水溶性和 4~5 h 的半衰期，因此该药物需要每天给药 2~3 次，以维持其在血浆中的所需浓度。而通过海藻酸钠包裹的蒙脱土负载盐酸文拉法辛复合材料大大减少了该药物的突释，并在胃液和肠液中累积释放分别为 26 h 至 20% 和 29 h 至 22%，延长了药物释放。因此，蒙脱石可用于开发文拉法辛口服给药制剂，以延长药物的释放时间并提高患者的依从性[38]。

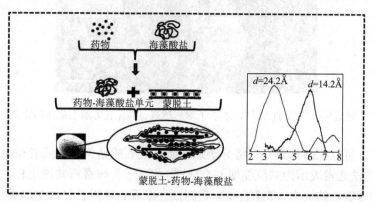

图 9-7　蒙脱石-海藻酸盐微球作为盐酸文拉法辛口服缓释的递送载体[38]

2. 钙盐矿物

　　无水碳酸钙主要以三种多晶型之一的形式存在：方解石、文石或球霰石[39]。最常见的方解石由于其无孔结构导致较低的载药能力而在生物医学领域的应用较少。与方解石不同，文石，特别是球霰石晶体具有高度发达的内部结构，适合容纳各种性质的分子，这在很大程度上决定了球霰石在纳米医学中的应用。

　　鉴于对球霰石的高度关注，对其结构进行了广泛研究[40,41]。球霰石由聚集在一起的小纳米微晶组成（图 9-8）。这些纳米晶之间的空间形成了相互连接的圆柱形孔，这些圆柱形孔通常在几十纳米的范围内。因此，球霰石属于介孔材料。球霰石晶体的典型尺寸范围为 3~20 μm，通常呈球形。球霰石的介孔结构可用于各种材料的封装，从小分子（抗癌药[42]、麻醉剂[43]、抗生素[44]）到大分子（蛋白质[45]、生长因子[46]、基因[47]）和无机纳米颗粒（Ag[48]、TiO_2[49]、Fe_3O_4[50]）。重要的是，多组分封装到球霰石中也是可能的，并且已被报道，球霰石的典型孔隙在几十纳米的范围内，与小分子相比，这通常使得大分子/纳米颗粒的封装更有效。为了克服晶体对小分子装载容量相对较低的难题，可以在晶体的内部体积中填充对所需封装药物具有高亲和力的聚合物基质。例如，设计环糊精-碳酸钙复合物作为疏水性药物和激素的载体[51]。角叉菜胶-碳酸钙和黏蛋白-碳酸钙复合物[52]用于负载阿霉素等。除了增加小分子的负载容量外，在晶体中包含聚合物时也可以稳定并减慢球霰石重结晶为方解石的速度，这对于调节药物释放曲线很重要[53]。

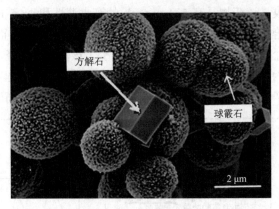

图 9-8　碳酸钙晶体的 TEM 图，展示了球形球霰石和无孔方解石晶体的介孔性质[52]

　　同时，可以在温和条件下将分子加载到球霰石的结构中，或者在晶体生长期间(这种方法通常表示为共沉淀或共合成[54])将分子与球霰石共同生长，从而将分子加载到球霰石结构中，亦或通过加载到预先形成的球霰石晶体中形成共构体(例如通过吸附到晶体孔[54]或引入冷冻干燥方法[55])。在这些方法中，吸附和共沉淀是药物封装最主要的两种方法。吸附是最"温和"的方法，适用于易聚集、变性和活性丧失的不稳定分子的封装[45]。相比之下，药物溶液与前体盐的共沉淀混合会将药物在晶体生长过程中更有效地包埋和均匀分布在晶体内。然而，由于晶体生长条件较为苛刻(高离子强度和较高的 pH 值)，更高的封装效率可能伴随着敏感大分子部分活性的丧失[56]。除此之外，通过吸附加载的晶体通常比通过共合成加载的晶体更容易释放药物[45]。由于脂质或聚合物逐层组装的结晶包覆可以减少药物的渗漏以及延长药物释放的时间，目前以碳酸钙为模板的多层胶囊也是非常有前途的运载工具，并且它们的药物输送潜力已被广泛研究。

3. 磁性矿物

　　在各类纳米材料中，磁性纳米粒子以其超顺磁性、低毒性、生物相容性和生物降解性等突出优点在生物医学和临床应用中引起了广泛关注[57]。此外，磁性纳米粒子可以通过外部磁场传导，提供药物和生物分子的引导递送[58]。常见的磁性矿物以铁氧化物为主。铁氧化物在自然界中以多种形式存在，如铁氧化物（FeO）、赤铁矿（α-Fe$_2$O$_3$）和磁赤铁矿（γ-Fe$_2$O$_3$）等。

　　磁铁矿是最常见的天然氧化铁之一，其化学成分为 Fe$_3$O$_4$。磁铁矿的晶体结构呈反尖晶石型，具有交替的四面体-八面体双层结构。磁铁矿也是地球上最强的磁性矿物[59]。这一迷人的特性引起了世界各地研究人员的广泛关注。磁铁矿纳米颗粒已经被研究证明，由于磁铁矿纳米颗粒所具有的"超顺磁性"特性，可应用于各种领域。在靶向给药系统中，可以借助外磁场的驱动作用，实现载药磁铁矿纳米颗粒在所需部位的聚集，提高药物的靶向性。超顺磁性是磁性纳米粒子在药物输送应用中发挥最大作用的必要条件，并且超顺磁性纳米粒子在不存在外部磁场的情况下表现为零净磁矩，这对肿瘤靶向具有很大的优势，因为在靶向部位之外（即无磁场驱动部位），自聚集的倾向被最小化[60]。因此，抗癌药物可以完美地输送到所需区域，而不会损害健康组织。如图 9-9 所示[61]，载药的磁铁矿纳米颗粒通过外部磁场调控靶向目标部位，这有助于药物的靶向富集和释放，从而在不伤害邻近健康细胞的情况下提高癌细胞治疗的疗效。

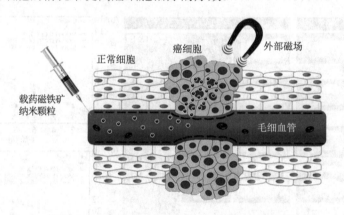

图 9-9　载药磁铁矿纳米颗粒的靶向给药系统[61]

　　除了体外，体内药物输送的研究也很重要，因此了解纳米载体如何在体内发挥作用以消灭癌细胞至关重要。有研究者[62]制备了一种 pH 敏感的双靶向磁性纳米载体，用于癌症治疗中的化疗和光热治疗，通过化学共沉淀法将磁铁矿纳米颗粒沉积在氧化石墨烯上，合成了磁性氧化石墨烯。然后用聚乙二醇和西妥昔单抗修饰磁性氧化石墨烯，负载抗癌药物阿霉素，研究了其在小鼠移植肿瘤模型中的抗肿瘤功效。实验采用 BALB/c 小鼠模型，皮下小鼠结肠癌肿瘤尺寸为 60~100 mm^3 时，用不同方式处理。分别在第 0 天和第 14 天拍摄荷瘤小鼠的图像，记录肿瘤大小的差异（图 9-10）。在第 14 天从小鼠身上切除的肿瘤显示了每种治疗的抗肿瘤作用［图 9-10（a）］。第 14 天对肿瘤组织进行 H&E 染色，结果显示 MGO-PEG-CET/DOX+

磁场和 MGO-PEG-CET/DOX+磁场+激光组癌细胞坏死最为明显。然而，对照组、阿霉素组和 MGO-PEG-CET/DOX 组细胞继续生长。每天记录肿瘤体积并绘制各时间点肿瘤体积与第 0 天肿瘤体积归一化后的相对肿瘤体积图[图 9-10(b)]。与对照组相比，MGO-PEG-CET/DOX+磁场和 MGO-PEG-CET/DOX+磁场+激光组在整个观察期间均显示出明显的肿瘤抑制作用($*p < 0.05$)。DOX 组和 MGO-PEG-CET/DOX 组也显示出肿瘤体积减小，但在整个实验过程中，两组的肿瘤体积与对照组相比没有显著差异。这说明了外部磁场引导靶向的重要性。但 MGO-PEG-CET/DOX+磁场治疗在第 8 天后无法抑制肿瘤生长，肿瘤体积迅速增加，而 MGO-PEG-CET/DOX+磁场+激光治疗可以抑制肿瘤生长，缩小肿瘤体积，则表明外部磁场引导材料靶向至肿瘤部位后与激光治疗进行联合治疗能够更好地抑制肿瘤的生长。图 9-10(c)显示了在 14 天内记录的小鼠体重变化。然而，与其他接受阿霉素治疗的组相比，对照组的小鼠有更明显的体重增加。这可能归因于化疗产生的不良反应，但所有接受治疗的小鼠的食欲和行为在整个期间没有太大变化，表明所制备的磁性氧化石墨烯复合材料具有较为良好的生物相容性，不会对小鼠机体的正常功能造成损伤。

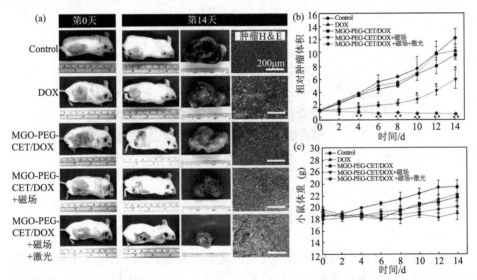

图 9-10　荷瘤 BALB/c 小鼠的体内抗肿瘤效果[62]

BALB/c 小鼠皮下植入 CT-26 细胞，并给予不同的治疗：静脉注射生理盐水(对照)、阿霉素、MGO-PEG-CET/DOX、MGO-PEG-CET/DOX+磁场和 MGO-PEG-CET/DOX+磁场+激光(30 mg/kg DOX)。(a)第 0 天和第 14 天对携带肿瘤的 BALB/c 小鼠、切开后的肿瘤和第 14 天切开肿瘤的 H&E 染色(bar = 200 μm)；(b)相对肿瘤体积随时间的变化；(c)小鼠体重随时间的变化

9.3.2　抗菌杀菌

细菌是所有生物中数量最多的一类，具有多种形状，主要有球状、杆状以及

螺旋状。细菌是一种单细胞生物体，广泛分布于土壤和水中，或者与其他生物共生。人体也携带相当多的细菌，根据统计，人体内部以及表皮细胞中的细菌总量是人体细胞总数的十倍左右。同时细菌也给人类的活动带来很大的影响。细菌是许多疾病的病原体，可以通过各种途径，如接触、消化道、呼吸道、昆虫叮咬等在正常人体间相互传播疾病，具有很强的传播性，不仅对人体健康具有严重的威胁，同时也会对社会产生极大的危害。

从过去到如今，微生物感染依然是世界上最具威胁性和挑战性的健康问题之一。由细菌感染引起的一系列传染性疾病一直是威胁人类生命健康的问题，细菌感染和相关疾病造成了全球 30%的死亡，人们也一直在寻找着抵抗细菌感染的方法，传统抗菌杀菌的方法是使用抗生素。在过去很长一段时间，抗生素的使用一直被用作解决细菌感染问题的主要方法，但是随着抗生素在临床上的广泛使用，很快便出现了耐药性，这不仅影响了抗生素在临床上的应用，而且出现了"超级耐药菌"，这又是人类健康的严重威胁之一。抗生素的滥用带来了多药耐药菌株，传统的抗生素治疗方法变得越来越低效，且与耐药菌株的发展速度相比较，新型抗菌药物的开发速度远远不够，因此寻找和开发抵抗细菌感染的新型抗菌药物和抗菌材料刻不容缓。

皮肤是抵御细菌感染的第一道防线，当皮肤出现严重缺损时，需要进行创面敷料，敷料可以覆盖伤口位置，吸收组织渗出液，防止病菌感染，诱导组织的恢复和再生，此外敷料还可以保护伤口免受二次损伤。伤口愈合是一个复杂的动态过程，现在创面治疗面临的主要挑战依然是细菌感染和创面愈合不良。快速有效地控制细菌感染是减轻患者疼痛、挽救患者生命的关键点。目前人们已经设计和制造出了各式各样的伤口敷料，如纱布、海绵、多孔泡沫、静电纺纳米纤维、生物相容性薄膜以及功能水凝胶等均在使用。水凝胶具有的天然多孔结构能够很好地吸收伤口处的渗出物，加之作为微生物的阻碍屏障，能够保持皮肤损伤部位处于一个比较潮湿的环境，而且水凝胶敷料在一定程度上能够缓解患者的疼痛感。

在水凝胶抗菌材料迅速发展的同时，随着纳米技术的不断革新和突破，将纳米材料应用于抗菌也得到了众多科学家的广泛关注。纳米颗粒已被证明对各种各样的病原体具有抗菌杀菌效果，并且与治疗患者疾病和感染的抗生素类药物不同，纳米材料可以在人类受到感染之前抑制病菌的生长，这极大程度上解决了产生耐药菌的问题。纳米颗粒表面的电荷可以与细菌表面上相反电荷相结合，带来有效的抗菌活性，并且由于其具有的不溶解性，抗菌纳米颗粒在抗菌的应用中能够保证持久的有效性和寿命。在具有抗菌性能的纳米材料中，金属纳米材料作为纳米材料的一个重要分支，不仅具有磁性、电性以及光热性等优良的物理化学性质，而且由于其具有抗菌广谱性、多种抑菌机制以及良好的生物相容性而受到广泛研究。根据最新的研究表明[63]，金属纳米材料除了可以用于装载抗菌药物进行抗菌外，还可以用于细菌感染的检测和治疗。其中作为金属元素中的"贵族"金属，金和银一直是人们研究的焦点。研究者们利用不同的方法制备出了形态各异的金纳米粒子和银纳米粒子，如银纳米结构的纳米球、纳米片、纳米线以及纳米管等，这些形态各异的纳米粒子表现出了不同的电学、热学和光学性质。金纳米颗粒的抗菌活性包括辅佐抗菌剂的作用和自身带有的抗菌活性，其中辅佐抗菌剂主要是通过细胞吸收带有高浓度的抗菌药物，金纳米颗粒与抗菌剂结合后降低了细菌膜对抗菌药物的耐药性，提高了抗菌药物进入细菌内部的效率，从而增强抗菌剂对细菌的杀伤效果，另一方面，当金纳米颗粒进入到细菌细胞中后，可以通过抑制核糖体亚基结合转运 RNA，干扰 DNA 的转录复制和产生大量活性氧聚集，导致细胞蛋白质聚集和 DNA 破坏从而导致细菌的死亡，因此，金纳米粒子具有较好的抗菌性能；相对于金纳米粒子的抗菌性能，银纳米粒子具有广谱抗菌特性，对于大肠杆菌、白色念珠菌、金色葡萄球菌等多种微生物均有抗菌杀菌的作用，其主要是通过是释放银离子和产生活性氧来起到抗菌作用的[64]。根据研究发现，单一的金纳米粒子或者银纳米粒子的抗菌性能不如金和银纳米粒子的细胞毒性与两者结合后的抗菌性能好，研究发现金银合金纳米颗粒具有较强的抗菌活性以及对皮肤成纤维细胞的毒性可以忽略不计，而且在近红外的辐射下，在 4 min 之内可以有效去除85%的细菌膜[65]。

随着研究的不断深入，矿物在抗菌领域也发挥了重要的作用，其中二氧化钛、氧化锌、三氧化二铁以及黏土类等矿物都被证明具有很好的抗菌性能。二氧化钛具有光催化杀菌的特性。目前，锐钛矿型的二氧化钛在空气净化、水净化、表面自洁、抗菌以及能源领域已经成为一种优秀的光催化材料。光催化已被证明能够杀死多种微生物，包括革兰氏阳性菌和阴性菌、真菌以及病毒(图 9-11)。当二氧化钛被能量大于半导体带隙的光照射时，电子将从价带激发到导带，在价带上留下相对稳定的空穴，从而形成电子-空穴对，被激发到导带的电子在传导带中自由移动，空穴可能会被临近的电子填满。这个过程是可以重复的，空穴也是可以移动的，反应产生的电子和空穴都具有较强的还原和氧化能力，电子和空穴可以发

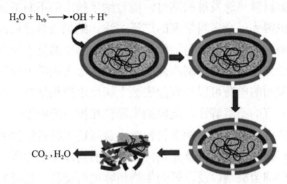

$$H_2O + h_{vb}^+ \longrightarrow \cdot OH + H^+$$

$$CO_2, H_2O$$

图 9-11 TiO$_2$ 光催化剂存在下的杀菌机理[66]

生重组，或者反应生成活性氧物质，活性氧物质对基因组和其他细胞分子产生亚致死或者致死作用，从而达到杀菌功效[66]。

二氧化钛具有光催化特性，产生电子-空穴对是具有杀菌性能的前提条件，但是由于电子-空穴对极其不稳定，容易复合，所以为了提高二氧化钛的光催化效率，人们采用了不同的方法，如金属掺杂。有研究表明[66]，铜、镍和铁掺杂的二氧化钛纳米粒子对大肠杆菌和金色葡萄球菌均具有较好的可见光诱导的光催化活性；加入贵金属是提高二氧化钛光催化效率的另一个途径，在二氧化钛光催化剂中加入具有抗菌活性的贵金属（银、金、铂），很大程度上降低了电子-空穴对复合的概率，从而不仅获得了更高的光催化活性，而且由于具有抗菌活性的贵金属的加入，也提高了复合材料的抗菌性能。有研究者[67]利用 3-氨丙基三甲氧基硅烷偶联剂将金纳米颗粒固定在二氧化钛纳米管中（图 9-12），使得二氧化钛表面电位降低，更负的电位和肖特基接触，从而金纳米颗粒修饰的二氧化钛表现出良好的抗菌性能，并且也具有优良的细胞相容性，不仅可以作为良好的抗菌材料，而且还可以作为非常有潜力的骨科植入材料。

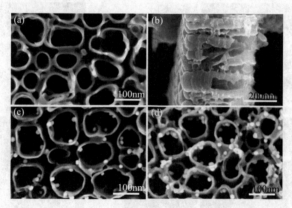

图 9-12　TiO$_2$ 纳米管的扫描电子显微镜图像[67]

(a) TiO$_2$ 纳米管表面；(b) TiO$_2$ 纳米管界面；(c) TiO$_2$ 纳米管固定有少量的金纳米粒子；(d) TiO$_2$ 纳米管固定有大量的金纳米粒子

同时，黏土矿物作为矿物中的一大类，从早期历史以来就被用于治疗，铝硅酸盐如埃洛石、高岭土、蒙脱石、海泡石等均在治疗疾病上有所应用。经过大量的研究证明，富含铁的黏土矿物，如蒙脱石、伊利石等对细菌病原体具有杀伤作用。还有人们研究最为广泛的埃洛石纳米管，埃洛石作为天然中空管道的纳米管，具有良好的生物相容性，常常被用作负载生物活性化合物的运载工具，运输各种药物，如抗癌药物阿霉素、姜黄素、紫杉醇等进入人体内杀死肿瘤细胞。埃洛石同样也被用来作为抗菌药物的运输平台，可以减少抗生素的用量，延长抗生素释放时间。除了天然管状的埃洛石，经过长期与高岭石的接触，人们发现高岭石对于哺乳动物细胞、线虫、细菌、酵母等没有毒性。高岭石的安全性有利于它在与人类和其他生物体接触的材料上的应用。高岭石结构为典型的片层状结构，片与片之间的间距可以很好地封装抗菌剂，同时片层状的结构和良好的可调节表面性能使得高岭石可以使用简单的剥离方法就能将其剥离成为片状，增加其比表面积。除此之外，研究者还利用三氧化二铁与高岭石制备复合材料，将三氧化二铁纳米颗粒分散到高岭石的层间，使纳米颗粒得到分散和稳定（图 9-13），同时协同高岭石优异的表面特性，产生羟基自由基。适当的纳米颗粒的分布加上活性氧物质的产生可以获得更好的抗菌活性[68]。

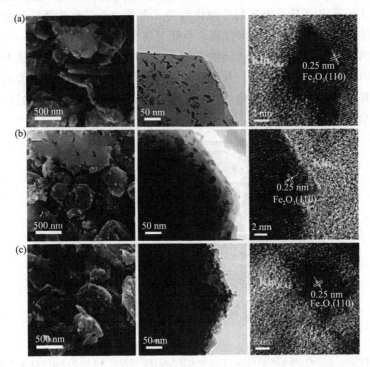

图 9-13　(a) Fe_2O_3-Kln_{KAc}-3；(b) Fe_2O_3-Kln_{KAc}-5 和 (c) Fe_2O_3-Kln_{KAc}-7 的扫描电子显微镜、透射电子显微镜和高分辨透射电子显微镜图像[68]

　　蒙脱石和高岭石成分相似，也是属于铝硅酸盐矿物。根据研究，发现蒙脱石具有负载抗菌药物提高抗菌活性用于伤口愈合的性能。诺氟沙星是第三代喹诺酮类抗菌药，具有广谱的抗菌作用，尤其对革兰氏阴性需氧杆菌的抗菌活性高。基于此，研究者通过吸附机理，将诺氟沙星负载到蒙脱石中，形成纳米复合材料[69]。当将诺氟沙星质子化之后，与蒙脱石的活性位点相互作用，蒙脱石的活性位点位于蒙脱石的边缘和层空间内，从而诺氟沙星能够在黏土矿物层间表面形成药物单层，并且该复合材料中诺氟沙星处于非晶态，其负载是均匀的，此外，随着时间的延长，该复合纳米材料能使诺氟沙星的释放延长，增强诺氟沙星在体内的疗效。根据实验结果表明，所制备的纳米复合材料在体外对成骨纤维细胞具有良好的生物相容性，并且能够提高游离的药物对铜绿假单胞菌、金黄色葡萄球菌、革兰氏阴性菌和阳性菌的抗菌效力。

　　埃洛石是一种广泛存在的硅酸盐黏土矿物，与高岭石均属于高岭土一族。埃洛石具有巨大表面积的空心管腔，特殊的形貌赋予了其特殊的应用价值。埃洛石纳米管的层间和表面分布着不同类型的羟基，丰富的羟基基团赋予了埃洛石在水溶液中良好的分散性，此外，埃洛石由纳米管卷曲而成，独特的管状结构带来了埃洛石管壁内外表面电性相反，这将有助于不同种分子附着到纳米管的内表面和外表面。埃洛石可以与多种抗菌剂结合，作为纳米管与病原微生物之间的界面材料，用于开发具有增强抗菌活性的抗菌纳米复合材料。如使用天然具有抗菌性质的氧化锌纳米颗粒和常用于废水的抗菌处理中的磁性纳米材料四氧化三铁结合埃洛石纳米管，制备了具有抗菌性能的纳米复合材料[70]。由扫描电子显微镜和透射电子显微镜（图 9-14）分析可得，四氧化三铁纳米颗粒和氧化锌纳米颗粒已经成功附着在埃洛石纳米管的外壁上。

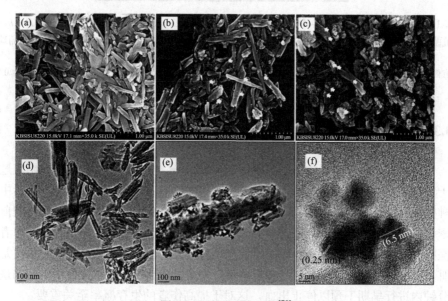

图 9-14　表面形貌评价[70]

(a)埃洛石纳米管 HNTs 的 SEM 图像；(b)四氧化三铁结合埃洛石纳米管 M-HNTs 的 SEM 图像；(c)四氧化三铁结合埃洛石纳米管-ZnO（M-HNTs-ZnO）的 SEM 图像；(d)HNTs 的 TEM 图像；(e)M-HNTs 的 TEM 图像；(f)M-HNTs-ZnO 的 TEM 图像

　　抗菌实验结果（图 9-15）也表明，所制备的纳米复合材料对非耐药大肠杆菌、金黄色葡萄球菌和耐药病原体均具有显著的抗菌潜力。而且当用在废水抗菌处理时，具有磁性的纳米复合材料很容易通过磁力回收，能够进行再次循环使用。由此可以看出，埃洛石纳米管可以用于开发新型纳米复合材料用于抗菌。

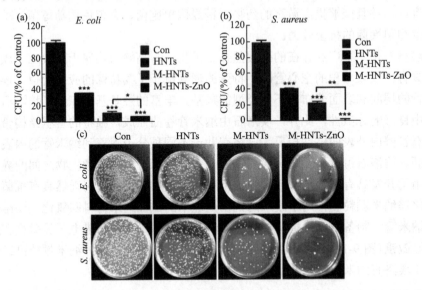

图9-15　HNTs、M-HNTs 和 M-HNTs-ZnO 对(a)大肠杆菌(*E. coli*)和(b)金黄色葡萄球菌(*S. aureus*)的抗菌作用[70]；(c)用 HNTs、M-HNTs 和 M-HNTs-ZnO 处理形成的针对大肠杆菌和金黄色葡萄球菌的细菌菌落的照片

所有值均表示为平均值±SEM($n=3$)，与 Tukey 多重比较测试的对照相比，有显著差异(*. $p<0.05$, **. $p<0.01$, ***. $p<0.005$)

9.3.3　止血愈合

伤口是人们日常生活中最常见的健康问题之一，伤口护理和愈合的费用在过去的十年里一直呈上涨趋势。伤口中第一步要处理的问题是伤口出血问题。生活中的各种突发事件，如交通事故、自然灾害、恐怖袭击等造成的创伤性出血都与院前死亡密切相关。在战场上，有超过一半的战场死亡归因于大量出血。特别是在患者进行医疗过程中，介入诊断和外科手术治疗很容易发生出血或者内腔出血，主要是在心脏、实质器官以及重要血管等邻近区域。失血过多会导致死亡，在受伤后的最初几分钟内进行早期干预以停止出血，这对于提高伤者的生存概率至关重要。

为了快速解决伤口大量出血这一严重问题，人们制备了许多止血材料，传统的止血材料如止血带、止血纱布、绷带等已经被广泛应用于伤口深度较浅的表面伤口止血，然而，对于内腔出血或累积非压缩性重要组织/器官如脑组织、脊髓、脆性器官等的损伤，传统技术难以满足快速有效止血的需求。此外由于纱布或者绷带具有的不可降解性，止血过后需要完全取下，这可能会导致继发性的损伤、愈合时间的延长以及给患者带来额外的疼痛感。关于止血材料改良的步伐一直从未停止，在研究上也取得了一定的成果，目前正在研制的可降解止血材料主要有降解纱布、海绵、粉末、喷雾剂和水凝胶等。

目前除了水凝胶基的止血生物材料被广泛使用外，矿物止血材料也在不断地发展当中。自从 2002 年美国食品和药品监督管理局通过了沸石基止血剂 QuikClot 用于止血后，矿物基质的止血材料受到越来越多的关注[71]。沸石是一种含水的碱土金属铝硅酸盐矿物，拥有丰富的孔道结构，还含有可交换的阳离子，能够迅速地吸附血浆，将凝血因子和血细胞凝结起来，同时释放出钙离子加速凝血反应，共同促进止血。许多科学家也在进一步研究沸石在止血上的应用，也获得了一定的成果，如利用介孔单晶沸石紧密结合到绵纤维表面，制备出了沸石-棉纤维复合物[71]。经过测试之后发现合成的复合物在经过水流处理后仍能够保持高的促凝活性，与其类似的无机止血剂相比，沸石-绵纤维复合物具有更高的促凝活性，还能最大限度地减少活性成分的流失以及有着更好的可扩展性。

蒙脱石属于含水层状结构硅酸盐矿物，早已被制备成蒙脱石散用作治疗腹泻的成熟药品，又因为其具有比表面积大，离子交换能力强、黏度高、表面带有负电荷等优异的物理特性，同时蒙脱石能够吸附血液中的水分子导致体积膨胀，从而形成可塑性强、黏度值高的泥糊用于止血。近年来，有研究者[72]通过水热反应将蒙脱石固定在交联的石墨烯片上制备了石墨烯-蒙脱土复合海绵材料（图 9-16）。

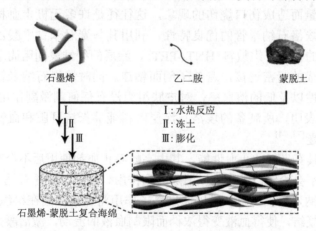

图 9-16　石墨烯-蒙脱土复合海绵的制备路线和微观结构示意图[72]

该复合物不仅能够快速吸收血浆，增加伤口表面的血细胞和血小板的浓度（图 9-17）。同时，该复合材料中的蒙脱土能够激活凝血因子Ⅻ，触发内在凝血途径，最终形成纤维蛋白网络，从而促进血液凝固。此外，经过细胞毒性实验表明，所制备的复合物具有良好的生物相容性，与直接使用蒙脱石粉末相比，虽然该复合物中蒙脱石的添加量很小，但仍能充分发挥其止血作用。更重要的是，在使用后不会在体内引起血管内血栓或血凝块。而且与传统的止血药相比，石墨烯-蒙脱土复合海绵材料具有制备方便、成本低、便于携带、长期保存、无毒害作用等优点。

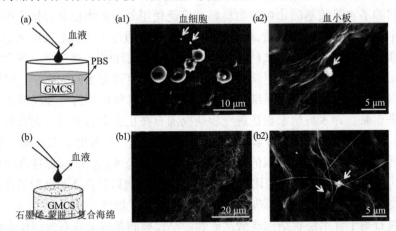

图 9-17　血细胞与石墨烯-蒙脱土复合海绵界面相互作用的 SEM 图像[72]
(a)将一滴血液添加到 PBS 溶液中，血细胞(a1)或血小板(a2)可以选择性地黏附在石墨烯-蒙脱土复合海绵的表面上；(b)将一滴血液直接滴到石墨烯-蒙脱土复合海绵上，血细胞(b1)或血小板(b2)被迫黏附在其上

　　埃洛石纳米管用于止血已有上千年的历史，其具有的多步法凝血功效避免了因为释放热量而造成伤口烧伤的现象，这往往是许多无机止血材料不可避免的情况。基于埃洛石纳米管的优良特性，利用其与聚对苯二甲酸乙二醇酯制备了埃洛石涂层的止血纤维敷料(HNTs-PET)，涂层的纤维表面阻碍了血凝块和敷料纤维之间形成的紧密连接，避免了创面粘连。同时埃洛石纳米管涂层具有良好的生物相容性以及低的溶血率，对皮肤组织没有任何刺激副作用(图 9-18)。经过实验结果表明，所制备的埃洛石涂层敷料能够抵抗肝脏和血管的大出血以及表皮出血问题[73, 74]。

　　高岭石也具有良好的止血性能，其中高岭石止血剂使用后不会对伤口组织造成热损伤，也不会给伤口带来难以消除的副作用。此外，累托石是一种和高岭石同属于二维的纳米黏土材料，可以通过离子作用将血液凝固在组织和血细胞上，从而促进血液凝结，使得血液变得浓稠而限制血液的流动，激活凝血途径，达到止血目的。累托石常被用作止血的添加剂，但是和蒙脱石类似，直接使用会引起血液血栓。为了解决直接使用黏土带来的血栓问题。研究者[75]基于硅酸盐矿物和甲壳素的止血机理不同，利用累托石和甲壳素结合可能会形成一种具有互补止血能力的新型止血剂。利用甲壳素具有的血小板和红细胞聚集能力以及累托石具有的级联凝血能力，通过简单的原位溶胶-凝胶法，将甲壳素纳米颗粒组装在累托石纳米片上，从而开发了一种能有效控制出血的甲壳素/累托石纳米复合材料。研究表明，纳米甲壳素的存在增强了纳米复合材料的生物相容性。此外，甲壳素的存在可以聚集红细胞和血小板，带负电的累托石表面可以激活凝血因子ⅩⅡ，同时血浆蛋白触发凝血的内在途径，纤维蛋白原在凝血酶的作用下转换成纤维蛋白，纤维蛋白形成稳定的网状结构，进一步促进血液的凝固。体内实验(图 9-19)充分表明，甲壳素/累托石纳米复合材料对出血具有良好的控制作用。

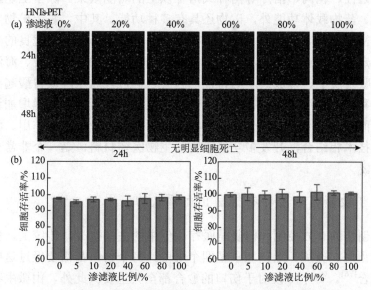

图 9-18　HNTs-PET 的体外相容性试验[73]
(a)AO/EB 活/死细胞染色；(b)细胞活力测定($n=4$)

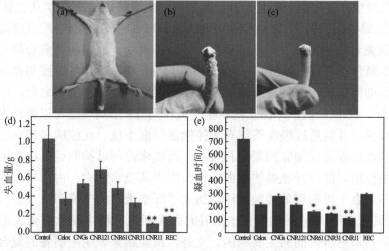

图 9-19　(a)鼠尾截肢模型的照片；(b)CNGs 接触伤口的止血效果；(c)CNR11 接触伤口的止血效果；(d)不同样品处理后的失血量；(e)不同样品处理后的凝血时间[75]

9.3.4 多功能复合医用材料

随着研究的深入，多功能纳米颗粒的制备和使用得到了越来越多的关注。多功能是指开发的纳米结构体系中同时具备多种不同的功能，如一个材料中具有荧光、磁性、靶向、治疗等两种或两种以上的功能效果。除了上述提到的抗菌、止血、药物载体功能外，矿物还具有多种功能。其中，黏土矿物具有高孔隙率、低密度、比表面积大、生物相容性好、药物缓释特性、优良的热稳定性和化学稳定性等特点，被广泛用于生物医学领域。例如，坡缕石、海泡石、蒙脱石具有吸附质子、释放离子的特性，因此它们可以通过降低胃酸起到抗酸作用，同时黏土矿物可以附着在肠道和胃黏膜上，不仅可以有效地增加胃肠屏障的厚度，而且减少了胃液的分泌和刺激，从而起到保护胃肠的作用。将矿物与纳米生物技术相结合，开发多功能矿物基生物医药材料，是一个非常有发展前景的方向。

9.3.4.1 矿物基复合材料在抗菌止血领域的应用

皮肤创伤的有效控制和修复是医疗保健中的主要挑战。传统上，伤口愈合过程分为止血、炎症、增殖和重塑四个阶段，每个伤口都需要经过这些阶段才能正常愈合[76]。每个阶段对于伤口的愈合都至关重要。此外，由微生物引起的伤口感染会增加愈合时间，并常伴有组织溃烂，从而导致化脓、败血症，甚至坏死[77]。因此，理想的伤口护理目标应该是防止过度失血、保护伤口免受细菌感染、调节炎症并促进愈合修复。基于此，一种新型的氧化锌-三氧化二铁/高岭石纳米黏土/聚-(3-己内酯)-明胶(ZnO-Fe_2O_3/Kaol/PG)双功能混合纤维膜被设计制备[78]，其兼具控制出血、抑制细菌生长、减少炎症、加速伤口愈合等功效，可用于早期紧急自救(图 9-20)。在感染细菌的小鼠模型中用纤维膜局部治疗可以通过减少细菌生长，并促进细胞增殖和新血管形成来加速伤口愈合，这与氧化锌-三氧化二铁/高岭石纳米黏土的抗菌抗炎作用有关。高岭土可以激活内在的凝血级联反应，并能通过吸收液体有效接触激活血小板、红细胞和凝血因子。三氧化二铁可以促进红细胞的聚集和凝血，而氧化锌可以抑制促炎细胞因子的释放和抗菌作用。混合纤维膜的止血特性归因于其吸水能力、内在凝血途径的激活高岭石对血小板的有效接触激活，加速了纤维蛋白的生成和血小板沉积。氧化锌-三氧化二铁/高岭石纳米黏土的补充杀菌活性和静电纺丝纤维膜的透氧结构是缩短伤口愈合时间的主要原因。此外，试验结果表明所制备的混合纤维膜显示出无细胞毒性并且不会产生溶血现象。

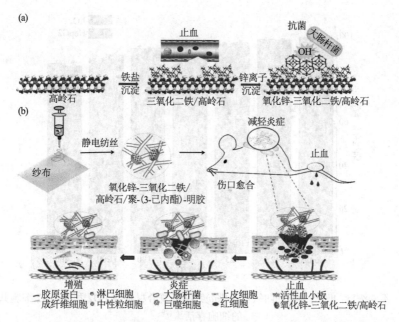

图 9-20　(a)氧化锌-三氧化二铁/高岭石纳米黏土复合材料的合成过程；(b)氧化锌-三氧化二铁/高岭石纳米黏土/聚-(3-己内酯)-明胶混合纤维膜用于减轻炎症、止血和伤口愈合的示意图[78]

9.3.4.2　矿物基复合材料在疾病诊疗领域的应用

具备光学和磁性双重性能的纳米复合材料因其在成像、诊断和治疗等领域的潜在应用价值而受到广泛关注[76,77]。在各种磁性纳米晶体中，磁性氧化铁纳米颗粒被认为是一种很有前景的造影剂，由于它们优异的超顺磁性和低毒性，已被用于生物分离和磁共振成像等领域。有研究者[79]报道了一种用于合成具有发光生物成像和 T_2 加权磁共振成像能力的双模态凹凸棒石@四氧化三铁@钌纳米复合材料的可控方法。以聚乙烯亚胺作为表面活性剂和封端剂，采用一步法合成胺功能化的磁性凹凸棒石纳米复合材料。凹凸棒石是一种水合镁铝硅酸盐，在自然界中以纤维状硅酸盐黏土矿物的形式存在。它以其优异的化学稳定性而闻名，也被称为"玛雅蓝"[80]。聚乙烯亚胺是一种水溶性的支链多胺，能够在其大分子链上赋予许多官能团[81]，并控制纳米复合材料的生长。聚乙烯亚胺聚合物中的氨基可以与 $[Ru(bpy)_2(fmp)]Cl_2$ 中的甲酰基高效反应，生成凹凸棒石@四氧化三铁@钌纳米复合材料。该纳米复合材料具有优异的水分散性、光物理性能和超顺磁性行为，这些特性使其能够在体外和体内进行双模式荧光/磁共振成像的多功能复合物。体外研究表明，功能化的纳米复合材料具有很高的细胞生物相容性，可成功地标记细胞。此外，CCK-8 细胞增殖及毒性检测结果(图 9-21)表明，这种纳米复合材料在浓度高达 400 μg/mL 时仍对细胞没有显著的杀伤效果。

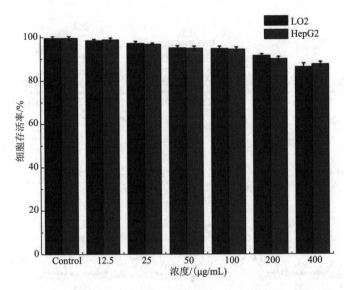

图 9-21　不同浓度的凹凸棒石@四氧化三铁@钌纳米复合材料与 LO2 和 HepG2 细胞共培养后的细胞存活率[79]

体内核磁共振成像实验(图 9-22)表明,凹凸棒石@四氧化三铁@钌纳米复合材料可以快速到达肿瘤组织,从而有效提高其对各种癌症的诊断能力。以上结果表明,凹凸棒石@四氧化三铁@钌纳米复合材料可用于肿瘤的发现和诊断,在生物成像和临床应用中极具潜力。

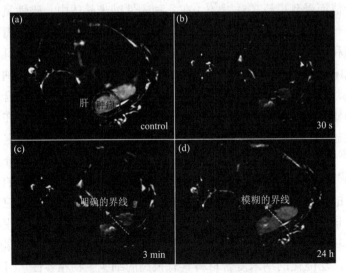

图 9-22　在兔模型中注射凹凸棒石@四氧化三铁@钌纳米复合材料 30 s、3 min 和 24 h 前后正常肝脏和肿瘤组织的 T_2 加权 MR 图像[79]

随着纳米技术的发展，各种无机和有机纳米材料作为治疗诊断药物在生物医学中具有巨大的应用潜力[82,83]。尽管目前已经取得了很大进展[84,85]，但如何将诊断和治疗药物整合到一个配方中，使各成分之间的协同作用大大增强，提高对治疗诊断的有效性仍然是一个挑战。层状双氢氧化物，又称水滑石，其结构式为：$[M^{2+}_{1-x}M^{3+}_x(OH)_2](A^{n-})_{x/n}\cdot mH_2O$（$M^{2+}$和 M^{3+}是二价和三价阳离子，A^{n-}是电荷平衡的层间阴离子），作为二维载体引起了广泛关注[86,87]。有研究者[88]报道了一种新的治疗诊断系统，通过将金纳米团簇和光敏剂(Chlorin e6，Ce6)固定到三价钆离子掺杂的层状双氢氧化物单层纳米的表面上从而得到复合材料，实验结果表明该复合材料对癌症表现出优异的成像和光动力治疗性能。此外，由于水滑石的吸电子效应，与原始金纳米团簇的荧光量子产率(QY=3.1%)相比，所制备的光敏剂-金纳米簇/钆-水滑石的荧光量子产率显著提高了 18.5%，并且具有出色的 T_1 磁共振成像性能。同时，体内治疗实验(图 9-23)证明了其有效的双模成像引导的抗癌性能，特别是协同增强磁共振/荧光，可视化肿瘤部位。因此，这项工作为设计和制备层状双氢氧化物单层治疗诊断材料提供了一个成功的范例，在实际应用中具有很大的前景。

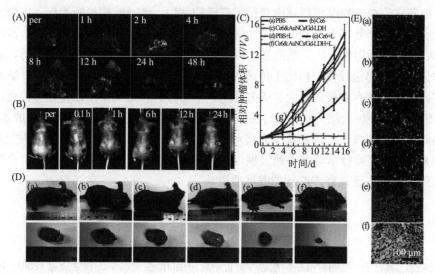

图 9-23 (A)在静脉注射光敏剂-金纳米簇/钆-水滑石(Ce6&AuNCs/Gd-LDH)后不同时间点拍摄的 HepG2 荷瘤裸鼠的体内 MR 成像；(B)肿瘤内注射 Ce6&AuNCs/Gd-LDH 后小鼠的体内荧光成像；(C)各种治疗后小鼠的肿瘤生长曲线(每组 n = 6)；(D)具有相应肿瘤的小鼠的代表性照片和(E)用不同方法处理 16 天后的 H&E 染色的肿瘤组织切片：(a)PBS，(b)Ce6，(c)Ce6&AuNCs/Gd-LDH，(d)PBS+光照，(e)Ce6+光照，(f)Ce6&AuNCs/Gd-LDH+光照[88]

9.3.4.3 矿物基复合材料在牙齿和骨骼领域的应用

骨组织工程是解决骨缺损和骨损伤修复的一个活跃的研究领域[89]。其中，生物活性磷酸钙是脊椎动物骨骼、牙齿等生物组织的主要成分，具有良好的生物相容性、生物降解性、生物再吸收性、成骨性、骨传导性和骨诱导性[90]。羟基磷灰石 $Ca_5(PO_4)_3OH$，由于其与天然骨相接近的化学和晶体结构，已被用作骨填充物和植入材料[91]。同时具有优异的基因和成骨活性的多功能复合支架是实现骨快速再生的理想材料，所以有研究者[92]设计了一种新型负载辛伐他汀的多孔羟基磷灰石微球/胶原蛋白复合支架用于耦合血管生成和成骨。研究了羟基磷灰石微球和辛伐他汀负载的羟基磷灰石微球对血管生成分化和大鼠骨髓间充质干细胞成骨分化的影响。多孔羟基磷灰石微球/胶原蛋白可显著促进人脐静脉细胞的迁移和管的形成，并以浓度依赖性方式促进血管内皮生长因子的表达。此外，多孔羟基磷灰石微球/胶原蛋白增强了碱性磷酸酶的活性和成骨相关基因信使核糖核酸的表达。所制备的多孔羟基磷灰石微球/胶原复合支架为多孔结构并表现出辛伐他汀的持续性释放。与多孔羟基磷灰石微球/胶原蛋白或纯胶原蛋白支架相比，多孔羟基磷灰石微球/胶原蛋白支架可以显著刺激大鼠颅骨缺损中的骨生成和血管生成。

　　总之，矿物材料因具有良好的生物相容性、稳定的物理化学性质等多种优良特性，近年来，在生物医用领域中获得了广泛的关注，涉及肿瘤诊断治疗、抗菌、伤口愈合、骨骼修复等多个领域。矿物材料因其大多具有较大的比表面积、丰富的孔隙率、良好的吸附性能、天然的磁性以及较高的吸附容量和离子交换能力等，被广泛作为药物的递送载体。相比于传统的药物载体，如脂质体、聚合物胶束、纳米微粒等，矿物载体有着载药量大、成分稳定、不易分解、生物安全性良好等优点，此外，矿物作为一种天然产物，在自然界中的储量丰富，加工技艺成熟，加工成本低，能够满足现代科技、经济和社会发展对于材料性能的要求。同时，随着各种技术，如纳米技术、显微技术等的不断发展，矿物材料在医学领域中用作多功能复合材料的应用越来越广泛，有着广阔的发展前景。

参 考 文 献

[1] 杨晓芳, 奚廷斐. 生物材料生物相容性评价研究进展[J]. 生物医学工程学杂志, 2001, 18(1): 123-128

[2] 李瑞, 王青山. 生物材料生物相容性的评价方法和发展趋势[J]. 中国组织工程研究与临床康复, 2011, 15(29): 5471-5474

[3] Fakhrullina G I, Akhatova F S, Lvov Y M, et al. Toxicity of halloysite clay nanotubes *in vivo*: A *Caenorhabditis elegans* study[J]. Environmental Science: Nano, 2015, 2(1): 54-59

[4] 李晓鹏, 龚旭, 戴太强, 等. 材料受试形式对材料细胞毒性测试结果的影响[J]. 牙体牙髓牙周病学杂志, 2018, 28(1): 38-41

[5] 房红莹, 顾冠彬, 杨珠英, 等. 医疗产品细胞毒性 3 种评价方法的比较[J]. 苏州大学学报(医学版), 2005, 25(4): 605-608

[6] 黄哲玮, 孙皎, 孟爱英. 两种体外细胞毒性检测方法的比较研究[J]. 上海生物医学工程, 2005, (4): 205-207

[7] 李晓鹏. 牙齿充填材料体外细胞毒性实验方法的研究[D]. 西安: 中国人民解放军空军军医大学, 2018

[8] 王琳, 贾琴, 范能全. 评价细胞毒性方法的探讨[J]. 泸州医学院学报, 2005, (2): 132-134

[9] Wataha J C, Hanks C T, Craig R G. *In vitro* effects of metal ions on cellular metabolism and the correlation between these effects and the uptake of the ions[J]. Journal of Biomedical Materials Research, 1994, 28(4): 10.1002/jbm.820280404

[10] 赵鹏, 邢丽娜, 刘文博, 叶成红. 医疗器械生物相容性评价: 现状、进展与趋势[J]. 中国医疗器械信息, 2021, 27(11): 1-4

[11] Cai L, Qin X, Xu Z, et al. Comparison of cytotoxicity evaluation of anticancer drµgs between real-time cell analysis and CCK-8 method[J]. ACS Omega, 2019, 4(7): 12036-12042

[12] 李彦, 贾恩礼, 杨春梅. 利巴韦林喷雾剂局部刺激性实验研究[J]. 实用医药杂志, 2003, 20(11): 844

[13] 李东红, 刘建仓, 刁俊林, 等. 生物止血海绵的安全性评价[J]. 中国海洋药物, 2008, 27(5): 51-54

[14] 覃聪慧, 黄秋燕, 邱泉, 等. 五味解毒药酒皮肤刺激性实验研究[J]. 蛇志, 2020, 32(3): 293-296

[15] 由少华. 医疗器械血液相容性评价与试验——解读 GB/T 16886.4-2003/ISO 10993-4:2002[J]. 中国医疗器械信息, 2006, 12(12): 49-54

[16] 张伶俐, 朱蔚精, 谭言飞, 等. 生物材料溶血性标准化评价方法比较: 溶血率法和氰化高铁血红蛋白法[J]. 生物医学工程学杂志, 2004, (1): 111-114

[17] 刘欣, 史弘道. 医用生物材料血液相容性评价研究概况[J]. 透析与人工器官. 2003, (1): 40-44

[18] 刘成虎, 施燕平, 侯丽, 等. 医疗器械生物学评价新进展[J] 中国医疗器械杂志, 2021, 45(1): 72-75, 80

[19] 许建霞, 王春仁, 奚廷斐. 生物材料血液相容性体外评价的研究进展[J]. 生物医学工程学杂志, 2004, 21(5): 861-863, 870

[20] Zhang Y, Long M, Huang P, et al. Intercalated 2D nanoclay for emerging drµg delivery in cancer therapy[J]. Nano Research, 2017, 10(8): 2633-2643

[21] Zhang Y, Long M, Huang P, et al. Emerging integrated nanoclay-facilitated drug delivery system for papillary thyroid cancer therapy[J]. Scientific Reports, 2016, 6(1): 33335

[22] Yang G, Gong H, Qian X, et al. Mesoporous silica nanorods intrinsically doped with photosensitizers as a multifunctional drug carrier for combination therapy of cancer[J]. Nano Research, 2014, 8(3): 751-764

[23] Banik N, Iman M, Hussain A, et al. Soy flour nanoparticles for controlled drug delivery: Effect of crosslinker and montmorillonite (MMT)[J]. New Journal of Chemistry, 2013, 37(12): 3981-3990

[24] Rajkumar S, Kevadiya B D, Bajaj H C. Montmorillonite/poly(L-Lactide) microcomposite spheres as reservoirs of antidepressant drugs and their controlled release property[J]. Asian

Journal of Pharmaceutical Sciences, 2015, 10(5): 452-458

[25] Vikulina A, Voronin D, Fakhrullin R, et al. Naturally derived nano- and micro-drug delivery vehicles: Halloysite, vaterite and nanocellulose[J]. New Journal of Chemistry, 2020, 44(15): 5638-5655

[26] Zhong X, Di Z, Xu Y, et al. Mineral medicine: From traditional drugs to multifunctional delivery systems[J]. Chinese Medicine, 2022, 17(1): 21

[27] Khatoon N, Chu M Q, Zhou C H. Nanoclay-based drug delivery systems and their therapeutic potentials[J]. Journal of Materials Chemistry B, 2020, 8(33): 7335-7351

[28] Lun H, Ouyang J, Yang H. Natural halloysite nanotubes modified as an aspirin carrier[J]. RSC Advances, 2014, 4(83): 44197-44202

[29] Rawtani D, Pandey G, Tharmavaram M, et al. Development of a novel 'nanocarrier' system based on Halloysite Nanotubes to overcome the complexation of ciprofloxacin with iron: An *in vitro* approach[J]. Applied Clay Science, 2017, 150: 293-302

[30] Hu Y, Chen J, Li X, et al. Multifunctional halloysite nanotubes for targeted delivery and controlled release of doxorubicin *in-vitro* and *in-vivo* studies[J]. Nanotechnology, 2017, 28(37): 375101

[31] Tan D, Yuan P, Annabi-Bergaya F, et al. High-capacity loading of 5-fluorouracil on the methoxy-modified kaolinite[J]. Applied Clay Science, 2014, 100: 60-65

[32] Delgado R, Delgado G, Ruiz A, et al. The crystallinity and several Spanish kaolins; Correlation with sodium amylobarbitone release[J]. Clay Minerals, 1994, 29(5): 785-797

[33] Hou D, Hu S, Huang Y, et al. Preparation and *in vitro* study of lipid nanoparticles encapsulating drug loaded montmorillonite for ocular delivery[J]. Applied Clay Science, 2016, 119: 277-283

[34] Garima T, Amrinder S, Inderbir S. Formulation and evaluation of transdermal composite films of chitosan-montmorillonite for the delivery of curcumin[J]. International Journal of Pharmaceutical Investigation, 2016, 6: 1

[35] Mahkam M, Abbaszad Rafi A, Mohammadzadeh Gheshlaghi L. Preparation of novel pH-sensitive nanocomposites based on ionic-liquid modified montmorillonite for colon specific drug delivery system[J]. Polymer Composites, 2016, 37(1): 182-187

[36] McGinity J W, Lach J L. Sustained‐release applications of montmorillonite interaction with amphetamine sulfate[J]. Journal of Pharmaceutical Sciences, 1977, 66(1): 63-66

[37] Salahuddin N, Elbarbary A, Allam N G, et al. Polyamide-montmorillonite nanocomposites as a drug delivery system: Preparation, release of 1,3,4-oxa(thia)diazoles, and antimicrobial activity[J]. Journal of Applied Polymer Science, 2014, 131(23): 10.1002/app.41177

[38] Jain S, Datta M. Montmorillonite-alginate microspheres as a delivery vehicle for oral extended release of Venlafaxine hydrochloride[J]. Journal of Drug Delivery Science and Technology, 2016, 33: 149-156

[39] Christy A G. A review of the structures of vaterite: The impossible, the possible, and the likely[J]. Crystal Growth & Design, 2017, 17(6): 3567-3578

[40] Bots P, Benning L G, Rodriguez-Blanco J-D, et al. Mechanistic insights into the crystallization of amorphous calcium carbonate (ACC)[J]. Crystal Growth & Design, 2012, 12(7): 3806-3814

[41] Gebauer D, Völkel A, Cölfen H. Stable prenucleation calcium carbonate clusters[J]. Science, 2008, 322(5909): 1819-1822

[42] Maleki Dizaj S, Barzegar-Jalali M, Zarrintan M H, et al. Calcium carbonate nanoparticles as cancer drug delivery system[J]. Expert Opinion on Drug Delivery, 2015, 12(10): 1649-1660

[43] Trushina D B, Borodina T N, Sulyanov S N, et al. Comparison of the structural features of micron and submicron vaterite particles and their efficiency for intranasal delivery of anesthetic to the brain[J]. Crystallography Reports, 2018, 63(6): 998-1004

[44] Memar M Y, Adibkia K, Farajnia S, et al. Biocompatibility, cytotoxicity and antimicrobial effects of gentamicin-loaded $CaCO_3$ as a drug delivery to osteomyelitis[J]. Journal of Drug Delivery Science and Technology, 2019, 54: 101307

[45] Feoktistova N A, Vikulina A S, Balabushevich N G, et al. Bioactivity of catalase loaded into vaterite $CaCO_3$ crystals via adsorption and co-synthesis[J]. Materials & Design, 2020, 185: 108223

[46] Gong Y, Zhang Y, Cao Z, et al. Development of $CaCO_3$ microsphere-based composite hydrogel for dual delivery of growth factor and Ca to enhance bone regeneration[J]. Biomaterials Science, 2019, 7(9): 3614-3626

[47] Zhao P, Wu S, Cheng Y, et al. MiR-375 delivered by lipid-coated doxorubicin-calcium carbonate nanoparticles overcomes chemoresistance in hepatocellular carcinoma[J]. Nanomedicine: Nanotechnology, Biology and Medicine, 2017, 13(8): 2507-2516

[48] Długosz M, Bulwan M, Kania G, et al. Hybrid calcium carbonate/polymer microparticles containing silver nanoparticles as antibacterial agents[J]. Journal of Nanoparticle Research, 2012, 14(12): 1313

[49] Bukreeva T V, Marchenko I V, Borodina T N, et al. Calcium carbonate and titanium dioxide particles as a basis for container fabrication for brain delivery of compounds[J]. Doklady Physical Chemistry, 2011, 440(1): 165

[50] Sergeeva A, Sergeev R, Lengert E, et al. Composite magnetite and protein containing $CaCO_3$ crystals. external manipulation and vaterite → calcite recrystallization-mediated release performance[J]. ACS Applied Materials & Interfaces, 2015, 7(38): 21315-21325

[51] Lakkakula J R, Kurapati R, Tynga I, et al. Cyclodextrin grafted calcium carbonate vaterite particles: efficient system for tailored release of hydrophobic anticancer or hormone drugs[J]. RSC Advances, 2016, 6(106): 104537-104548

[52] Binevski P V, Balabushevich N G, Uvarova V I, et al. Bio-friendly encapsulation of superoxide dismutase into vaterite $CaCO_3$ crystals. Enzyme activity, release mechanism, and perspectives for ophthalmology[J]. Colloids and Surfaces B: Biointerfaces, 2019, 181: 437-449

[53] Balabushevich N G, Kovalenko E A, Le-Deygen I M, et al. Hybrid $CaCO_3$-mucin crystals: Effective approach for loading and controlled release of cationic drugs[J]. Materials & Design, 2019, 182: 108020

[54] Balabushevich N G, Lopez de Guerenu A V, Feoktistova N A, et al. Protein-containing multilayer capsules by templating on mesoporous $CaCO_3$ particles: POST- and PRE-loading approaches[J]. Macromolecular Bioscience, 2016, 16(1): 95-105

[55] German S V, Novoselova M V, Bratashov D N, et al. High-efficiency freezing-induced loading of inorganic nanoparticles and proteins into micron- and submicron-sized porous particles[J]. Scientific Reports, 2018, 8(1): 17763

[56] Vikulina A S, Feoktistova N A, Balabushevich N G, et al. The mechanism of catalase loading into porous vaterite $CaCO_3$ crystals by co-synthesis[J]. Physical Chemistry Chemical Physics, 2018, 20(13): 8822-8831

[57] Angelakeris M. Magnetic nanoparticles: A multifunctional vehicle for modern theranostics[J]. Biochimica et Biophysica Acta (BBA) - General Subjects, 2017, 1861(6): 1642-1651

[58] Vaghari H, Jafarizadeh-Malmiri H, Mohammadlou M, et al. Application of magnetic nanoparticles in smart enzyme immobilization[J]. Biotechnology Letters, 2016, 38(2): 223-233

[59] Harrison R J, Dunin-Borkowski R E, Putnis A. Direct imaging of nanoscale magnetic interactions in minerals[J]. Proceedings of the National Academy of Sciences, 2002, 99(26): 16556

[60] Chertok B, Moffat B A, David A E, et al. Iron oxide nanoparticles as a drug delivery vehicle for MRI monitored magnetic targeting of brain tumors[J]. Biomaterials, 2008, 29(4): 487-496

[61] Yew Y P, Shameli K, Miyake M, et al. Green biosynthesis of superparamagnetic magnetite Fe_3O_4 nanoparticles and biomedical applications in targeted anticancer drug delivery system: A review[J]. Arabian Journal of Chemistry, 2020, 13(1): 2287-2308

[62] Lu Y, Benlic U, Wu Q. A hybrid dynamic programming and memetic algorithm to the Traveling Salesman Problem with Hotel Selection[J]. Computers & Operations Research, 2018, 90: 193-207

[63] Li S, Dong S, Xu W, et al. Antibacterial hydrogels[J]. Advanced Science (Weinh), 2018, 5(5): 1700527

[64] Guo Z, Chen Y, Wang Y, et al. Advances and challenges in metallic nanomaterial synthesis and antibacterial applications[J]. Journal of Materials Chemistry B, 2020, 8(22): 4764-4777

[65] Holden M S, Black J, Lewis A, et al. Antibacterial activity of partially oxidized Ag/Au nanoparticles against the oral pathogen *Porphyromonas gingivalis* W83[J]. Journal of Nanomaterials, 2016: 10.1155/2016/9605906

[66] Yadav H M, Kim J-S, Pawar S H. Developments in photocatalytic antibacterial activity of nano TiO_2: A review[J]. Korean Journal of Chemical Engineering, 2016, 33(7): 1989-1998

[67] Yang T, Qian S, Qiao Y, et al. Cytocompatibility and antibacterial activity of titania nanotubes incorporated with gold nanoparticles[J]. Colloids and Surfaces B: Biointerfaces 2016, 145: 597-606

[68] Long M, Zhang Y, Shu Z, et al. Fe_2O_3 nanoparticles anchored on 2D kaolinite with enhanced antibacterial activity[J]. Chemical Communications (Camb), 2017, 53(46): 6255-6258

[69] Garcia-Villen F, Faccendini A, Aguzzi C, et al. Montmorillonite-norfloxacin nanocomposite intended for healing of infected wounds[J]. International Journal of Nanomedicine, 2019, 14: 5051-5060

[70] Jee S-C, Kim M, Shinde S K, et al. Assembling ZnO and Fe_3O_4 nanostructures on halloysite nanotubes for anti-bacterial assessments[J]. Applied Surface Science, 2020, 509: DOI:

10.1016/j.apsusc.2020.145358

[71] Yu L, Shang X, Chen H, et al. A tightly-bonded and flexible mesoporous zeolite-cotton hybrid hemostat[J]. Nature Communication, 2019, 10(1): 1932

[72] Li G, Quan K, Liang Y, et al. Graphene-montmorillonite composite sponge for safe and effective hemostasis[J]. ACS Applied Materials & Interfaces, 2016, 8(51): 35071-35080

[73] Feng Y, Luo X, Wu F, et al. Systematic studies on blood coagulation mechanisms of halloysite nanotubes-coated PET dressing as superior topical hemostatic agent[J]. Chemical Engineering Journal, 2022, 428: 132049

[74] Saghazadeh S, Rinoldi C, Schot M, et al. Drug delivery systems and materials for wound healing applications[J]. Advanced Drug Delivery Reviews, 2018, 127: 138-166

[75] Zhang J, Xue S, Zhu X, et al. Emerging chitin nanogels/rectorite nanocomposites for safe and effective hemorrhage control[J]. Journal of Materials Chemistry B, 2019, 7(33): 5096-5103

[76] Seo W S, Lee J H, Sun X, et al. FeCo/graphitic-shell nanocrystals as advanced magnetic-resonance-imaging and near-infrared agents[J]. Nature Materials, 2006, 5(12): 971-976

[77] Gale E M, Atanasova I P, Blasi F, et al. A manganese alternative to gadolinium for MRI contrast[J]. Journal of the American Chemical Society, 2015, 137(49): 15548-15557

[78] Long M, Liu Q, Wang D, et al. A new nanoclay-based bifunctional hybrid fiber membrane with hemorrhage control and wound healing for emergency self-rescue[J]. Materials Today Advances, 2021, 12: 100190

[79] Zhu T, Ma X, Chen R, et al. Using fluorescently-labeled magnetic nanocomposites as a dual contrast agent for optical and magnetic resonance imaging[J]. Biomaterials Science, 2017, 5(6): 1090-1100

[80] Jose-Yacaman M, Rendon L, Arenas J, et al. Maya blue paint: An ancient nanostructured material[J]. Science, 1996, 273(5272): 223-225

[81] Bae K H, Lee K, Kim C, et al. Surface functionalized hollow manganese oxide nanoparticles for cancer targeted siRNA delivery and magnetic resonance imaging[J]. Biomaterials, 2011, 32(1): 176-184

[82] Gu X, Kwok R T K, Lam J W Y, et al. AIEgens for biological process monitoring and disease theranostics[J]. Biomaterials, 2017, 146: 115-135

[83] Zheng K, Setyawati M I, Leong D T, et al. Antimicrobial gold nanoclusters[J]. ACS Nano, 2017, 11(7): 6904-6910

[84] Kojima R, Aubel D, Fussenegger M. Toward a world of theranostic medication: Programming biological sentinel systems for therapeutic intervention[J]. Advanced Drug Delivery Reviews, 2016, 105: 66-76

[85] Kumar R, Han J, Lim H-J, et al. Mitochondrial induced and self-monitored intrinsic apoptosis by antitumor theranostic prodrug: *In vivo* imaging and precise cancer treatment[J]. Journal of the American Chemical Society, 2014, 136(51): 17836-17843

[86] Li B, Gu Z, Kurniawan N, et al. Manganese-based layered double hydroxide nanoparticles as a T_1-MRI contrast agent with ultrasensitive pH response and high relaxivity[J]. Advanced Materials, 2017, 29(29): 1700373

[87] Liang R, Tian R, Ma L, et al. A supermolecular photosensitizer with excellent anticancer performance in photodynamic therapy[J]. Advanced Functional Materials, 2014, 24(21): 3144-3151

[88] Mei X, Wang W, Yan L, et al. Hydrotalcite monolayer toward high performance synergistic dual-modal imaging and cancer therapy[J]. Biomaterials, 2018, 165: 14-24

[89] Bahri M, Hasannia S, Dabirmanesh B, et al. A multifunctional fusion peptide for tethering to hydroxyapatite and selective capture of bone morphogenetic protein from extracellular milieu[J]. Journal of Biomedical Materials Research Part A, 2020, 108(7): 1459-1466

[90] Syamchand S S, Sony G. Multifunctional hydroxyapatite nanoparticles for drug delivery and multimodal molecular imaging[J]. Microchimica Acta, 2015, 182(9): 1567-1589

[91] Hench L L. Bioceramics: From concept to clinic[J]. Journal of the American Ceramic Society, 1991, 74(7): 1487-1510

[92] Sun T-W, Yu W-L, Qi C, et al. Multifunctional simvastatin-loaded porous hydroxyapatite microspheres/collagen composite scaffold for sustained drug release, angiogenesis and osteogenesis[J]. Journal of Controlled Release, 2017, 259: e130